Geometrie zwischen Grundbegriffen
und Grundvorstellungen

Matthias Ludwig • Andreas Filler
Anselm Lambert (Hrsg.)

Geometrie zwischen Grundbegriffen und Grundvorstellungen

Jubiläumsband
des Arbeitskreises Geometrie in der
Gesellschaft für Didaktik der Mathematik

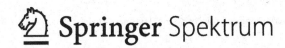

Springer Spektrum

Herausgeber
Matthias Ludwig
Didaktik der Mathematik
Goethe-Universität Frankfurt
Frankfurt/Main, Deutschland

Anselm Lambert
Mathematik und ihre Didaktik
Universität des Saarlandes
Saarbrücken, Deutschland

Andreas Filler
Didaktik der Mathematik
Humboldt-Universität zu Berlin
Berlin, Deutschland

ISBN 978-3-658-06834-9   ISBN 978-3-658-06835-6 (eBook)
DOI 10.1007/978-3-658-06835-6

Die Deutsche Nationalbibliothek verzeichnet diese Publikation in der Deutschen Nationalbibliografie; detaillierte bibliografische Daten sind im Internet über http://dnb.d-nb.de abrufbar.

Springer Spektrum
© Springer Fachmedien Wiesbaden 2015

Gedruckt auf säurefreiem und chlorfrei gebleichtem Papier

Springer Fachmedien Wiesbaden ist Teil der Fachverlagsgruppe Springer Science+Business Media
(www.springer.com)

Editorial

Der Arbeitskreis Geometrie der Gesellschaft für Didaktik der Mathematik führte vom 13.-15. September 2013 in Marktbreit seine 30. Herbsttagung durch. Zu den 30 Teilnehmenden zählten sowohl langjährige AK-Mitglieder als auch viele junge Wissenschaftlerinnen und Wissenschaftler, die gerade an ihren Promotionsvorhaben im Bereich der Didaktik der Geometrie arbeiten. Der vorliegende Band enthält Beiträge, die aus Vorträgen auf dieser Tagung hervorgegangen sind, die unter dem übergeordneten Thema *„Geometrie zwischen Grundbegriffen und Grundvorstellungen"* stand. Sie war zugleich die vierte Tagung in der Reihe *„Ziele und Visionen 2020"*, die konkrete und umfassende Vorschläge für eine Neustrukturierung des Geometrieunterrichts liefern soll.

Die Beziehung zwischen Begriffsentwicklung und Grundvorstellungen wird unmittelbar anhand der bereits 1995 von vom Hofe gegebenen Charakterisierung deutlich:[1]

> Die Grundvorstellungsidee beschreibt Beziehungen zwischen mathematischen Inhalten und dem Phänomen der individuellen Begriffsbildung. [Sie] charakterisiert … insbesondere drei Aspekte dieses Phänomens:
>
> - Sinnkonstituierung eines Begriffs durch Anknüpfung an bekannte Sach- oder Handlungszusammenhänge bzw. Handlungsvorstellungen,
>
> - Aufbau entsprechender (visueller) Repräsentationen bzw. „Verinnerlichungen", die operatives Handeln auf der Vorstellungsebene ermöglichen,
>
> - Fähigkeit zur Anwendung eines Begriffs auf die Wirklichkeit durch Erkennen der entsprechenden Struktur in Sachzusammenhängen oder durch Modellieren des Sachproblems mit Hilfe der mathematischen Struktur.

Alle drei Aspekte finden sich in den Beiträgen dieses Tagungsbandes mit unterschiedlichen Gewichtungen sowohl in grundlegenden theoretischen Überlegungen als auch in unterrichtspraktischen Vorschlägen wieder.

Auf der Tagung stellte sich heraus, dass sich die Suche nach Grundvorstellungen der Geometrie – als Vorstellungen der Lehrenden und Lernenden – überraschenderweise eher schwierig gestaltet und das Konzept der Grundvorstellungen bislang stärker auf den Gebieten der Arithmetik, Algebra, Analysis und Stochastik ausgearbeitet wurde als auf dem Gebiet der Geometrie. Eine Ursache dafür besteht darin, dass Grundvorstellungen oft stark mit Anschauung verbunden sind, die für andere mathematische Gebiete zunächst in Prozessen erarbeitet werden muss, die den Aufbau von Grundvorstellungen befördern. Hingegen sind im Bereich der Geometrie „bildliche Darstellungen" a priori vorhanden, auch ohne dass hierzu in Prozessen der Erarbeitung Vorstellungen aufgebaut wurden. Es ist also eine langfristige – und lohnende – Aufgabe, tragfähige Konzepte und eine Theorie zu Grundvorstellungen in der Geometrie zu erarbeiten, was wiederum eng mit Fragen nach Begriffsbildungen verknüpft ist.

---

[1] vom Hofe, R. (1995): Grundvorstellungen mathematischer Inhalte. Spektrum, Heidelberg, S. 97f.

Der Beitrag von *Rudolf Sträßer* zum Thema *Grundbegriffe, Grundvorstellungen und Nutzungen der Geometrie* gibt eine Einführung in eine Vielzahl von Facetten der Thematik dieses Bandes, die dann in den folgenden Beiträgen vertieft werden. Zunächst wird herausgearbeitet, dass Grundbegriffe der Schulgeometrie nicht Grundbegriffe in einem axiomatischen Sinne sein können, sondern wesentlich durch Grundvorstellungen fundiert sein müssen, die wiederum in engem Verhältnis zu (individuellen und gesellschaftlichen) „Nutzungen" der Geometrie zu sehen sind.

Philipp Ullmann diskutiert in seinem Beitrag *Grundvorstellungen zur Schulgeometrie – „Situated Cognition" in der Geometriedidaktik* Grundvorstellungen als „robuste" didaktische Kategorie und schlägt vor, sie als rhetorische Werkzeuge der Legitimierung und fachlichen Akzentuierung zu deuten. Auf der Grundlage von Situated-Cognition-Ansätzen wird die Einbettung von Grundvorstellungen in sozio-kulturelle Praxen herausgearbeitet. Fünf Kategorien von Grundvorstellungen zur Schulgeometrie, die als Grundlage für die weitere Arbeit auf diesem Gebiet dienen können, werden vorgestellt und diskutiert.

Schülervorstellungen zu Winkeln in der Sekundarstufe I sind Gegenstand des Beitrags von *Christian Dohrmann* und *Ana Kuzle*, die auf der Grundlage qualitativer Studien zu Grund- und Fehlvorstellungen in den Klassenstufen 5 bis 10 einen Beitrag zur didaktischen Fundierung der Winkelbegriffsentwicklung in der Sek. I leisten, um beobachteten Fehlermustern (die so weit gehen, dass es einigen Schülerinnen und Schüler nicht möglich ist, die Bedeutung eines 1° Winkels zu begreifen) zu begegnen bzw. sie erst gar nicht entstehen zu lassen.

Bezüge zwischen Grundvorstellungen in der Geometrie sowie in der Arithmetik bzw. Algebra können gegenseitig befruchtend wirken. Die Herstellung derartiger Bezüge – auf unterschiedlichen Altersstufen – bildet den Rahmen zweier folgender Beiträge.

Rudolf vom Hofe und *Viktor Fast* befassen sich mit *Geometrischen Darstellungen als Vorstellungsgrundlage für algebraische Operationen am Beispiel der negativen Zahlen.* Dabei zeigt sich erneut, dass sich geometrische Darstellungen für die Repräsentation von algebraischen Inhalten eignen und zu einer tragfähigen Vorstellungsgrundlage beitragen können. Als Grundlage dient die Idee, Zahlen mit Pfeilen und Operationen mit Streckungen und Spiegelungen zu assoziieren. An Beispielen wird gezeigt, dass die auf diese Weise vermittelten Grundvorstellungen auch für weitere mathematische Inhalte tragen können.

Simone Reinhold widmet sich in ihrem Beitrag *Baustrategien von Vor- und Grundschulkindern: Zur Artikulation räumlicher Vorstellungen in konstruktiven Arbeitsumgebungen* der Frage, wie individuelle Vorgehensweisen bei der Erstellung konkreter Bauwerke mit den räumlichen Vorstellungen von Vor- und Grundschulkindern zusammenhängen. Es wird u. a. ein empirisch begründetes Modell vorgestellt, das zur Charakterisierung kindlicher Bauaktivitäten in der (Re)Konstruktion von (Würfel)Bauwerken herangezogen werden kann und einen engen Zusammenhang zwischen den beobachteten Bauaktivitäten, Strategien des mentalen visuellen Operierens und elementaren arithmetischen Konzepten ausweist.

Unser Erfahrungsraum, der dreidimensionale Raum wird oft einfach als gegeben hingenommen. Oft werden dabei Begriffsbildungen nicht ausreichend reflektiert und es entstehen unzulängliche Konstrukte. Die Geometrie des dreidimensionalen Raumes steht daher im Mittelpunkt der beiden folgenden Beiträge.

Mathias Hattermann befasst sich mit *Grundvorstellungsumbrüchen beim Übergang zur 3D-Geometrie* anhand von Studierendenbearbeitungen in 3D-DGS und formuliert konkrete Vorschläge für Ansätze, was man unter Grundvorstellungen eines Kreises bzw. einer Lotgeraden verstehen könnte. Dieser Beitrag versteht sich nicht zuletzt als Anlass, um eine Diskussion über Definitionen von konkreten Grundvorstellungen geometrischer Objekte anzuregen.

Leitideen des (Raum-)geometrieunterrichtes sind – im Kontext der Diskussion um *Geometrieunterricht und Allgemeinbildung* – Gegenstand des Beitrags von Thomas Müller, der u. a. folgende Fragen diskutiert: Wozu unterrichten wir in der Schule Geometrie? Welche Beiträge zur Allgemeinbildung kann der Geometrieunterricht leisten? Welche Schlüsselaktivitäten/Leitideen haben sich im gegenwärtigen Unterricht herausgebildet? Welche „Geometrie-Basics" sollen wir – auch unter dem Gesichtspunkt des Einsatzes digitaler Medien – an Schülerinnen und Schüler weitergeben?

Es schließen sich drei Beiträge an, die sich in engerem Sinne mit Begriffsbildungen und -entwicklungen befassen, wobei auch hier – im Sinne des eingangs hervorgehobenen engen Zusammenhangs – Bezüge zu Grundvorstellungen auftreten.

Gegenstand des Beitrags von *Katharina Gaab* sind *Begriffe im Geometrieunterricht der ‚Hauptschule'*. Obwohl es sie als solche heute fast nirgends mehr gibt, bleiben die Probleme dieser Schulform und ihrer Schülerschaft in der Praxis bestehen. Daher lohnt sich das Wiederaufgreifen der didaktischen Diskussion von mathematischen Inhalten für diese Schülerklientel. Es wird zunächst ein Blick zurück auf den Übergang der Volksschule zur Hauptschule geworfen, der im Rahmen von Reformen in den 1960er Jahren erfolgte, wobei ein besonderes Augenmerk auf den (Grund-)Begriffen im Raumlehre- bzw. Geometrieunterricht liegt. Dazu wird ein Blick in Lehrpläne und Schulbücher dieser Zeit geworfen, gefolgt von Anregungen für Überlegungen eines heute zeitgemäßen Geometrieunterrichts der ‚Hauptschule'.

Verena Rembowski befasst sich in ihrem Beitrag mit *Begriffsbildern und -konventionen in Begriffsfeldern* anhand der Frage *Was ist ein Würfel*? (Grund-) Begriffe werden durch Bezeichner bezeichnet und sind in Objekten konkretisiert – diese Beziehungen sind nicht eindeutig, sondern konstituieren Begriffsfelder durch sich überlagernde und dabei wechselwirkende semiotische Dreiecke. Mit Rückgriff auf Philosophie, Psychologie und Fachmathematik wird ein strukturiertes und strukturierendes Modell von Begriffsbildung entwickelt. Vor dem Hintergrund dessen wird die Frage, was Grundvorstellungen sind bzw. sein sollen, neu diskutiert.

Auch in dem Beitrag *Das Haus der Vierecke aus der Sicht des Heidelberger Winkelkreuzes* von *Michael Gieding* nehmen Begriffsbildungen und -anreicherungen eine bedeutende Stellung ein. Das Heidelberger Winkelkreuz ist ein Werkzeug zur enaktiven Untersuchung geometrischer Figuren; auf ihm lassen sich Repräsentanten von Vierecksklassen spannen und variieren. In dem Beitrag wird aufgezeigt, in welcher Art und Weise die Betrachtung konvexer Vierecke mittels des Heidelberger Winkelkreuzes systematisiert wird und warum und wie derartige Untersuchungen in den Mathematikunterricht allgemeinbildender Schulen integriert werden können.

Der Beitrag *Achsensymmetrie: Vom Spielen zum Formalisieren – eine Vorstellung von Dienes' Ansatz* von *Emese Vargyas* geht davon aus, dass mathematischer Inhalt im Allgemeinen durch aktive Auseinandersetzung mit einem bestimmten Stoff entsteht. Bevor ein Kind z. B. ein Prinzip formulieren kann, muss es sich dessen zuerst bewusst werden und dann darüber reflektieren. Nach dieser „Inkubationszeit" soll das Prinzip sprachlich formuliert und danach auf einer höheren Stufe formal zusammengefasst werden. Im Sinne dieser Idee werden in dem Beitrag die sechs Stufen im mathematischen Lernprozess nach Z. P. Dienes kurz beschrieben und am Beispiel der Achsensymmetrie veranschaulicht, wobei auf Erfahrungen mit Schülern eingegangen wird.

Den Abschluss des vorliegenden Tagungsbandes bildet der Beitrag *Maßstab 1:1 – Geometrie für Geomatiker* von *Hans Walser*. Das Lesen und Interpretieren geographischer Karten ist ein unverzichtbarer Bestandteil der Allgemeinbildung. Mit der „dahinter stehenden" Mathematik befasst sich dieser Beitrag. Es werden exemplarisch geometrische Beispiele aus der Ausbildung Studierender in Geomatik, Kartografie, Vermessungswesen und Geographie vorgestellt. Viele der vorgestellten Beispiele mit räumlichen und sphärischen Überlegungen sind für Schulunterricht und Begabtenförderung geeignet.

Die Breite der in diesem Tagungsband diskutierten Themen wirft ein Schlaglicht auf die Vielschichtigkeit der Thematik „Geometrie zwischen Grundbegriffen und Grundvorstellungen". Der Band soll Impulse für weitere Diskussionen dazu geben, ein „Abschluss" dieses Themenfeldes ist nicht in Sicht. Der Arbeitskreis Geometrie wird es daher auf seinen kommenden Tagungen weiter verfolgen.

Andreas Filler, Anselm Lambert, Matthias Ludwig, Juli 2014

Inhaltsverzeichnis

Grundbegriffe, Grundvorstellungen und Nutzungen der Geometrie

Rudolf Sträßer, Gießen und Münster

"... can one say that geometry has lost its identity ? On the contrary, I think by bursting out of its traditional narrow confines, it has revealed its hidden powers and its exceptional versatility and adaptability, thus becoming one of the most universal and useful tools in all parts of mathematics." (Dieudonné 1981, S. 7)

Zusammenfassung

Bei der Frage nach den Grundbegriffen der Geometrie geht es zunächst um den Gegensatz von traditionellen Gegenstandsbegriffen und axiomatisch fundierten Relationsbegriffen. Die Suche nach Grundvorstellungen der Geometrie gestaltet sich schwierig, aber interpretierbar. Zusätzlich spielen Nutzungen der Geometrie eine zentrale Rolle bei Entscheidungen über den Geometrie-Unterricht. Ein kurzer Blick auf die gegenwärtige curriculare Situation des Geometrie-Unterrichts schließt den Beitrag.

1.1 Grundbegriffe der Geometrie

Schaut man in Geometrie-Bücher vor 1900, so scheint die Frage nach den Grundbegriffen dieses Standardgegenstandes des Mathematik-Unterrichts ganz einfach: Es geht jedenfalls um Punkte, Geraden und Ebenen, vielleicht noch den Raum und jedenfalls um Teilmengen derselben (wie Strecken, Winkel, Vielecke und dergleichen). Traditionell könnte man etwa den Ansatz verfolgen, die Begriffe, die in Euklids „Elementen" definiert werden, die „primitiven Terme" in der Terminologie z. B. von Trudeau (1998, S. 36ff): Punkt, Linie, gerade Linie, Fläche, ebene Fläche, als Grundbegriffe der Geometrie zu nehmen. Schon Euklid definierte ausgehend von diesen Grundbegriffen die weiteren in der Geometrie benutzten Begriffe.

Diese traditionelle Sichtweise hat allerdings den Nachteil, dass diese „Definitionen" (nicht nur in Euklids „Elementen") nichts erklären, weil sie selbst unbestimmte Begriffe verwenden. Diese Erklärungen werden im Übrigen von Euklid in den „Elementen" auch nicht weiter genutzt. Im elementaren Geometrie-Unterricht löst man dieses Problem in der Regel durch Verweise auf möglichst viele und allgemein bekannte bzw. zugängliche Beispiele. Und die innermathematischen Entwicklungen, insbesondere solche nach Art der Hilbertschen Axiomatik, erweisen diesen Zugang als logisch zirkulär (und damit im Sinne der formalen Logik: wahr) oder nichts sagend. Stattdessen kommentiert Hilbert diesen Zugang in seinem berühmten Satz „Man muss jederzeit an Stelle von ‚Punkte, Geraden, Ebenen' ‚Tische, Stühle, Bierseidel' sagen können" (zitiert nach Scriba & Schreiber 2002, S. 476) und erschüttert so die traditionelle Sichtweise. An deren Stelle tritt der axiomatische Zugang, in dem nach den Deutungen der Logiker und Wissenschaftshistoriker nicht mehr Gegenstände die Grundbegriffe z. B. der Geometrie sind, sondern in der Axiomatik deren Beziehungen zueinander grundlegend sind. In dieser Sichtweise müsste man die möglichen Lagebeziehungen zwischen ‚Tischen, Stühlen und Bierseideln' als grundlegend ansehen, etwa nach Art von „Zu zwei Tischen A, B gibt es stets genau einen Stuhl a, der mit jedem der beiden Tische A und B zusammengehört" (vgl. das erste Axiom in Hilbert 1987, S. 3). Diese Formulierung folgt zwar den Forderungen des Mathematikers Hilbert, erscheint aber für den Anfangs-Unterricht in allgemeinbildenden Schulen als ungeeignet. Oder mit dem Nachwort einer Tagung zu „Fragen des Geometrie-Unterrichts": „Es „bestand ... Einigkeit darüber, dass die ... Suche nach dem besten Axiomensystem für den Geometrieunterricht der Mittelstufe ... als prinzipielles Problem falsch gestellt ist. Wohl aber haben diese Untersuchungen zur Aufhellung von Zusammenhängen beigetragen, deren Beherrschung zur mathematischen Ortsbestimmung der jeweiligen unterrichtlichen Situationen für den Lehrer von größter Bedeutung sind" (Steiner & Winkelmann 1981, S. 220).

Man sollte auch bemerken, dass schon vor der axiomatischen Wende der Fachmathematik die Frage nach Grundbegriffen der Geometrie strittig war. Folgt man der Darstellung von F. Klein (Klein 1908/1968, S. 20), so ist für die ebene Geometrie jenseits der „drei Grundgebilde Punkt, Gerade und Kreis" durchaus strittig, ob darauf eine Geometrie mit Hilfe der Bewegungen oder nach Art des Euklid über Kongruenzen zu entwickeln sei. Mathematikdidaktikerinnen und Mathematikdidaktiker sollten also die oben bereits zitierte Feststellung von Steiner & Winkelmann (1981, S. 220) insoweit beherzigen, als mindestens aus der Fachwissenschaft Mathematik keine klare Präferenz für die Lehrbarkeit der Geometrie entlang eines bestimmten Axiomensystems herleitbar ist. Man muss für die Lehrbarkeit wohl weitere Kriterien heranziehen.

Folglich kann man festhalten: Die Fachdisziplin, insbesondere in ihrer axiomatischen Fassung, entscheidet die Frage nach Grundbegriffen für den Geometrie-Unterricht nicht endgültig. Möglicherweise ist ein Rückblick auf das Begriffsverständnis vor einer axiomatischen Darstellung der Mathematik für das Lehren und Lernen von Mathematik eher hilfreich. An Geometrie-Unterricht Interessierte sollten sich jedenfalls vom engen Logik-Korsett der Grundbegriffe befreien und nach Begriffen fragen, auf die man die Lehre und das Lernen von Geometrie stützen kann.

1.2 Grundvorstellungen zur Geometrie

Im vorangegangenen Abschn. 1.1 versuche ich im Wesentlichen einen stoffdidaktischen Zugang unter dem Blickwinkel von Grund*begriffen* der Geometrie. Auch zeitlich nach diesem Zugang beschreibt Rudolf vom Hofe mit Hilfe des Begriffes „Grund*vorstellung*" „Beziehungen zwischen Mathematik, Individuum und Realität" unter didaktischer Perspektive (vom Hofe 1992, S. 347). Dabei soll die normative Dimension der Stoffdidaktik mit Hilfe von vier Begriffen („Individuum – Sachzusammenhang – Grundvorstellung – Mathematik", vgl. die Graphik, a. a. O., S. 359) erweitert werden. In dem Text (für eine ausführliche Diskussion des Begriffes: vom Hofe 1995) sind drei Aspekte wichtig: Sinnkonstituierung, Aufbau entsprechender (visueller) Repräsentationen und die Fähigkeit zur Anwendung eines Begriffes (vgl. wiederum S. 347). Darüber hinaus geht es auch darum, dass „individuelle Vorstellungen bzw. Deutungen der Schüler erfasst werden sollen" (a. a. O., S. 350). Kurzum: Der nur fachdisziplinär ausgerichtete Zugang über Grundbegriffe wird um eine sozial-interaktive und vor allem eine individuelle Komponente bereichert. Mindestens die Schulmathematik geht so über ein Geflecht von Relationen hinaus.

Schaut man – in Verfolgung dieses Ansatzes – nach Grundvorstellungen in der / zur Geometrie, so findet man: (fast) nichts! Eine Suche in der Datenbasis MATHEDUC (Datum: 25.8.2013) ergab für „Grundvorstellungen" 20 Treffer, vor allem aus den mathematischen Teilgebieten Arithmetik, Stochastik und Analysis. Genau einer der Einträge ist eindeutig Fragen der Geometrie gewidmet (vgl. Böhmer 1999) und beschäftigt sich unter anderem speziell mit Grundvorstellungen zum Winkelbegriff. Im Vorfeld der Tagung habe ich Rudolf vom Hofe und andere Kolleginnen und Kollegen nach Geometrie-bezogenen Grundvorstellungen gefragt – immer mit negativem Ergebnis.

Vier Beiträge in diesem Band beschäftigen sich explizit und vorrangig mit Grundvorstellungen zur Geometrie, vgl. die Texte von Dohrmann & Kuzle, Hattermann, Ullmann sowie vom Hofe & Fast (wobei geometrische Grundvorstellungen auch in den anderen Beiträgen, z. B. bei Rembowski im Zusammenhang mit Begriffsbildungen, von Bedeutung sind). Mathias Hattermann spürt besonderen Grundvorstellungen beim Übergang von ebener zu räumlicher Geometrie nach und berücksichtigt dabei systematisch den Einfluss gegenwärtig vorhandener Geometrie-Programme für die räumliche Geometrie. Demgegenüber nutzen vom Hofe & Fast geometrische Darstellungen, um Grundvorstellungen zur Multiplikation rationaler Zahlen aufzubauen. Hier wird die Geometrie als Veranschaulichung zum Hilfsmittel beim Aufbau von Grundvorstellungen für den Arithmetik- und Algebra-Unterricht. Philipp Ullmann arbeitet in seinem Beitrag fünf Grundvorstellungen zur Geometrie heraus („Geometrie als Schule des rechten Sehens, Geometrie als Schule des verständigen Denkens, Geometrie als Schule des regelgeleiteten Gehorsams, Geometrie als Schule der technischen Naturbeherrschung, Geometrie als Schule der Ästhetik"), um diese dann aus dem Blickwinkel der „situated cognition" zu analysieren. Mathematiklehren und -lernen werden dabei als eine sozio-kulturelle Praxis aufgefasst, die nach ihrem Eigensinn befragt werden sollte. Der Beitrag von Thomas Müller zu „Grundvorstellungen und Leitideen des Raumgeometrieunterrichts" geht die Frage der Grundvorstellungen aus dem Blickwinkel der Allgemeinbildung an und verortet in einem normativen Zugriff den Beitrag des Geometrieunterrichts in den Bereichen „Entscheidungsbasis", „Kommunikation" und „Erkenntnis". Als Leitideen des Raumgeometrie-Unterrichts nennt er die Ideen „des Rekonstruierens", „der Projektion", „der Koordinatisierung", „der Abstraktion" und „der Dynamik", die man wohl auch als wünschbare Grundvorstellungen lesen kann.

In den beiden folgenden Abschnitten trage ich zusammen, was ich an anderen Stellen zu Grundvorstellungen in der Geometrie gefunden habe. Ich sortiere dabei nach der Frage der gesellschaftlichen Nutzung und der individuellen Sinngebung zur Geometrie.

1.3   Nutzung von Geometrie

Vor mehr als zwanzig Jahren gab es im nordrhein-westfälischen Landesinstitut für Schule und Weiterbildung (LSW in Soest) einen Versuch, sich über Entwicklungslinien eines künftigen Curriculums für den deutschen Mathematik-Unterricht klar zu werden (vgl. LSW 1990). Die übliche Schul-Geometrie habe ich damals unter dem Begriff „euklidische Geometrie" gefasst. Dieses Geometrie-Verständnis (Geometrie als eine im Wesentlichen zweidimensionale, an dem euklidischen Kongruenz-Begriff orientierte und an logischen Zusammenhängen mindestens interessierte Geometrie) dürfte auch heute noch zutreffen. Ich habe damals (vgl. Sträßer 1991) der „euklidischen" die „deskriptive Geometrie" gegenübergestellt – in bewusster Anlehnung an die Formulierung von Gaspar Monge (1989). Sie wurde durch drei Eigenschaften charakterisiert (a. a. O., S. 75):

> „- Geometrisch/graphische Darstellungen werden im Sinne einer Pragmatik der Semiotik benutzt, um Gegenstände oder qualitative/quantitative Relationen abzubilden bzw. die Herstellung von Gegenständen zu planen. ...
>
> - Geometrisch/graphische Darstellungen sind in der Regel wesentlich komplexer als die Zeichnungen der gegenwärtigen Sekundarstufe I.
>
> - Geometrie ist oftmals Beschreibung/Planung drei-dimensionaler Gegenstände".

Diese Beschreibung markiert m. E. weiterhin wesentliche Unterschiede zwischen schulischer Geometrie und der Geometrie-Nutzung in entwickelten, industrialisierten Gesellschaften wie der unseren.

Um die Anwendungsfelder dieser deskriptiven Geometrie zu beschreiben zitiere ich nur die Kapitelüberschriften aus dem bekannten Buch von Scriba & Schreiber (2002, S. 519ff). Dort ist für das 20. Jahrhundert angeben: „Geometrie und Naturwissenschaften", „Geometrie und Technik", „Geometrie und Informatik" sowie „Geometrie und Kunst". Hier findet sich eine Fülle von gesellschaftlichen Nutzungen der Geometrie. Einen Anwendungskontext der Geometrie, den man nicht unbedingt assoziiert, hat jüngst Volker Remmert (2013) beleuchtet, als er die Geometrie der „Gartenkunst des 17. und 18. Jahrhunderts" schilderte. Schaut man wegen der Inhalte solcher Anwendungen von Geometrie in das einschlägige Buch von Georg Glaeser 2005 (mit dem bezeichnenden Titel „Geometrie und ihre Anwendungen in Kunst, Natur, Technik"), so fällt sofort die überragende Bedeutung räumlicher Geometrie und die Rolle von Bewegungen im Gegensatz zur eher statischen euklidischen (Schul-)Geometrie ins Auge. Ich kann weiterhin auch auf die gewiss nicht vollständige Liste von Walter Whiteley (1999) verweisen, die ich aus seinen Kapitelüberschriften gewinne: „(1) Computer Aided Design and Geometric Modeling", „(2) Robotics",

„(3) Medical Imaging", „(4) Computer Animation and Visual Presentations", „(5) Linear Programming". Zusätzlich verweist Whiteley auf zwei weitere große Themen, in denen Geometrie eine zentrale Rolle für die Gesellschaft spielen: „Human Abilities – Visualization" und (interessanterweise!?) „Suitable Resources for Learning". Im Sinne des Aspektes des „Sachzusammenhangs", also der „Anwendungen", finden sich dementsprechend in der gegenwärtigen gesellschaftlichen Nutzung von Geometrie eine Fülle von Anknüpfungspunkten, aber auch eine deutliche Kritik an euklidischer Schul-Geometrie, die womöglich noch die Klärung logischer Zusammenhänge in den Mittelpunkt des Unterrichts stellt. Dabei folge ich hier der Beschreibung der bereits oben kurz dargestellten Schul-Geometrie (Sträßer 1990, S. 74): Konzentration auf zwei-dimensionale Geometrie, Einführung in die euklidische Tradition (inklusive einer Orientierung an der Axiomatik, mindestens dem lokalen Ordnen), Konstruieren und Analysieren ebener einfacher Figuren als zentraler Unterrichtsgegenstand.

Die Bedeutung von Vorstellungen wie Symmetrie, Perspektive und Schönheit einer Graphik (oder Zeichnung?) für künstlerische Belange ist unbestritten. Es müssen ja nicht gleich die Vorstellungen der „Konstruktivisten" in der ersten Hälfte des 20. Jahrhunderts wie Kasimir Malewitsch, Alexander Rodtschenko oder Warwara Stepanowa (vgl. z. B. die einschlägige Ausstellung im „Bucerius Kunst Forum" in Hamburg in 2013) und deren Nachfolger bis in unsere Zeit hinein (z. B. Alf Schuler) sein.

Abb. 1.1 Alexander Rodtschenko: „Lineismus", Öl auf Leinwand, 1920, © State Museum of Contemporary Art, Costakis Collection, Thessaloniki

1.4   (Individueller) Sinn der Geometrie

Schon der Text von Whiteley (1999) verweist darauf, dass geometrisches Wissen nicht nur für gesellschaftliche Verwendungen relevant ist. Mit seinen beiden oben genannten Themen neben den gesellschaftlich relevanten Anwendungsfeldern erweist sich die Geometrie auch als höchst bedeutsam für das Individuum und seine Lernprozesse. Wir sind also in dem Bereich, der üblicherweise mit „Grundvorstellungen" verbunden wird, nämlich der Bedeutung der Geometrie für das Individuum, oder mit vom Hofe, dem „gemeinsamen Kern" „individueller Erklärungsmodelle". In diesem Sinne verbindet der Begriff der Grundvorstellung „die Anwendungsdimension des mathematischen Inhalts" mit dem „Erfahrungshorizont des Schülers" – und zwar in didaktischer Absicht (vom Hofe 1992, S. 358). Dabei verweist vom Hofe immer wieder darauf, dass das Konzept der Grundvorstellungen sowohl normativ wie auch deskriptiv gemeint ist.

Wie bereits erwähnt scheint es – im Kontrast zur Arithmetik – keine dezidierten Untersuchungen von Grundvorstellungen zu geometrischen Themen zu geben. Unter dem Titel „zentrale Ideen" hat sich Peter Bender (1983) allgemein zu Grundvorstellungen zur Geometrie geäußert. Nach Vorüberlegungen zu Zielen des Geometrieunterrichts und inhaltlichen „Wesenszügen der Geometrie" stellt er „für den Schüler die Sinnfrage im G(eometrie) U(nterricht)" und ordnet diese Frage in die Diskussion über „universelle Ideen der Mathematik" ein. Speziell für den Geometrieunterricht gibt er Beispiele für zentrale Ideen, die er in drei Komplexen ordnet:

- Ideen zum praktischen Nutzen der Geometrie, insbesondere die Idee des „Passens" (in Verbindung mit Inzidenz und Kongruenz starrer Körper) sowie Begriffen wie Symmetrie, Optimierung und Messung,

- Ideen zum Veranschaulichen/ zur Repräsentation (mit nur einem Beispiel, der Bestimmung der Sitzverteilung in einem Parlament),

- Ideen in Verbindung mit dem „theoretischen Wesenszug der Geometrie" (wie Kontinuität, Invarianz, wiederum Symmetrie und Algorithmus).

An der Art, wie Bender diese Konzepte gewinnt, wird deutlich, dass es sich bei seinen Untersuchungen um die normative Seite der Grundvorstellungen handelt. Auf der Arbeitskreistagung 2012 stellte Marie-Christine von der Bank eine Benders zentrale Ideen integrierende Konzeption Fundamentaler Ideen vor, die u. a. auch für die Geometrie bedeutsam ist. Auch die intensive Diskussion zu Begriffen wie Anschaulichkeit und Visualisierung (vgl. zusammenfassend etwa Kadunz 2003) nehme ich als als deutlichen Hinweis, dass es sich weiter lohnt, nach geometrischen Grundvorstellungen im normativen Sinne zu forschen.

Im deskriptiven Sinne scheint auf den ersten Blick die Forschungslage noch defizienter. Es gibt zwar verstreute Publikationen zum Geometrie-Verständnis der Lernenden (exemplarisch: Hartmann 2002 und Vollrath 1977, 1998). Geometrische Grundvorstellungen kann man aus diesen Texten in der Regel ‚ex negativo' aus Fehlern und Schwierigkeiten von Schülerinnen und Schülern erschließen. Sie sind aber nicht als Untersuchung zu geometrischen Grundvorstellungen durchgeführt worden. Als Beispiel kann man etwa auf die Vorstellung der Gleichheit zweier „Seiten" bei der Achsenspiegelung verweisen. Allgemeiner und weiterhin eher spekulativ – auch durch die Frage nach der deskriptiven Seite der Grundvorstellungen motiviert – kommt mir die Bedeutung geometrischer Begriffe bei individuellen Aktivitäten (wie Planung und Gestaltung einer Wohnung, Wandern im Gelände oder Orientierung in einer fremden Stadt) in den Sinn.

Natürlich lässt sich die Blickrichtung auch umkehren: Statt nach Grundvorstellungen zur Geometrie zu schauen, kann man zunächst im Allgemeinen nach Grundvorstellungen suchen und diese dann auf Bezüge zur Geometrie befragen. In diesem Sinne lohnt es wahrscheinlich, genauer nach einer im deutschen Sprachraum kaum rezipierten Forschungslinie zu fragen, die man üblicherweise mit dem Schlagwort „embodied cognition" bezeichnet (vgl. als grundlegenden Text Lakoff, G. & R. Núnez 2000; kürzer und zugänglicher ein Hauptvortrag von Nunez während der PME-24-Tagung 2000). Dabei geht es um die Analyse der Herkunft mathematischer Ideen („mathematical idea analysis"), die so tief in unserer Erfahrung verankert sind, dass sie teilweise einer wissenschaftlichen Analyse nur schwer zugänglich sind. Unter der zentralen Idee der „embodied cognition" werden Bild-Schemata („image schemas") und begriffliche Metaphern („conceptual metaphors") untersucht, die sich natürlicherweise, oft unbewusst und auf körperlicher Erfahrung beruhend bei Menschen ausbilden. Eine besondere Rolle spielen dabei räumliche Beziehungen, die mit primitiven Bild-Schemata beschrieben werden und bis zu einem gewissen Grade in der menschlichen Gattung universell zu sein scheinen. Im PME-Vortrag tauchen etwa folgende Beispiele auf: die Zeit als Erfahrung eindimensionaler Bewegung (S. 1-9) und das Behälter-Schema („container schema", vgl. insbesondere S. 1-11) mit seinen drei Bestandteilen Inneres, Grenze und Äußeres („interior, boundary, exterior") als Gestalt-bildender Struktur. In diesem Schema werden dann so geometrisch-topologische Begriffe wie Innen und Außen („In and Out") formulierbar. Erläutert die dann im Vortrag angeführte Nähe des Behälter-Schemas zur (formalen) Logik (vgl. S. 1-13 bis 1-15) etwa auch die Nähe der Geometrie zur Logik? Am Ende des Vortrages (vgl. S. 1-19f) werden für die Mathematikdidaktik gleich noch einige zentrale Annahmen entmystifiziert (wie etwa die rein subjektive Deutung von Bedeutung, Intuition und Ideen). Mathematik erscheint so – auch als Bedeutung der Grundvorstellungen beim Lehren und Lernen – als eine sehr menschliche Angelegenheit, die nicht als vom Menschen unabhängige Lehre von Wahrheit, Beweis, Definitionen und Formalismen gelehrt werden sollte. Schon die angeführten Beispiele zeigen die tiefe Eingebundenheit geometrischer Grundbegriffe in die menschliche Erfahrung. Versucht nicht die Idee der Grundvorstellung genau die Vermitteltheit von Mensch und Mathematik zu beschreiben?

Für den deutschen Sprachraum kommen mit Fragen aus dem „embodied cognition" Ansatz Begriffe wie „Sinn" und „Bedeutung" in den Blick. Insbesondere zu dem „Sinn" mathematischer Aussagen schlägt Maike Vollstedt (2011) das Kriterium der „persönlichen Relevanzzuschreibung" mit den Kennzeichen „subjektiv und individuell" / „kontextgebunden" / „bewusstseinsfähig, nicht aber -pflichtig" vor (vgl. etwa die Zusammenfassung, S. 257). Sie unterscheidet vom Sinn der Mathematik systematisch die „Bedeutung", bei der wiederum die gesellschaftlich geteilte Relevanz der zentrale Begriffsinhalt ist, also u. a. auf den vorausgehenden Abschnitt zur Nutzung der Geometrie verweist. Leider liegen auch zum „Sinn" speziell der Geometrie keine Untersuchungen vor. Vollstedt geht es vielmehr darum, in einem interkulturellen Vergleich Methoden zur Identifikation individueller

Sinnkonstruktion zu entwickeln und anzuwenden. Dabei unterscheidet sie Sinnkonstruktionen „hinsichtlich ihrer Bezogenheit auf das Individuum sowie ihrer Bezogenheit auf die Mathematik" (S. 260), differenziert aber auf Mathematik bezogene Konstruktionen nicht in Hinsicht auf Teilgebiete der Mathematik.

1.5   Zum Curriculum Geometrie

Die gegenwärtige, an „Kompetenzen" orientiert Diskussion um schulische Curricula stellt schon für die Primarstufe mit den „inhaltsbezogene(n) mathematische(n) Kompetenzen" „Raum und Form", „Muster und Strukturen" und „Größen und Messen" Konzepte aus der Geometrie in den Unterrichtsmittelpunkt (vgl. Kultusministerkonferenz 2004). Zusammen mit „allgemeinen mathematischen Kompetenzen" bilden sie den inhaltlichen Kern dieser bundesweit gültigen Lehrplanvorgaben. Insbesondere die Thematik „Raum und Form" mit ihren Teilthemen „sich im Raum orientieren", „geometrische Figuren erkennen, benennen und darstellen", „einfache geometrische Abbildungen erkennen, benennen und darstellen" sowie „Flächen- und Rauminhalte vergleichen und messen" ist eindeutig auf geometrische Inhalte bezogen und formuliert (erstmals?) so etwas wie ein geometrisches Kerncurriculum für den Grundschulbereich. Die Konkretisierung in den Ländern muss zeigen, wie(weit) diese Vorgaben realisiert werden.

In den „Bildungsstandards im Fach Mathematik für den Mittleren Schulabschluss" hat die Kultusministerkonferenz (2004) diese Linie für die Sekundarstufe I fortgesetzt. Bei den „Standards für inhaltsbezogene mathematische Kompetenzen im Fach Mathematik" tauchen die Themen „Messen" und „Raum und Form" als „Mathematische Leitideen" wieder auf. Im Themenbereich „Messen" werden nun die für die Sekundarstufe I typischen Themen der Flächeninhalts- und Volumenmessung auch an komplexeren Körpern (wie „Prisma, Pyramide, Zylinder, Kegel und Kugel sowie daraus zusammengesetzten Körpern") genannt, während im Bereich „Raum und Form" die logische Ordnung der euklidischen Geometrie zugunsten einer Erschließung des (Anschauungs-)Raumes in den Hintergrund tritt. Spannend dürfte hier vor allem die (möglicherweise) Schulform-spezifische Realisierung dieser Bildungsstandards in den einzelnen Bundesländern sein.

1.6   Rückblick

Mit einigem guten Willen könnte man den Übergang zu Kompetenz-orientierten Vorgaben für den Unterricht als eine Abwendung von einem zu sehr auf fachwissenschaftlichen Kriterien fixierten Mathematik-, insbesondere Geometrie-Unterricht und als eine Hinwendung zu einem mehr auf „Sinnkonstituierung, Aufbau entsprechender (visueller) Repräsentationen und die Fähigkeit zur Anwendung eines Begriffes" (vom Hofe 1992, S. 347) orientierten Unterricht auffassen. Das wäre eine Verabschiedung der Orientierung auf fachwissenschaftliche Grundbegriffe und also ein Weg zu einem an (geometrischen) Grundvorstellungen des Individuums und der gesellschaftlichen Nutzung der Geometrie orientierten Geometrie-Unterricht.

Schaut man auf den hier vorgelegten Text zurück, so handelt er i. W. von zwei Begriffen, nämlich von „Grundbegriffen" und „Grundvorstellungen". Ich habe diese beiden Begriffe versuchsweise wie folgt gegeneinander abgegrenzt: „Grundbegriffe" beziehen sich auf die fundamentalen Begriffe der Fachmathematik. Hier wird vor allem aus der Perspektive der „euklidischen", formalen Geometrie analysiert. Demgegenüber umfasst „Grundvorstellung" die gesellschaftlichen, insbesondere sozial-interaktiven Nutzungen und die individuellen Vorstellungen der/zur Geometrie. Mit dem Begriff der „Grundvorstellung" wandert der Mensch in den Gesichtskreis der Fachdidaktik. Mathematikdidaktik, spezieller Geometrie-Didaktik, wird so zur Humanwissenschaft.

Jedenfalls ist die alleinige Orientierung an fachwissenschaftlichen Grundbegriffen spätestens mit dem Übergang zu einem axiomatisch fundierten, relationalen Wissenschaftsverständnis von Geometrie unzureichend für den Unterricht. Die „alten" Grundbegriffe (wie Punkt, Gerade, Kreis und Ebene) dürften im Geometrie-Unterricht in ihrer ‚inhaltlichen' Bedeutung (Was ist das? Wie gewinnt man diese?) weiterhin nicht zu umgehen sein. Insofern lohnt es sich, nach wünschbaren geometrischen Grundvorstellungen zu individuellen Begriffen von Geometrie und der gesellschaftlichen Nutzung, inbesondere in der sozialen Interaktion zu fragen. Hier kann man beim gegenwärtigen Erkenntnisstand wohl annehmen, dass Begriffe wie Passung, Symmetrie, Parallelität, Orthogonalität, Maßbegriffe, Kontinuität, Invarianz und Algorithmus eine wesentliche Rolle spielen. Zusätzlich ist die Frage nach den mit geometrischen Begriffen dargestellten Inhalten, die Frage nach der Visualisierung (schon in einem engen Sinne) zu bearbeiten. Dies betrifft offensichtlich die normative Seite des Geometrie-Unterrichts. Hierzu habe ich vor allem in Abschn. 1.2 und in Abschn. 1.3 einige Vorarbeiten dargestellt. Andererseits zeigt ein genauer Blick in die empirische Mathematikdidaktik: Es fehlt deskriptive Forschung zu geometrischen Grundvorstellungen, Forschung zu individuellen und kollektiven Vorstellungen zu geometrischen Themen. Für die Mathematikdidaktik und eine konstruktivistische Auffassung vom Mathematik-, insbesondere Geometrie-Lernen ist die Suche nach einer möglichst detaillierten Beschreibung der individuellen Vorstellungen zur Geometrie ein notwendiges und immer noch lohnendes Forschungsgebiet.

> In der Mathematik ... treffen wir zweierlei Tendenzen an: die Tendenz zur Abstraktion – sie sucht die logischen Gesichtspunkte ... herauszuarbeiten und dieses (Material) in einen vielfältigen Zusammenhang zu bringen – und die andere Tendenz, die der Anschaulichkeit, die vielmehr auf ein lebendiges Erfassen der Gegenstände und ihrer inhaltlichen Beziehungen ausgeht.
> (Hilbert & Cohn-Vossen 1932/1996, Beginn des Vorwortes, S. XVII)

1.7   Literatur

[1]   Bender, P. (1983). Zentrale Ideen der Geometrie für den Unterricht der Sekundarstufe I. In: Beiträge zum Mathematikunterricht 1983. Bad Salzdetfurth, B. Franzbecker: 8-17.

[2]   Bender, P. (1990). Ausbildung von Grundvorstellungen und Grundverständnissen - ein tragendes Konzept für den Mathematikunterricht. In: Beiträge zum Mathematikunterricht 1990. Bad Salzdetfurth, Franzbecker: 73-76.

[3]   Böhmer, J. P. (1999). Vermittlung einer Grundvorstellung über Winkel im Unterricht. Prof. Dr. Ingo Weidig zum 60. Geburtstag. In: Der Mathematikunterricht 45(4): 5-15.

[4]   Dieudonné, J. (1981). The Universal Domination of Geometry. In: Zentralblatt für Didaktik der Mathematik 13(1): 5-7.

[5]   Glaeser, G. (2005). Geometrie und ihre Anwendungen in Kunst, Natur und Technik. München, Spektrum Akademischer Verlag, Elsevier.

[6]   Hartmann, J. (2002). Schülervorstellungen und Schülerfehler im Bereich Drehungen. Eine mehrperspektivische Betrachtung. In: Zentralblatt für Didaktik der Mathematik 34(2): 46-50.

[7]   Hattermann, M. (2013). Grundvorstellungsumbrüche beim Übergang zur 3D-Geometrie. AK Geometrie. Marktbreit.

[8]   Hilbert, D. (1987). Grundlagen der Geometrie. Stuttgart, B.G. Teubner.

[9]   Hilbert, D. & S. Cohn-Vossen (1932/1996). Anschauliche Geometrie. Heidelberg Berlin, Springer.

[10]   Kadunz, G. (2003). Visualisierung. Die Verwendung von Bildern beim Lernen von Mathematik. München - Wien, Profil.

[11]   Klein, F. (1908 / 1968). Elementarmathematik vom höheren Standpunkt aus. Zweiter Band: Geometrie. Berlin, Springer.

[12]   Kultusministerkonferenz (2004). Bildungsstandards im Fach Mathematik für den Primarbereich (Jahrgangsstufe 4). Beschluss der Kultusministerkonferenz vom 15.10.2004. München, Neuwied, Luchterhand, Wolters Kluwer.

[13]   Kultusministerkonferenz (2004). Bildungsstandards im Fach Mathematik für den Mittleren Schulabschluss (Jahrgangsstufe 10). Beschluss der Kultusministerkonferenz vom 4.12.2003. München, Neuwied, Luchterhand, Wolters Kluwer.

[14]   Lakoff, G. & R. Núnez (2000). Where Mathematics Comes From: How the Embodied Mind Brings Mathematics Into Being. New York, Perseus - Basic Books.

[15]   Landesinstitut für Schule und Weiterbildung (Redaktion: B. Andelfinger) (1990). Die Zukunft des Mathematikunterrichts. Soest, Soester Verlagskontor.

[16]   Monge, G. (1989). Géométrie descriptive (Nachdruck der historischen Ausgabe aus dem Jahre VII). Paris: Editions Jacques Gabay.

[17]   Núnes, R. E. (2000). Mathematical idea analysis: What embodied cognitive science can say about the human nature of mathematics. In: PME 24, Hiroshima, vol. 1, 3-22.

[18]   Remmert, V. R. (2013). Il faut être un peu Géomètre. Die mathematischen Wissenschaften in der Gartenkunst des 17. und 18. Jahrhunderts. In: Mitteilungen der DMV 21(1): 23-31.

[19]   Scriba, C. J. & P. Schreiber (2002). 5000 Jahre Geometrie. Geschichte Kulturen Menschen. Berlin Heidelberg New York, Springer.

[20]   Steiner, H.-G. & B. Winkelmann, Hrsg. (1981). Fragen des Geometrieunterrichts. Untersuchungen zum Mathematikunterricht. Köln, Aulis Verlag Deubner&Co KG.

[21]   Sträßer, R. (1990). Euklidische Geometrie versus deskriptive Geometrie. In: Die Zukunft des Mathematikunterrichts. Landesinstitut für Schule und Weiterbildung. Soest, Soester Verlagskontor: 73-76.

[22]   Trudeau, R. (1998). Die geometrische Revolution. Basel, Birkhäuser.

[23]   Vollrath, H.-J. (1977). The understanding of similarity and shape in classifying tasks. In: Educational Studies in Mathematics (8): 211-224.

[24]   Vollrath, H.-J. (1998). Zum Verständnis von Geraden und Strecken. In: Journal für Mathematikdidaktik 19(2/3): 201-219.

[25]   Vollstedt, M. (2011). Sinnkonstruktion und Mathematiklernen in Deutschland und Hongkong. Wiesbaden, Vieweg+Teubner Verlag, Springer Fachmedien.

[26] vom Hofe, R. (1992). Grundvorstellungen mathematischer Inhalte als didaktisches Modell. In: Journal für Mathematik-Didaktik 13(4): 345-364.

[27] vom Hofe, R. (1995). Grundvorstellungen mathematischer Inhalte. Heidelberg Berlin Oxford, Spektrum.

[28] vom Hofe, R. (2013). Geometrische Darstellungen als Repräsentationen für algebraische Rechenoperationen am Beispiel der Multiplikation mit negativen Zahlen. AK Geometrie. Marktbreit.

[29] Whiteley, W. (1999). The Decline and Rise of Geometry in the 20th Century North America. CMESG Conference, URL: http://www.math.yorku.ca/Who/Faculty/Whiteley/cmesg.pdf (letzter Download: 19.8.2013).

Grundvorstellungen zur Schulgeometrie

„Situated Cognition" in der Geometriedidaktik [2]

Philipp Ullmann, Goethe-Universität Frankfurt

Zusammenfassung

Das Grundvorstellungskonzept ist merkwürdig ambivalent. Einerseits hat es sich als schul- und forschungspraktisch anschlussfähig erwiesen, andererseits wird es im Theoriediskurs nur zögerlich rezipiert. Das ist wesentlich dem Entstehungskontext geschuldet: Weil Grundvorstellungen das Lernen vor allem individual- und entwicklungspsychologisch in den Blick nehmen, sind sie für neuere theoretische Debatten wenig attraktiv, die Lernen als kollektive soziale Praxis verstehen.

Mit dem Ansatz der *situated cognition* vermittle ich im Beitrag zwischen psychologischem und sozialwissenschaftlichem Forschungsparadigma, fundiere das Grundvorstellungskonzept praxeologisch und zeige exemplarisch, wie eine solche Perspektive für mathematikdidaktische Überlegungen fruchtbar gemacht werden kann: An fünf idealtypischen Praxen der Legitimierung von Geometrieunterricht arbeite ich jeweils eine Grundvorstellung zur Schulgeometrie heraus, um daraus eine (mögliche) Perspektive auf den Geometrieunterricht des 21. Jahrhunderts zu entwickeln.

2.1 Grundvorstellungen – eine robuste didaktische Kategorie

Grundvorstellungen als didaktische Kategorie wurden vor zwei Jahrzehnten durch Peter Bender und Rudolf vom Hofe wiederbelebt.[3] Geleitet von einem psychologisch-konstruktivistischen Paradigma suchte man damals in der Mathematikdidaktik nach Model-

---

[2] Ich bedanke mich herzlich bei Peter Bender, Gerhard Bierwirth, Rudolf Sträßer und Emese Vargyas für ihre wertvollen Anmerkungen. Lutz Führer verdanke ich darüber hinaus die Anregung, mich genauer mit der babylonischen Mathematik auseinanderzusetzen. Matthias Ludwig schließlich danke ich für die Ermunterung, mich in den geometriedidaktischen Diskurs einzumischen.

[3] Vom Hofe (1995, S. 13) verweist dabei auf Bender, der das Konzept wiederum 20 Jahre zurückdatiert und dabei auf Heinz Griesel verweist (vgl. Bender 1991, S. 48).

len mathematischen Verstehens, wobei Verstehen bedeutete, „dass die jeweils intendierten Wissensinhalte, Fertigkeiten und Fähigkeiten vollständig, adäquat und unter vertretbarem Aufwand vom Lernenden entwickelt werden" (Dörfler 1988, S. 56). Für das Mathematik-Lehren ergab sich daraus die Frage, wie die Verbindung zwischen mathematischen Inhalten und individueller Begriffsbildung hergestellt werden könne.

Grundvorstellungen als „Elemente der Vermittlung bzw. als Objekte des Übergangs zwischen der Welt der Mathematik und der individuellen Begriffsbildung des Lernenden" (vom Hofe 1995, S. 98) stellten eine Antwort auf diese Frage dar. Ausgehend von der Beobachtung, dass seit Anfang des 19. Jahrhunderts – also mit Beginn der Etablierung der Schulpflicht – die methodischen Prämissen des Rechenunterrichts vor stetig sich wandelnden psychologischen Hintergrundtheorien relativ konstant blieben, arbeitete vom Hofe ganz pragmatisch drei dieser methodischen Konstanten heraus, nämlich Sinnkonstituierung, Anschaulichkeit und Anwendungsbezug (ebenda, S. 97 f.), und vereinte sie unter dem Dach des Grundvorstellungsbegriffs.[4]

Aufgrund seiner Anschaulichkeit, Praktikabilität und weitgehenden Theoriefreiheit (vgl. ebenda, S. 125 f.) hat sich das Grundvorstellungskonzept sowohl schul- als auch forschungspraktisch als ausgesprochen anschlussfähig erwiesen,[5] so dass ich es als ‚robuste‘ didaktische Kategorie bezeichnen möchte.[6] Der hinter einer solchen Robustheit stehende Pragmatismus ist aus einer theoretischen Perspektive durchaus sinnvoll und nützlich, solange die damit einhergehende Komplexitätsreduktion nicht als abschließend, sondern als wiederum ausbaufähig verstanden wird.[7]

Diese einschränkende Bedingung legt es nahe, die theoretische Leerstelle des Grundvorstellungskonzeptes in den Blick zu nehmen: Grundvorstellungen erklären nicht, *wie* das letztlich beabsichtigte Verstehen von Mathematik stattfindet,[8] sondern postulieren le-

---

[4] In der Tat lassen sich – eine gutwillige Lektüre vorausgesetzt – bereits bei Pestalozzi, vom Hofes frühestem Gewährsmann, alle drei Aspekte finden und (als didaktische Fingerübung) sogar ‚Kopf, Herz und Hand‘ oder, wie es im Original heißt: „Herz, Geist und Hand" (vgl. etwa Pestalozzi 1819, S. 39 & 40) zuordnen. Zu Pestalozzis allgemeinpädagogischem Ansatz vgl. Pestalozzi (1801), auf die Mathematik bezogen siehe Pestalozzi (1803). Zu ‚Kopf, Herz und Hand‘ bei Pestalozzi vgl. Osterwalder (1995).

[5] Für die Schulpraxis kann auf zahlreiche Unterrichtsvorschläge verwiesen werden (exemplarisch die beiden ml-Themenhefte *Grundvorstellungen* (Nr. 78, 1996) und *Grundvorstellungen entwickeln* (Nr. 118, 2003)); für die Forschungspraxis auf die PALMA-Studie (vgl. Pekrun et al. 2006) sowie Publikationen aus diesem Umfeld (wiederum exemplarisch die (kumulative) Habilitation *Grundbildung durch Grundvorstellungen* von Michael Kleine (2007) oder die Dissertation von Sebastian Wartha (2007)).

[6] In freier Anlehnung an Bender (1991, S. 54), der im Kontext von *tacit models* von Robustheit spricht und dabei die drei Kriterien Einfachheit, Verankerung in der Lebenswelt und Anwendungserfolg nennt. Nicht gedacht ist hier an gesellschaftlich robustes Wissen im Sinne Nowotnys (2006).

[7] In der heute gängigen Lehrpraxis scheint es ja mitnichten abwegig, beispielsweise die verschiedenen Grundvorstellungen zum Bruchzahlbegriff zu essentialisieren und der Reihe nach (ggf. einschließlich der zugehörigen Übersetzungsprozesse) abzuarbeiten.

[8] Dieses Problem wird dadurch etwas verwischt, dass der Charakter der *Vermittlung* von Grundvorstellungen zwischen mathematischen Begriffen und Sachzusammenhängen (vom Hofe 1995, S. 98) unversehens in das *Verstehen* der SchülerInnen übersetzt wird, indem rhetorisch der ‚Kern des Sachzusammenhanges‘ und der ‚Kern des mathematischen Begriffs‘ parallelisiert werden (ebenda,

diglich, *dass* es so stattfinden *könne*. So schreibt vom Hofe ganz explizit: „Grundannahme des hier vertretenen Konzepts ist es, [...] dass sich Grundvorstellungen ausbilden lassen." (ebenda, S. 123) und verweist lakonisch auf „jahrhundertelange didaktische Erfahrung" (ebenda, S. 97) – was durchaus ein gewichtiges Argument darstellt, jedenfalls wenn man sich auf den Geltungsbereich seiner Untersuchung beschränkt: die Volksschulrechenmethodik.[9] Bender, der beide Sekundarstufen vor Augen hat, nimmt die Frage nach dem ‚Wie?' viel wichtiger und investiert folgerichtig einiges an Theoriearbeit, um bei dem Problem der Vermittlung weiterzukommen.[10]

Die Theorie der subjektiven Erfahrungsbereiche von Heinrich Bauersfeld, die auch vom Hofe referiert, könnte hier weitere Einsicht ermöglichen. Immerhin stellt Bauersfeld ein ganzes Theorienbündel zur Verfügung, um die Mathematikdidaktik aus der von ihm selbst diagnostizierten Einseitigkeit zu befreien: Es gelte, die weitgehende Beschränkung auf das (psychologisch gefasste) Individuum zu überwinden und die soziale Dimension des Lernens in die didaktischen Analysen mit einzubeziehen (vgl. Bauersfeld 1983, S. 12).[11] Ausgangspunkt ist dabei die Einsicht, dass jedes Wissen situativ gebunden ist.[12] Für das Mathematik-Lehren ergibt sich daraus allerdings sofort als wesentliche Frage, wie in einem konkreten Kontext erworbenes Wissen auf andere Situationen übertragen bzw. kontextübergreifend integriert werden kann.

S. 125). In späteren Veröffentlichungen wird theoretisch nachgelegt und das Grundvorstellungskonzept in Beziehung zum Ansatz der *mental models*, der *schemes* und des *conceptual change* gesetzt (vgl. Kleine et al. 2005). Das gibt immerhin einen Hinweis; die hier folgende Kritik aber bleibt davon unberührt.

[9] Dementsprechend findet das Grundvorstellungskonzept in der Mathematikdidaktik überwiegend in den Inhaltsbereichen der vormaligen Volksschulmathematik Verwendung, v. a. in der Bruchrechnung.

[10] Exemplarisch deutlich wird das in der Bewertung von Anwendungen beim Aufbau von Grundvorstellungen. Während etwa vom Hofe (1995, S. 98) in diesem Zusammenhang ohne Bedenken Welt und Mathematik parallelisiert und von „Deutungsmöglichkeiten in realen Situationen" spricht und davon, „reale Sachkonstellationen bzw. Sachzusammenhänge zu beschreiben", betont Bender (1991, S. 56) eher die Gefahr, dass die echten Anwendungen innewohnenden Sachstrukturen „die mathematische Begrifflichkeit überlagern und deren psychologische Grundlegung stören können", und verweist zum Aufbau von Grundvorstellungen auf Einkleidungen (wobei er sich u. a. auf Arbeiten zur Metapher und Metonymie in der Mathematikdidaktik von Hans-Georg Steiner und Heinrich Bauersfeld bezieht). Dieses Beispiel ist besonders instruktiv, wenn man die spätere Integration der Grundvorstellungen in den Modellierungskreislauf vor Augen hat (vgl. Kleine et al. 2005, S. 229).

[11] In diesem Sinne stellt Bauersfeld zu integrierende Forschungsbereiche einer umfassenden Interaktionstheorie des Lernens zusammen: 1.) nicht-kognitive Aspekte, 2.) die metonymische Fortsetzbarkeit sozialer Interaktion, 3.) die Partikularität und zugleich Verallgemeinerungsfähigkeit der Sprache und 4.) Veranschaulichungen; weiter Elemente 5.) der Kommunikationstheorie, 6.) der Identitätstheorie, 7.) der Psychoanalyse und 8.) der Intelligenztheorie und schließlich 9.) Fragen des Lern-Transfers (vgl. Bauersfeld 1983, S. 27-48).

[12] So leitet Bauersfeld (1983, S. 1) seinen Aufsatz mit einem entsprechenden Zitat von Thomas Seiler ein. Bauersfeld spricht allerdings lieber von ‚Bereichsgebundenheit', was ihn zum Begriff der ‚Subjektiven Erfahrungsbereiche' führt.

2.2　Situated Cognition – eine analytische Perspektive

Verstehen von Mathematik – darin sind sich Bauersfeld, Bender und vom Hofe mit den Rechenmethodikern des 19. Jahrhunderts einig – lebt von Sinnkonstitution. Sinn aber – und damit wird das 19. Jahrhundert zurückgelassen – ist eine zutiefst soziale Kategorie und damit immer auf Interaktion und Intentionalität bezogen. Dass infolge dieser Perspektivverschiebung die Objektivierbarkeit mathematischen Wissens ein theoretisches Problem darstellt, dessen sind sich Bauersfeld und Bender wohl bewusst,[13] bleiben aber dem (individual)psychologischen Ansatz letztlich treu.[14]

Ich will hier einen etwas anderen Weg beschreiten und das Grundvorstellungskonzept mit dem theoretischen Ansatz der *situated cognition* in Verbindung bringen.[15] Ausgehend von der Einsicht, dass sich *situatedness* nicht auf situative Gebundenheit reduzieren lässt, denkt dieser Ansatz die soziale Dimension des Lernens radikal weiter: Die Aneignung von Wissen wird nicht vom Individuum aus verstanden, sondern von einer *community of practice*. Der Lernforscher Etienne Wenger, der diesen Begriff gemeinsam mit der Sozialanthropologin Jean Lave geprägt hat, formuliert prägnant:

> *Communities of practice* sind Gruppen von Personen, die ein Interesse an oder eine Leidenschaft für etwas teilen, das sie tun, und die durch regelmäßige Interaktion lernen, es besser zu machen.[16]

Unter diesem Blickwinkel erscheint Wissen grundsätzlich nicht als ein abstraktes, objektives Substrat, dessen individuelle kognitive Aneignung irgendwie in soziale Praxis eingebettet ist, sondern als ein Produkt oder besser: als Teil der sozialen Praxis einer *community of practice*.[17] Damit ist auch die Frage nach dem Transfer von Wissen falsch gestellt, weil es kein Substrat gibt, das transferierbar wäre – und in der Tat zeigt sich ja, dass man in einem veränderten Kontext je neu zum Wissenden werden muss. Mit Hegel könnte man also sagen: Es gibt kein Wissen *an-sich*, weil jedes an-sich immer schon *für-uns* ist.

Im Fall mathematischen Wissens bedeutet das: Mathematisches Wissen, oder besser: die verschiedenen, miteinander konkurrierenden Formen mathematischen Wissens sind nichts anderes als die geronnenen Praxen unterschiedlicher *communities of practice*, in denen Personen als Mathematiktreibende interagieren – seien es MathematikerInnen, Lehramtsstudierende oder SchülerInnen. Dass sich aus diesem Gemenge heraus die Idee eines objektiven Wissens etablieren konnte, ist Ergebnis eines langwierigen und komplexen geschichtlichen

---

[13] Bauersfeld führt in diesem Zusammenhang zahlreiche linguistische Ansätze ins Feld, während Bender (1991, S. 51) hier vor allem auf Dörfler (1988) verweist.

[14] Das ist auch konsequent, wenn man auf den diagnostischen Einsatz von Grundvorstellungen in (Groß-)Studien oder im Klassenzimmer abzielt.

[15] Zu *situated cognition* vgl. Robbins & Aydede (2009) sowie Kirshner & Whitson (1997); zur mathematikdidaktischen Rezeption dieses Ansatzes siehe Watson & Winbourne (2008) sowie Watson (1998).

[16] Das Zitat steht auf Wengers Homepage http://www.ewenger.com/theory/ < 10.01.14>. Eine in gewissem Sinne präzisere Definition findet sich bei Lave & Wenger (1991, S. 97 f.); vgl. auch Ullmann (2013).

[17] Dafür scheint sich das Bild der ‚Ähnlichkeit' zu eignen (vgl. Dietzsch & Ullmann 2013) – womit man wieder bei Metapher und Metonymie als analytischem Instrument angekommen ist.

Prozesses, in dessen Verlauf vermittels historisch sich wandelnder Sicherungssysteme soziale Praxen stabilisiert wurden.[18] Als effektivstes Sicherungssystem der Moderne hat sich im 19. Jahrhundert die Schule und namentlich der Mathematikunterricht etabliert: Dies ist der Ort, an dem – gesellschaftsübergreifend – die Praxen der Objektivierung und Abstrahierung maßgeblich eingeübt worden sind und immer noch werden (vgl. Ullmann 2008).

Mit dieser Kontextuierung ist eine Lösung für das Problem der Objektivierbarkeit zumindest angedeutet; jedenfalls aber ist die theoretische Leerstelle des Grundvorstellungskonzeptes gefüllt: Mathematik zu verstehen bedeutet nichts anderes als ein kompetentes Mitglied einer *community of practice* Mathematik-Treibender zu sein.[19] Eine solche praxeologische Verschiebung des theoretischen Blickes aber bereitet zugleich auch den Weg für neue Anwendungen, indem sie nahe legt, die Kategorie der Grundvorstellung versuchsweise auf sich selbst anzuwenden.

Grundvorstellungen als robuste didaktische Kategorie, so meine These, sind ein rhetorisches Werkzeug, das im Diskurs des Mathematiklehrens und -lernens der Legitimierung und fachlichen Akzentuierung dient. Solchermaßen objektiviert gilt es, ihre Einbettung in sozio-kulturelle Praxen aufzudecken, um sie theoretischer Reflektion und praktischer Gestaltung zugänglich zu machen.

Als einen ersten Schritt in diese Richtung werde ich im Folgenden am Beispiel der Geometrie idealtypisch fünf Grundvorstellungen zum Geometrieunterricht herausarbeiten, die sich historisch innerhalb diskursiver Praxen herausgebildet bzw. stabilisiert haben und im gegenwärtigen Unterricht auf die ein oder andere Art fortwirken. Durch die einheitliche theoretische Rahmung werden Parallelen und Querbezüge deutlich, die den Überlegungen zu einem künftigen Geometrieunterricht zuträglich sein mögen.[20]

2.3 Grundvorstellungen zur Schulgeometrie

G1: Geometrie als Schule des rechten Sehens

In einem gesellschaftlichen Umfeld, das in der Tradition der Aufklärung Sehen als dominante Form empirischer Welterkenntnis akzeptiert, liegt es nahe, Geometrie in den Dienst einer methodischen Reflektion dieser scheinbar unmittelbaren Erkenntnisweise zu stellen. So nimmt es nicht Wunder, dass der einstige Volksschuldiskurs diese Verbindung von Sehen und Erkennen aufgriff und sich auf dem Weg zu einer ‚Bildung für alle' zu eigen machte.[21]

---

[18] Für die Naturwissenschaften ist dieser Prozess bereits überzeugend aufgearbeitet worden (vgl. etwa Daston & Galison 2007 oder Latour 2007); eine Übertragung auf die Mathematik ist naheliegend, aber aufgrund des deutlich weiter zurückreichenden Untersuchungszeitraumes und der sich dadurch verschärfenden Quellenlage erheblich schwieriger. Einen Eindruck davon geben die Ausführungen im ▶ Abschn. G3: Geometrie als Schule des regelgeleiteten Gehorsams.

[19] Womit das ‚Wie?' des (schulischen) Initiations-Prozesses empirischer Untersuchung zugänglich wird.

[20] Trotzdem es um die Tradition des Geometrieunterrichts in Deutschland geht, werde ich im Folgenden die Gedanken gelegentlich weit spannen; daher kann ich sie nur in erster Annäherung belegen, greife aber nach Möglichkeit vertraute Bilder auf.

[21] Was sich ideengeschichtlich dann wiederum im Grundvorstellungskonzept widerspiegelt, wie am Schlagwort der ‚Anschaulichkeit' deutlich wird.

Zwei Protagonisten sind es, die den pädagogischen Diskurs über den Bildungswert der Schulgeometrie hinsichtlich der Elementarbildung um 1800 bestimmen: Johann Heinrich Pestalozzi und Johann Friedrich Herbart. Obwohl von grundverschiedenem Charakter – der eine pädagogischer Praktiker aus Überzeugung, der andere philosophischer Theoretiker aus Leidenschaft – gehen beide von derselben Prämisse der Kantianischen Aufklärung aus: dass nämlich *„die Anschauung das absolute Fundament aller Erkenntniß sey"* (Pestalozzi 1801, IX. Brief, S. 282) bzw. „die Wichtigste unter den bildenden Beschäftigungen des Kindes und des Knaben" (Herbart 1804, Einleitung, II. Teil, S. 8). Beide weisen dem Anfangsunterricht die Aufgabe zu, die Kinder zu rechter (d. h. strukturierter bzw. strukturierender) Wahrnehmung ihrer Lebenswelt zu führen, wobei die Geometrie durch ihre unmittelbare Anschaulichkeit eine herausgehobene Mittlerrolle spielt.

Pestalozzi denkt dabei an eine Elementarbildung im Sinne heutiger *literacy*, wenn er schreibt:

Zahl, Form und Sprache sind gemeinsam die Elementarmittel des Unterrichts, indem sich die ganze Summe aller *äussern* Eigenschaften eines Gegenstandes, im Kreise seines Umrisses, und im Verhältniß seiner Zahl vereinigen, und durch Sprache meinem Bewußtseyn eigen gemacht werden. Die Kunst [des Unterrichtens] muß es also zum unwandelbaren Gesetz ihrer Bildung machen, von diesem dreyfachen Fundamente auszugehen und dahin zu wirken:

1. Die Kinder zu lehren, jeden Gegenstand, der ihnen zum Bewußtseyn gebracht ist, als Einheit, d.i. von denen gesondert, mit denen er verbunden erscheint, ins Aug zu fassen.

2. Sie die Form eines jeden Gegenstandes, d.i. sein Maaß und sein Verhältniß kennen zu lehren.

3. Sie, so früh als möglich, mit dem ganzen Umfang der Worte und Namen aller von ihnen erkannten Gegenständen bekannt zu machen. (Pestalozzi 1801, VI. Brief, S. 164 f.)

Herbart dagegen zielt mehr auf (durchaus wissenschafts-propädeutisch zu verstehende) Begriffsbildung:

Alles, was *zur Auffassung der Gestalten durch Begriffe*, von den größten Köpfen aller Zeiten geleistet worden ist: das findet sich gesammelt in einer großen Wissenschaft, in der Mathematik. Diese ist es also, unter deren Schätzen die Pädagogik für jenen Zweck vor allen Dingen zuerst nachzusuchen hat, wenn sie nicht Gefahr laufen will, sich in vergeblichen Bemühungen zu erschöpfen. (Herbart 1804, Einleitung, III. Teil, S. 17 f.)

Und weiter:

Die Strenge der Beweise ist nicht für kleine Knaben; – desto mehr ist für sie die mannig[fal] tige Versinnlichung von Zahlen, Brüchen, Rechnungen, zu denen die Dreiecke beständig veranlassen. Diese Gelegenheit, *der Arithmetik mehr Deutlichkeit* zu verschaffen, muß, so weit es nur möglich ist, benutzt werden. (Ebenda, Erster Abschnitt, II. Teil, S. 72)

Dass die Welt nach Maß und Zahl geordnet ist, dieser Gedanke ist so alt wie das Zählen und Messen; neu aber war um 1800 die aufklärerische Hoffnung, dass ein ‚ABC der Anschauung' durch eine Elementarisierung dieser Ordnung beitragen könne zu einem Denken, das in den objektiven Kategorien von Maß und Verhältnis gründet und mit abstrakten Begriffen operiert, und damit wiederum zu einer besseren oder zumindest: ausgewogeneren Welt.[22]

---

[22] Diese Anschauung wird bei Pestalozzi wie auch bei Herbart ganz selbstverständlich nicht nur durch (Zu-)Sehen und (Nach-)Sprechen, sondern auch durch eigenes Handeln geschult, wie die einschlägigen Anleitungen zu Zeichenübungen belegen (vgl. Pestalozzi 1803 und Herbart 1804). Gerade bei Pestalozzi wird dieser Aspekt oft übersehen.

G2: Geometrie als Schule des verständigen Denkens

Eine etwas andere Akzentuierung erhielt die Schulgeometrie an den Höheren Schulen, aus deren Absolventen sich im 19. Jahrhundert die (Bildungs-)Eliten, vor allem aber die Führungsriegen eines umfang- und einflussreichen Beamtenapparates rekrutierten. Statt der Anschaulichkeit des Sehens soll die Strenge des Denkens eingeübt werden, gleichfalls idealistisch überhöht (und als aristokratie-nah geehrt). Das zeigt sich bereits an den bis in die klassische Antike zurückreichenden Spuren, die dieser Tradition eingeschrieben werden. So lässt Platon im *Staat* den Sokrates, der sich im Gespräch mit Glaukon befindet, die Geometrie preisen:

> Sokrates: Sie [die Geometrie] hätte nach deinem Zugeständnisse, mein Lieber, die Kraft, die Seele zum Sein hinzuziehen, und wäre eine Bildung für einen wissenschaftlichen Kopf und um Seelen zum Wesen der Dinge hin zu leiten, die wir jetzt ungebührenderweise nur auf das Irdische hin halten.
>
> Glaukon: Ja, sagte er, sie ist jenes im höchsten Grade.
>
> Sokrates: Im höchsten Grade, fuhr ich fort, müssen wir also darauf achten, dass die Bürger in deinem Staat auf keine Weise der Geometrie abhold sind, denn auch die Nebengewinne sind nicht unbedeutend.
>
> Glaukon: Welche denn? fragte er.
>
> Sokrates: Erstlich der, den du schon erwähntest, erwiderte ich, der praktische Gewinn für den Krieg, zweitens wird außerdem bekanntlich in Bezug auf jedes andere Lernen, um besser aufzufassen, ein himmelhoher Unterschied sein zwischen einem, der sich mit Geometrie befasst hat, und dem, der es nicht getan hat.
>
> Glaukon: Ja wahrhaftig, ein himmelhoher, bemerkte er. (Platon: Der Staat, VII. Buch, http://www.opera-platonis.de/Politeia7.html. < 10.1.14 >)

Über Euklids *Elemente* als maßgebliches Lehrwerk über Jahrhunderte hinweg muss an dieser Stelle kaum ein weiteres Wort verloren werden, nicht zuletzt im Kontext der Geometrie als einer der *septem artes liberales*: Aus vorgegebenen Prämissen präzise formulierte und klar strukturierte Schlüsse abzuleiten – das war zu allen Zeiten gefragt, in denen bürokratische Herrschaftsgebilde auf eine gebildete Beamtenschaft angewiesen waren, und spätestens mit den *Elementen* fiel ein Gutteil dieser Ausbildung der Geometrie zu.[23] In diesem Geiste hielt der Geometrieunterricht im 19. Jahrhundert auch in die reformierten preußischen (später: alle deutschen) Gymnasien ab Klasse 7 Einzug.[24]

Ganz in der Tradition des Denken-Lehrens galt die Geometrie über Jahrhunderte als *die* voll ausgebildete Wissenschaft schlechthin und war dem Rationalismus und der Auf-

---

[23] Die Ablösung dieser Art von Erkenntnis vom Irdischen (vgl. Platons Ideenlehre) mag durchaus auch im Sinne der Herrschenden erwünscht gewesen sein, die ihren Beamten gerne Zugriff auf die Wahrheit gewährten, solange diese ihnen nicht die Macht streitig machten.

[24] Die Praxis des (mathematischen) Beweisens, nach breitem wissenschaftshistorischen Konsens wohl erstmals im antiken Griechenland in Erscheinung getreten, spielte bei der Etablierung der Mathematik als objektive Wissenschaft wohl eine, wenn nicht gar die zentrale Rolle und prägte den gymnasialen Geometrieunterricht nachhaltig.

klärung Vorbild einer jeglichen Wissenschaft.[25] Aber auch innermathematisch wurde nach der Etablierung der Mathematik als universitäre Wissenschaft[26] in diesem Sinne argumentiert. Anhand der Mathematik sollten die SchülerInnen den schrittweisen Aufbau einer axiomatischen Wissenschaft (mit)erleben. Dieser Gedanke war bis Mitte des 20. Jahrhunderts lebendig und durchdrang auch noch die *new maths*-Bewegung der 1970er Jahre. Gegenwärtig hat die Strenge des Beweisens keine Konjunktur und tritt hinter dem Argumentieren und Begründen zurück – vielleicht ein Hinweis auf eine demokratisierende Praxis.

G3: Geometrie als Schule des regelgeleiteten Gehorsams

Ein weiterer Aspekt, der in den beiden vorhergehenden Abschnitten bereits angeklungen ist, hängt mit dem Schulkontext als solchem zusammen. Die Praxis des Schule-Haltens ist immer eine andere als diejenige, auf die Schule vorzubereiten beansprucht, weil und wodurch das zu Lernende eine andere Rahmung erfährt. Insofern etabliert Schule eine spezifische *community of practice*, die sich durch eine Form des regelgeleiteten Gehorsams auszeichnet, in der der Wissenschaftshistoriker Peter Damerow die Wiege der geometrisch-mathematischen Abstraktion vermutet.

In seiner Lesart babylonischer mathematischer Keilschrifttexte aus dem dritten vorchristlichen Jahrtausend weist Damerow darauf hin, wie sich neben den in Verwaltungstexten dokumentierten geometrischen Berechnungen mit einem ersichtlichen praktischen Zweck

> auch andersartige Texte [finden], die keinem erkennbaren Verwaltungsziel dienten und Ansätze zur Verselbständigung der Methoden der Feldmesser vom praktischen Zweck ihrer Messungen und Berechnungen erkennen lassen. Sie stammen vermutlich aus dem Schulkontext [...]. (Damerow 2001, S. 257)

Und weiter:

> Trotz der kleinen Zahl dieser Texte läßt sich die Natur der diesen Explorationen inhärenten Abstraktionsprozesse gut rekonstruieren. Sie haben ihre Grundlage in einer gegenüber den praktischen Zielsetzungen der Verwaltung verselbständigten Verwendungen der Techniken der Feldmesser. Es sind vor allem die Techniken der Flächenzerlegung und der Flächenberechnung. Solche Techniken wurden im Schulkontext auf Problemstellungen angewandt, die sich nicht prinzipiell von den charakteristischen Problemen der Feldmesser unterschieden, aber nicht mehr an praktischen Zielen orientiert waren, sondern ohne Rücksicht auf realistische Bedingungen formuliert wurden. (Ebenda, S. 270)

---

[25] Zu denken ist etwa an den Fortschritt der Erkenntnis *more geometrico* bei Descartes bzw. an Kants berühmte Vorrede zur zweiten Auflage der *Kritik der reinen Vernunft*.

[26] Die nicht zufällig zeitgleich mit der Etablierung des Volksschulmathematikunterrichts zu Beginn des 19. Jahrhunderts einsetzte (vgl. Ullmann 2008, S. 167-178).

Abb. 2.1 Altakkadische Tafel
IM 58045 mit dem vermutlich
ältesten Beleg für eine theoretisch motivierte Feldteilung.
Damerow (2001), S. 263.

Bildrechte: Aage Westenholz. Der
Abdruck erfolgt mit freundlicher
Genehmigung

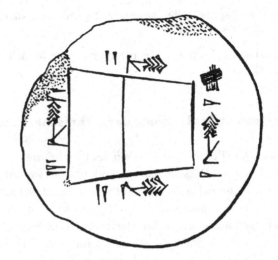

Inmitten der Zwänge des Vor- und Nachmachens einer ent- bzw. neu kontextuierten Praxis, inmitten eines Beschulungsformates, das auch die Meister-Lehre prägt[27] und bis heute – vielgeschmäht, aber vielleicht nicht ganz zu Unrecht – im Schulunterricht nachwirkt, finden sich also die ersten Spuren der Abstraktion.[28]

Dass dieser in ihrer viertausendjährigen Entstehungsgeschichte eine Dialektik von Freiheit und Zwang eingeschrieben wurde, bleibt natürlich auch Herbart nicht verborgen, der schreibt:

> Aber aus dem Bemerken entsteht die *Kenntnis der Natur der Dinge*; – hieraus entsteht weiter Unterwerfung gegen wohlerkannte *Nothwendigkeit*, – diese Unterwerfung, dieser Zwang, den *Rousseau* einzig billigte und empfahl; – entsteht noch weiter überlegtes Handeln, besonnene Wahl der Mittel zum Zweck. (Herbart 1804, S. 8)

Und doch hat sich die Beziehung von Mathematik und Welt verschoben, wenn nicht gar verkehrt. Die Mathematik hat sich als paradigmatisches Regelgebilde und Sprache der Abstraktion etabliert und übt den im Prozess ihres Entstehens inkorporierten Zwang nun selbst aus, sowohl auf die Lebenswelt als auch auf die Sprechenden. So konstatiert der Wissenschaftshistoriker Herbert Mehrtens:

> Die Sprache Mathematik ist diktatorisch, denn die Zeichen und die Regeln werden gesetzt, und zwar so gesetzt, daß keine Uneindeutigkeiten erlaubt sind und kein Widerspruch zwischen den Regeln zu erwarten ist. Daß Mathematik anwendbar ist, kommt geradewegs aus dieser Struktur. Immer, wenn ich Vor-Schriften machen und möglichst gewiß sein will, daß sie eingehalten werden, kann ich mich der Befehlsstruktur der Sprache Mathematik bedienen. (Mehrtens 1990, S. 13)

Und weiter:

> Die Sprache Mathematik ist als symbolisches Regelgebilde zwingend; wer sich darauf einläßt, sie zu sprechen, kann sich den Diktaten der Regel nicht entziehen. Zugleich aber ist diese

---

[27] Zu denken ist etwa an Adam Rieses „Machs wie vorgethan!" oder Alfred Dürers „Thue im also!"

[28] Ausführlicher zur babylonischen Mathematik vgl. Høyrup (2002) sowie Robson (1999).

Sprache disponibel, ihre Gesetze sind gesetzt und können umgesetzt und umformuliert werden. (Ebenda, S. 477)

Geometrie ist also (auch) das paradigmatische Modell idealistischer Freiheit als Einsicht in die Notwendigkeit.

G4: Geometrie als Schule der technischen Naturbeherrschung

In einer Gesellschaft, die im Verlauf des 19. Jahrhunderts immer stärker durch den Zusammenschluss von Wissenschaft, Technik und Verwertung geformt wird, und in der Technik und Wissenschaft zur ersten Produktivkraft werden (vgl. Habermas 1969a), scheint es beinahe überflüssig, auf die Rolle geometrischen Wissens im Kontext technischer Anwendungen hinzuweisen. Die Dampfmaschine, Symbol der Industriellen Revolution, ist ja nachgerade die Stahl gewordene Transformation einer geradlinigen in eine kreisförmige Bewegung. Und die Beispiele angewandter Geometrie lassen sich – zumal wenn man den Blick ausweitet auf weitere Schlüsseltechnologien der Industrialisierung, wie optische, elektrotechnische oder chemische Industrie – unbegrenzt mehren.

Abb. 2.2 Die Dampfmaschine ist im 19. Jahrhundert Sinnbild und Verkörperung der Industriellen Revolution.

Bild: Meyers Großes Konversations-Lexikon ([6]1905–1909), gemeinfrei.

Doch die Erfahrung zeigt, dass gerade der Verwertungsaspekt der technischen Anwendbarkeit in der (Schul-)Geometrie oft unterbelichtet bleibt. Dafür gibt es verschiedene Ursachen. Zunächst ein generelles Bemühen der schulisch-akademischen Mathematik, sich frei von den Niederungen (und Fehlschlägen) der Anwendung zu halten. Dann die bildungsbürgerliche Tradition, die ihr Augenmerk immer schon mehr der formalen als der materialen (revolutionsverdächtigen) Bildung zuwandte. Schließlich die Erfahrungen zweier Weltkriege und einer Mathematikdidaktik, die sich im Dritten Reich Anwendungsorientierung auf die Fahnen schrieb.[29]

---

[29] Zum ersten und dritten Punkt vgl. Ullmann (2008); zum zweiten Aspekt ▶ Abschn. G2: Geometrie als Schule des verständigen Denkens.

Solcherart historisch diskreditiert hat die Anwendung einen schweren Stand, zumal in der Geometrie, wo allenfalls die ewigen Bahnen der Gestirne zu einem mehr ideengeschichtlichen als technik-affinen Exkurs taugen. Und auch der Lehrplan erleichtert die Sache nicht. Denn ob die ausgedünnten geometrischen Inhalte in der Sekundarstufe I und ein wissenschaftpropädeutischer Kurs in Linearer Algebra in der Sekundarstufe II, dessen Unsinnigkeit schon Hans Freudenthal heftig kritisierte (vgl. Freudenthal 1979, S. 410 f.), einer Behandlung ernsthafter Anwendungen im Unterricht zuträglich sind, darf zumindest bezweifelt werden.[30]

G5: Geometrie als Schule der Ästhetik

Ebenso verschüttet ist eine Tradition, die – obwohl aus der Meister-Lehre stammend – nicht auf Abstraktion zielt, sondern auf die Ästhetik, die räumlichen Vor- und Darstellungen zu eigen ist. Das beinhaltet zunächst die Schulung eines geometrischen Blickes, der empfänglich ist für ein räumlich-strukturiertes Ordnen der Lebenswelt (anfänglich durchaus im Sinne des unmittelbaren Nahraums verstanden).[31] Doch diese Art der Anschauung appelliert diesmal nicht so sehr an eine Bildung des Verstandes, sondern an eine des Gefühls bzw. des Geschmacks.[32]

Was ich genau mit verschütteter Tradition meine und welches Potential ich darin sehe, lässt sich exemplarisch an einem Klassiker zeigen: Albrecht Dürers *Underweysung der Messung, mit dem Zirckel und Richtscheyt* aus dem Jahr 1525.[33] Alleine das Durchblättern dieses ästhetisch ausgesprochen anspruchsvoll gestalteten Werkes gibt einen Eindruck von der Vielfältigkeit der Ausdrucksmöglichkeiten geometrischer Formensprache. Anweisungen zur Konstruktion unterschiedlichster Kurven, Flächen und Körper, Anleitungen zur Lösung praktischer Probleme der Perspektive, Hinweise zur Gestaltung von Buchstaben und natürlich das berühmte Prozedere zur Fertigung (zentral)perspektivischer Bilder – in ihrer eigentümlichen Mischung aus handwerklicher Steinmetz-Kunst und geometrisch-

---

[30] Der ernsthafte Versuch, technische Anwendungen im Mathematikunterricht zu verankern, im 19. Jahrhundert in Form von Realgymnasien und später (Ober-)Realschulen institutionalisiert, fiel einem Reputationsstreit zum Opfer, der – um den Preis des Kulturprimats des etablierten Gymnasiums – um 1900 immerhin zu einer Gleichstellung der höheren Bildungsabschlüsse führte.

[31] Dabei ist zu bedenken, dass ein entsprechender ‚anschaulicher' Geometrieunterricht in der Sekundarstufe I der Höheren Schule (von der Primarstufe gar nicht zu reden) erst im 20. Jahrhundert in deutschen Klassenzimmern Einzug hielt; vgl. dazu das einschlägige Buch von Peter Treutlein (1911), das den ‚geometrischen Anschauungsunterricht' durch die Menschheitsgeschichte verfolgt (allerdings ohne die Babylonier zu berücksichtigen, weil die mathematischen Keilschrifttexte zu dieser Zeit noch nicht entziffert waren), ausgiebig Pestalozzi und Herbart diskutiert und maßgeblich zu der Neugestaltung des Unterrichts beigetragen hat, die uns heute als selbstverständlich vertraut ist; vgl. auch Timerding (1912).

[32] Die Waldorf-Pädagogik etwa räumt einer solchen Bildung des Gefühls einen erheblichen Platz ein; mathematikdidaktischer *locus classicus* ist von Baravalle (1957), der thematisch bis in die Oberstufe reicht; Wyss et al. (1970) bringen dann eine überaus lesenswerte Ausarbeitung der Propädeutik.

[33] Unter http://digital.slub-dresden.de/werkansicht/dlf/17139/1/ <10.01.14> findet sich eine digitalisierte Version, die dort auch als pdf-Datei heruntergeladen werden kann.

mathematischer Spekulation ist die *Underweysung* Sinnbild eines reichen Erbes, das es erneut anzueignen gilt.[34]

Abb. 2.3 Die Zentralperspektive ist in der Renaissance Symbol für die innige Verbundenheit von Geometrie und Ästhetik.

Bild: Albrecht Dürer: Underweysung (1525), gemeinfrei.

2.4   Schulgeometrie im 21. Jahrhundert?

Nach diesem Streifzug durch die (Legitimierungs-)Praxis des Geometrie-Lehrens stellt sich die Frage, welche Gewichtung die erläuterten Grundvorstellungen zur Schulgeometrie unter den gegenwärtigen gesellschaftlichen Bedingungen verdienen. Zur Beantwortung möchte ich an einen Herbartschen Gedanken anknüpfen und dabei entwicklungspsychologische und kulturtheoretische Aspekte zusammenführen.

Ein wesentlicher Aspekt von Geometrie, so Herbart, liegt in der Begriffsbildung.[35] Deren soziale und kulturelle Rahmenbedingungen sind – angeregt durch ethnologische Forschungen – wohl zuerst in der Sowjetunion Gegenstand psychologischer Forschung geworden, namentlich in den Arbeiten von Alexander Lurija, der in den 1920er Jahren die Auswirkungen der Modernisierung auf das Denken untersuchte (vgl. Lurija 1976).[36]

Im Rahmen der sozialistischen Revolution wurde Usbekistan in den 1920er Jahren mit Schulen überzogen, industrialisiert, und dessen Landwirtschaft kollektiviert. So ergab sich die – nach Lurija – einmalige Situation, eine ganze Bevölkerung zu beobachten, die sich im Übergang vom ‚situationalen‘ Denken (d. h. sensorisch, gegenstandsorientiert und auf die eigene Erfahrung bezogen) zum ‚abstrakten‘ Denken (d. h. rational, sprachorientiert und auf allgemein-menschliche Erfahrung bezogen) befand.[37] Der Versuchsaufbau bestand da-

---

[34] Und zwar über das eher unverbindliche Beispiel gotischer Kirchenfenster hinaus, das die Mathematikdidaktik immer wieder einmal empfohlen hat.

[35] ▶ Abschn. G1: Geometrie als Schule des rechten Sehens. Auch Bender arbeitet sich an der Begriffsbildung ab und fundiert diese operativ, wobei er über Piaget hinausgeht und Handeln in einen Kreislauf von Zweck, Funktion, Form und Realisat einbettet (vgl. Bender & Schreiber 1985, S. 27).

[36] Dessen Untersuchungen stehen – in Anlehnung an Arbeiten von Lew Wygotski – in einer entwicklungspsychologischen Tradition, die die sozialen Aspekte des Lernens betont.

[37] Lurijas explizit modernisierungstheoretisches Denken ist aus heutiger Perspektive sicher nicht mehr zeitgemäß, aber seine empirischen Belege sind nach wie vor instruktiv. Interessanterweise

rin, unterschiedlichen Personen Bildkärtchen vorzulegen und diese dann ordnen zu lassen. Befragt wurden drei Gruppen: (i) des Lesens und Schreibens unkundige Bauern, die nicht Teil der Kollektivierung waren und weitab der Städte lebten, (ii) Kolchose-Arbeiter, die in Planungstätigkeiten involviert waren, und (iii) Frauen, die zu einer dreijährigen Lehrerinnenausbildung zugelassen worden waren.

Rakmat (39 Jahre), des Lesens und Schreibens unkundiger Bauer eines äußeren Bezirkes, war selten in Fergana, niemals in einer anderen Stadt. Ihm wurden Zeichnungen gezeigt von: Hammer-Säge-Holzscheit-Beil:

Sie gehören alle zusammen. Ich denke, alle müssen da sein. Schau mal, wenn du sägen willst, brauchst du eine Säge, und wenn du etwas spalten willst, brauchst du eine Axt. Also werden sie alle gebraucht. [...]

Aber ein Mann hat drei Dinge ausgewählt – den Hammer, die Säge und die Axt – und behauptet, sie seien ähnlich.

Säge, Hammer und Axt passen zusammen. Aber Holz muss auch da sein! [...]

Richtig. Aber ein Hammer, eine Axt und eine Säge sind alles Werkzeuge.

Ja, aber auch wenn wir Werkzeuge haben, brauchen wir immer noch Holz – sonst können wir nichts herstellen. (Lurija 1976, S. 55 f.)

Obwohl Rakmat also der Begriff ‚Werkzeug‘ zur Verfügung steht, verwendet er ihn nicht, um die (als Bilder) vorgelegten Gegenstände zu strukturieren. Lurija deutet das als Beharren auf situationalem Denken, ein Effekt, den er bei vielen weiteren Analphabeten beobachtet, während es den kollektivierten Bauern relativ leicht falle, sich auf die abstrakte Sichtweise einzustellen, und Personen, die ein oder zwei Jahre die Schule besucht haben, diese selbstverständlich zeigen.

Ohne Frage hatten die beiden letzten Gruppen keine Schwierigkeiten, vom bildlichfunktionalen Modus der Generalisierung zur abstrakt-formalen Klassifikation zu wechseln. Ein geringes Maß an Bildung und Arbeit in einem Kolchos – welche organisierten Kontakt mit Personen, Gruppendiskussionen über ökonomische Probleme und Partizipation am Gemeinschaftsleben mit sich bringt – reichte aus, um fundamentale Veränderungen in ihren Denkgewohnheiten auszulösen. (Ebenda, S. 78)[38]

Man muss Lurija nicht so weit folgen, diesen Wandel als einen sozio-kulturellen Wechsel der Denkweise zu deuten; deutlich wird aber doch, dass die Schule einen massiven Einfluss auf die Habitualisierung abstrakten Denkens hat.

Beschulung verändert das Wesen der kognitiven Aktivität radikal und erleichtert den Übergang von praktischen zu theoretischen Operationen außerordentlich. (Ebenda, S. 99)

Zu ganz ähnlichen Ergebnissen gelangte ein halbes Jahrhundert später eine Gruppe um Jérôme Bruner, die die Untersuchungen von Lurija aufgriff und weiterführte:

---

weist seine Unterscheidung von situationalem und abstraktem Denken große Ähnlichkeiten auf zu dem Unterschied zwischen ‚Kultur der Aneignung‘ und ‚Praxis des Verstehens‘, die Lave (1997) im Rahmen der *situated cognition* macht.

[38] Ähnliche Ergebnisse ergaben sich auch bei der Klassifikation geometrischer Formen (vgl. Lurija 1976, S. 31-39).

Der Schulbesuch erscheint als der mächtigste Faktor, der das abstrakte Denken fördert. (Greenfield et al. (1971), S. 372)[39]

Was lässt sich daraus nun für den Geometrieunterricht entnehmen? Denken – darin sind sich die Entwicklungspsychologen von Wygotski über Lurija und Piaget bis Bruner einig – ist immer sprachlich vermittelt. Doch nicht jede Form des Sprechens führt zu abstraktem Denken. Vieles spricht dafür, dass es gerade der ent- bzw. neu kontextuierte Sprachgebrauch des schulischen Lernens ist, ein Lernen also, das Welterschließung gleichsam *in effigie* betreibt, das abstraktem Denken zuträglich ist.[40] Ein Geometrieunterricht, der auf Begriffsbildung zielt, kann hierzu einen entscheidenden Beitrag leisten.

Denn das ist der theoretisch springende Punkt: Abstraktion erweist sich aus der Perspektive des *situated learnings* nicht als Qualität eines Wissen, das aus dem Entstehungskontext gelöst und damit frei transferierbar und (fast) beliebig anwendbar ist, sondern als Qualität einer Wissenspraxis, die an Schule als spezifische *community of practice* gekoppelt ist; einer Praxis, die – zumindest als Massenphänomen – darauf angewiesen ist, das zu Lehrende bzw. Lernende als aus seinem Bedeutungszusammenhang herauslösbar zu behaupten. Es ist also nur eine kleine Übertreibung zu behaupten, dass Abstraktion eine Erfindung des Schule-Haltens sei und mit der Durchsetzung der Schulpflicht im 19. Jahrhundert gesamtgesellschaftlich konsensfähig würde (vgl. Finger & Ullmann 2010).

Aber ist abstraktes, oder etwas polemisch formuliert: entfremdetes Denken überhaupt wünschenswert? Nun: Wir leben in einer technisierten Welt. Jürgen Habermas wies in seiner Frankfurter Antrittsvorlesung darauf hin, dass das Interesse an technischer Verfügung untrennbar mit den empirisch-analytischen Wissenschaften verflochten ist, und belegte eindrucksvoll die These, dass das technische (zusammen mit dem praktischen und dem emanzipatorischen) Erkenntnisinteresse eine naturgeschichtliche Basis habe (vgl. Habermas 1969b).[41] Insofern gibt es wohl keine Alternative zu abstraktem Denken (zumindest als *einer* möglichen Form des Vernunftgebrauchs).

Wir leben aber auch in einer Welt, in der wir soziale Beziehungen nicht mehr ohne weiteres auf Anschauung gründen können. Mittelbarkeit und mediale Vermittlung haben sich als Standardmodi von Kommunikation etabliert. Der produktive Umgang mit dieser Form sozialer Komplexität scheint mir eine der wichtigsten Aufgaben der gegenwärtigen Schule zu sein, und dafür ist der reflektiert behutsame und fallweise sachlich gebotene Übergang zu einer von der konkreten Anschauung losgelösten Begriffswelt ein wesentlicher Schritt. Wo sollte er stattfinden, wenn nicht im Geometrieunterricht? Wie weit man die Sache allerdings treiben will, steht auf einem anderen Blatt.

---

[39] In diesem Kontext sind auch die Repräsentationsmodi Bruners zu verstehen, dessen Trias enaktiv-ikonisch-symbolisch zuallererst entwicklungspsychologisch gemeint ist (vgl. etwa Bruner 1971, S. 21).

[40] Wobei die Schriftsprachlichkeit wohl eine nicht unwesentliche Rolle spielt, wie aus der anthropologischen Literatur zu oralen und Schriftkulturen deutlich wird. Schule ist und etabliert eben auch diskursive Praxis.

[41] Heinrich Winter (1975) griff auf diese anthropologische Fundierung zurück, als er zum ersten Mal von Grunderfahrungen sprach; in der mathematikdidaktischen Rezeption wurden diese Grunderfahrungen allerdings rasch ent-theoretisiert.

2.5 Literatur

[30] Bauersfeld, Heinrich (1983): Subjektive Erfahrungsbereiche als Grundlage einer Interaktionstheorie des Mathematiklernens und -lehrens. In: Bauersfeld et al. (Hrsg.): Lernen und Lehren von Mathematik. Köln: Aulis, S. 1–56.

[31] Bender, Peter (1991): Ausbildung von Grundvorstellungen und Grundverständnissen – ein tragendes didaktisches Konzept für den Mathematikunterricht – erläutert an Beispielen aus den Sekundarstufen. In: Postel et al. (Hrsg.): Mathematik lehren und lernen. Festschrift für Heinz Griesel. Hannover: Schroedel, S. 48–60.

[32] Bender, Peter & Schreiber, Alfred (1985): Operative Genese der Geometrie. Wien & Stuttgart: Hölder-Pichler-Tempsky & Teubner.

[33] Bruner, Jerome (1971): Über kognitive Entwicklung. In: Bruner et al. (Hrsg.): Studien zur kognitiven Entwicklung. Stuttgart: Klett, S. 21–53.

[34] Damerow, Peter (2001): Kannten die Babylonier den Satz des Pythagoras? Epistemologische Anmerkungen zur Natur der Babylonischen Mathematik. In: Høyrup & Damerow (Hrsg.): Changing Views on Ancient Near Eastern Mathematics. Berlin: Reimer, S. 219–310.

[35] Daston, Lorraine & Galison, Peter (2007): Objektivität. Frankfurt: Suhrkamp.

[36] Dietzsch, Ina & Ullmann, Philipp (2013): Jenseits von Oberfläche und Tiefe. Auf mathematisch-kulturwissenschaftlicher Spurensuche. Österreichische Zeitschrift für Volkskunde LXVII 116/1+2, S. 221–237.

[37] Dörfler, Willibald (1988): Die Genese mathematischer Objekte und Operationen aus Handlungen als kognitive Konstruktion. In: Ders. (Hrsg.): Kognitive Aspekte mathematischer Begriffsentwicklung. Wien & Stuttgart: Hölder-Pichler-Tempsky & Teubner, S. 55–125.

[38] Finger, Anja & Ullmann, Philipp (2010): Auf Schulinspektion mit Althusser. Ideologietheoretische Reflexionen. In: Krüger & Ullmann: Von Geometrie und Geschichte in der Mathematikdidaktik. Eichstätt: Polygon, S. 195–210.

[39] Freudenthal, Hans (1979): Mathematik als pädagogische Aufgabe. Band 2. Stuttgart: Klett.

[40] Greenfield, Patricia et al. (1971): Über Kultur und Äquivalenz II. In: Bruner et al. (Hrsg.): Studien zur kognitiven Entwicklung. Stuttgart: Klett, S. 321–375.

[41] Habermas, Jürgen (1969a): Technik und Wissenschaft als „Ideologie". In: Ders.: Technik und Wissenschaft als „Ideologie". Frankfurt: Suhrkamp, S. 48–103.

[42] Habermas, Jürgen (1969b): Erkenntnis und Interesse. In: Ders.: Technik und Wissenschaft als „Ideologie". Frankfurt: Suhrkamp, S. 146–168.

[43] Herbart, Johann (²1804): Pestalozzi's Idee eines ABC der Anschauung als ein Cyklus von Vorübungen im Auffassen der Gestalten. Göttingen: Röwer.

[44] Høyrup, Jens (2002): Lengths, Widths, Surfaces. A Portrait of Old Babylonian Algebra and Its Kin. New York & Berlin: Springer.

[45] Kleine, Michael et al. (2005): With a Focus on ,Grundvorstellungen'. Part I: A Theoretical Integration into Current Concepts. ZDM 37/3, S. 226–233.

[46] Kirshner, David & Whitson, James (Hrsg.) (1997): Situated Cognition. Social, Semiotic, and Psychological Perspectives. Mahwah: Erlbaum.

[47] Latour, Bruno (2007): Eine neue Soziologie für eine neue Gesellschaft. Einführung in die Akteur-Netzwerk-Theorie. Frankfurt: Suhrkamp.

[48] Lave, Jean (1997): The Culture of Acquisition and the Practice of Understanding. In: Kirshner & Whitson (Hrsg.): Situated Cognition. Social, Semiotic, and Psychological Perspectives. Mahwah: Erlbaum, S. 17–35.

[49]   Lave, Jean & Wenger, Etienne (1991): Situated Learning. Legitimate Peripheral Participation. Cambridge: Cambridge University.

[50]   Lurija, Alexander (1976): Cognitive Development. Its Cultural and Social Foundations. Cambridge: Harvard University.

[51]   Mehrtens, Herbert (1990): Moderne – Sprache – Mathematik. Eine Geschichte des Streits um die Grundlagen der Disziplin und des Subjekts formaler Systeme. Frankfurt: Suhrkamp.

[52]   Nowotny, Helga (2006): Wissenschaft neu denken. Vom verlässlichen Wissen zum gesellschaftlich robusten Wissen. In: Heinrich Böll-Stiftung (Hrsg.): Die Verfasstheit der Wissensgesellschaft. Münster: Westfälisches Dampfboot, S. 24–42.

[53]   Osterwalder Fritz (1995): „Kopf Herz Hand" – Slogan oder Argument? In: Oelkers & Osterwalder (Hrsg.): Pestalozzi. Umfeld und Rezeption. Studien zur Historisierung einer Legende. Weinheim & Basel: Beltz, S. 338–371.

[54]   Pekrun, Reinhard et al. (2006): Projekt zur Analyse der Leistungsentwicklung in Mathematik (PALMA) – Entwicklungsverläufe, Schülervoraussetzungen und Kontextbedingungen von Mathematikleistungen in der Sekundarstufe I. In: Prenzel & Allolio-Näcke (Hrsg.): Untersuchungen zur Bildungsqualität von Schule. Abschlussbericht des DFG-Schwerpunktprogramms, Münster: Waxmann, S. 21–53.

[55]   Pestalozzi, Johann (1801): Wie Gertrud ihre Kinder lehrt. Bern & Zürich: Geßner.

[56]   Pestalozzi, Johann (1803): ABC der Anschauung, oder Anschauungslehre der Maßverhältnisse. Bern & Zürich: Geßner.

[57]   Pestalozzi, Johann (^{3}1819): Lienhard und Gertrud. Stuttgart: Cotta.

[58]   Robbins, Philip & Aydede, Murat (Hrsg.) (2009): The Cambridge Handbook of Situated Cognition. Cambridge: Cambridge University.

[59]   Robson, Eleanor (1999): Mesopotamic Mathematics, 2100-1600 BC. Technical Constants in Bureaucracy and Education. Oxford: Clarendon.

[60]   Timerding, Heinrich (1912): Die Erziehung der Anschauung. Leipzig & Berlin: Teubner.

[61]   Treutlein, Peter (1911): Der geometrische Anschauungsunterricht als Unterstufe eines zweistufigen geometrischen Unterrichtes an unseren höheren Schulen. Leipzig & Berlin: Teubner.

[62]   Ullmann, Philipp (2008): Mathematik – Moderne – Ideologie. Eine kritische Studie zur Legitimität und Praxis der Mathematik. Konstanz: UVK.

[63]   Ullmann, Philipp (2013): „Situated learning" in der Mathematikdidaktik: eine hochschuldidaktische Perspektive? In: Beiträge zum Mathematikunterricht 2013. Münster: WTM, S. 1018–1021.

[64]   Vom Hofe, Rudolf (1995): Grundvorstellungen mathematischer Inhalte. Heidelberg: Spektrum.

[65]   Von Baravalle, Hermann (1957): Geometrie als Sprache der Formen. Stuttgart: Freies Geistesleben.

[66]   Wartha, Sebastian (2007): Längsschnittliche Analysen zur Entwicklung des Bruchzahlbegriffs. Hildesheim: Franzbecker.

[67]   Watson, Anne (Hrsg.) (1998): Situated Cognition and the Learning of Mathematics. Oxford: University of Oxford.

[68]   Watson, Anne & Winbourne, Peter (Hrsg.) (2008): New Directions for Situated Cognition in Mathematics Education. New York: Springer.

[69]   Winter, Heinrich (1975): Allgemeine Lernziele für den Mathematikunterricht? ZDM, 7/3, S. 106–116.

[70]   Wyss et al. (1970): Lebendiges Denken durch Geometrie. Bern: Eicher.

Winkel in der Sekundarstufe I – Schülervorstellungen erforschen

3

Christian Dohrmann, Universität Potsdam
Ana Kuzle, Universität Osnabrück

Zusammenfassung

In dem vorliegenden Artikel werden Winkelvorstellungen von Schülerinnen und Schülern der Sek. I betrachtet. Diskutiert werden Ergebnisse eigener qualitativer Studien zu Grund- und Fehlvorstellungen in den Klassenstufen 5 bis 10. Es zeigt sich, dass Schülerinnen und Schüler sehr heterogene und teilweise vom normativen Verständnis kritisch abweichende Vorstellungen zur Winkelgröße und zu Winkelkonzepten besitzen. Beobachtet wurden Fehler, wie die Identifikation eines Winkels durch Fixierung auf die Winkelmarkierung, oder die Bestimmung der Winkelgröße durch Rückgriff auf den Abstands-Begriff bzw. die Längenmessung. Als Konsequenz daraus ist es einigen der von uns beobachteten Schülerinnen und Schüler nicht möglich, die Bedeutung eines 1° Winkels zu begreifen, sowie ihn mathematisch korrekt zu beschreiben und zu identifizieren. Mit der vorliegenden Arbeit soll ein Beitrag zur didaktischen Fundierung der Winkelbegriffsentwicklung in der Sek. I geleistet werden, um den beobachteten Fehlermustern zu begegnen bzw. sie erst gar nicht entstehen zu lassen.

3.1 Einleitung

Winkelmessung und Trigonometrie spielen eine wichtige Rolle im Geometrieunterricht der Sekundarstufe. Der Winkelbegriff ist für die (ebene) Geometrie von fundamentaler Bedeutung und bildet ein zentrales Konzept für die Ausbildung und Entwicklung geometrischen Wissens und Denkens. Sätze über Gleichheit, Summen und Differenzen von Winkeln sowie der Winkel als Objekt-, Relations- und Maßbegriff sind für die gesamte (Schul-)Geometrie relevant. Im Alltag begegnet man vielfältigen Winkelsituationen, wie z. B. beim Autofahren oder in Orientierungssituationen. Darüber hinaus ist die Winkelmessung in vielen Berufszweigen von größter Bedeutung, wie z. B. bei Architekten, (Bau-) Ingenieuren, Schreinern oder Piloten (Berry III & Wiggins, 2001).

Der Winkelbegriff muss folglich im Mathematikunterricht systematisch und ganzheitlich ausgebildet werden (Krainer, 1989). Untersuchungen zur Entwicklung und Ausbildung des Winkelbegriffs – welche in der Schulgeometrie ab der Sek. I beginnt – zeigen, dass Schülerinnen und Schüler Schwierigkeiten beim Messen und Identifizieren von Winkeln besitzen, dass ihnen Vorstellungen zu Winkelgrößen und Wissen über Winkeleigenschaften fehlen, oder dass sie den Winkelmesser bzw. das Geodreieck nicht als Messwerkzeug erkennen (Krainer & Cooper, 1990; Mitchelmore & White 1995, 2000; Van de Walle, 2001). In unseren eigenen Untersuchungen gibt es zudem Hinweise darauf, dass bestimmte Fehlvorstellungen mit der systematischen Begriffseinführung nach dem Grundschulübergang dauerhaft und resistent über die Schullaufbahn bleiben.

Der Artikel greift Ergebnisse aus drei unterschiedlichen Erkenntniszugängen auf, denen zwischen Anfang 2012 bis Mitte 2013 nachgegangen wurde:

1. Analyse von Schulbüchern hinsichtlich verwendeter Repräsentationen und Darstellungsformen zum Winkel in der Sek. I.

2. Untersuchung zu Winkelvorstellungen von Fünft- und Zehntklässlern

3. Untersuchung zu Grundkenntnissen zum Thema Winkel von Fünft- bis Zehntklässlern und speziell zu Vorstellungen zur Winkelgröße 1°, welche qualitativ anhand von „Anna-Briefen" erfasst wurden.

3.2   Winkel – ein aspektreicher Begriff

Das Bedürfnis eindeutiger Begriffsdefinitionen ist seit der philosophischen Auseinandersetzung mit der Mathematik als Strukturgebilde der Welt erwachsen und bis heute ein zentraler Bestandteil der Schulmathematik. Die Notwendigkeit von Begriffsdefinitionen für die Entwicklung der theoretischen Fundierung der Geometrie skizziert Krainer (1989, S. 126ff) an zwei Zugängen, zum einen abbildungsgeometrisch in der Tradition der Vertreter Felix Klein und Gustave Choquet, zum anderen kongruenzgeometrisch nach Euklid und David Hilbert. Beide Zugänge werden im Folgenden mit Bezug auf Krainer zusammengefasst.

Klein entwickelt ein Axiomensystem, welches gänzlich ohne die Verwendung des Winkelbegriffs auskommt. Er führt den Winkel als Maß einer Drehbewegung ein, ohne ihn definitorisch festzulegen. Choquet begründet die affine Struktur der Ebene ebenfalls ohne auf den Winkelbegriff zurückzugreifen. Winkel werden in seinen theoretischen Betrachtungen als Drehungen interpretiert. Sie gewährleisten die wesentliche Eigenschaft, Teilmengen der Ebene mit Hilfe bestimmter Operationen an anderer Stelle wieder zu fixieren. Dem Winkel und der Drehung liegt hier die Idee zugrunde, eine formale Beziehung zwischen zwei Richtungen herzustellen. Beim kongruenzgeometrischen Zugang nach Euklid und Hilbert treten Winkel als formale Notwendigkeit auf, Beziehungen (Kongruenz) zwischen geometrischen Objekten innerhalb eines Axiomensystems beschreiben zu können.

In beiden Zugängen zur Geometrie werden unterschiedliche Winkelaspekte betont: Winkel als Drehung (nach Choquet), Winkel als Maß einer Drehbewegung (nach Klein), Winkel als Neigung (nach Euklid) oder Winkel als Theorieelement zur Beschreibung von Beziehungen (nach Hilbert).

Krainer arbeitet verschiedene Vorstellungen von Winkeln heraus und greift damit unterschiedliche Aspekte und Definitionen des Winkelbegriffs auf (Abb. 3.1).

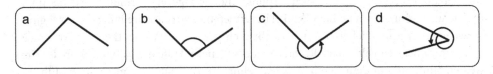

Abb. 3.1 Winkelvorstellungen (nach Krainer)

a) Winkel als „abgeknickte" Gerade (ohne Kreisbogen)
b) Winkel als Ebenenteil, der von zwei geraden Linien mit gemeinsamem Anfangspunkt begrenzt wird (mit Kreisbogen oder Winkelfeld)
c) Winkel als Ebenenteil, dessen Entstehung durch die Drehung eines Schenkels beschrieben werden kann (mit Kreisbogenpfeil oder orientiertem Winkelfeld)
d) Winkel als Umlaufwinkel (mit Umdrehungspfeil)

Neben den vielfältigen Aspekten und Vorstellungen zu Winkeln treten darüber hinaus unterschiedliche Begriffsarten hervor:

1. *Objektbegriff*: Der Winkel als Objektbegriff steht für diejenigen ebenen und räumlichen Objekte, die durch konkrete Darstellungen und Modelle repräsentiert werden. Betont wird hierbei der figurative (statische) Winkelaspekt. Bsp.: Winkel als Keil; Winkel als Strahlenpaar mit gemeinsamem Anfangspunkt.

2. *Relationsbegriff*: Beim Vergleich und dem in Beziehung setzen von Winkeln mit geometrischen Objekten. Bsp.: Ein bestimmter Winkel ist Zentriwinkel von einem bestimmten Kreis.

3. *Maßbegriff*: Bei Betrachtungen von Winkelgrößen tritt der Winkel als Maßbegriff hervor. Bsp.: Winkelmaß als lineare Unterteilung des Vollwinkels.

Es zeichnet sich an dieser Stelle bereits ein Bild eines multidimensionalen Begriffsfeldes ab, das je nach Bedürfnis und geometrischem Kontext vielfältige Zugänge und Definitionen zu Winkeln liefert. Unser Interesse richtet sich im Folgenden auf Darstellungen und Repräsentationen in Schulbüchern der Klassenstufe 6. Es soll herausgearbeitet werden, inwieweit die oben dargestellten Aspekte und Definitionen aufgegriffen werden, um ein genaueres Bild der Begriffsausbildung zu erhalten, die in Schulbüchern vorgenommen wird.

3.2.1 Schulbuchanalyse – Darstellungen und Repräsentationen zum Winkel

Das Thema Winkel ist kein zentrales Thema der Geometrie der Grundschule. In den Bildungsstandards im Fach Mathematik für den Primarbereich (KMK, 2004) findet keine direkte Erwähnung statt. In Lehrplänen werden Kompetenzerwartungen nach Klasse 4 im Bereich „Raum und Form" zum Schwerpunkt „Ebene Figuren" formuliert: Schülerinnen und Schüler können den rechten Winkel benennen und zur Beschreibung ebener Figuren verwenden. In Schulbüchern wird ausschließlich der rechte Winkel thematisiert – meist eingeführt über den Faltwinkel. Rechte Winkel sollen mit Hilfe des Faltwinkels in der Umwelt erkannt und mit dem Geodreieck gezeichnet werden. Die systematische Einführung erfolgt je nach Bundesland in Klasse 5/6. Die Lernenden verwenden den Winkel zur Beschreibung ebener und räumlicher Figuren, sowie zum Schätzen und Zeichnen. Sie lernen verschiedene Winkelsätze kennen und nutzen Winkel beim direkten und indirekten Messen.

In den von uns untersuchten Schulbüchern (siehe Tab. 3.1) finden sich überwiegend Definitionen und Darstellungen, die den Winkel als sich schneidendes Geraden- bzw. Halbgeradenpaar mit gemeinsamem Anfangspunkt aufgreifen (Abb. 3.2).

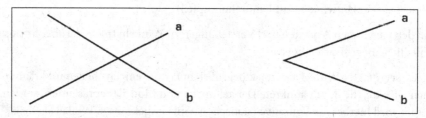

Abb. 3.2 Winkel als sich schneidendes Geradenpaar (l) u. Halbgeradenpaar (r)

Auffällig seltener sind Darstellungen und Definition mit Betonung des Winkelfeldes auszumachen (Elemente der Mathematik SI, 2012, S.56 ff & Schnittpunkt Mathematik 6 NRW, S. 8ff).

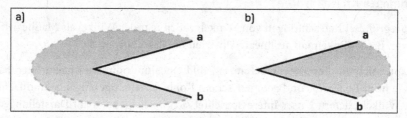

Abb. 3.3 Winkel als Punktmenge

a) „*geordnet*": Der Winkel ist die Punktmenge, die überstrichen wird, wenn der Erstschenkel a gegen den Uhrzeigersinn in den Zweitschenkel b gedreht wird.

b) „*ungeordnet*": Der Winkel ist die Punktmenge, die überstrichen wird, wenn Gerade *a* auf kürzestem Weg in Gerade *b* gedreht wird.

Tab. 3.1 Darstellungen und Operationen zu Winkeln in unterschiedlichen Schulbüchern der Klassenstufe 6

Schulbuch	Darstellung	Werkzeug	Operation
Einblicke Mathematik 6, 2007, S. 15ff	– Strahlenpaar	– Winkelscheibe – Geodreieck – Theodolit	– Messen (statisch) – Zeichnen (statisch)
Pluspunkt Mathematik 6, 2006, S. 56ff	– Strahlenpaar	– Winkelscheibe – Geodreieck	– Messen (statisch) – Zeichnen (statisch) – Schätzen
Mathe live 6, 2009, S .32ff	– Drehung	– Winkelscheibe – Geodreieck	– Messen (statisch) – Zeichnen (statisch)
Maßstab 6, 2005, S. 59ff	– Strahlenpaar	– Geodreieck	– Messen (statisch) – Zeichnen (statisch & dynamisch)
Mathematik Sekundo 6, 2010, S. 56ff	– Strahlenpaar	– Winkelscheibe – Geodreieck	– Messen (statisch) – Zeichnen (statisch & dynamisch)
Mathematik Neue Wege SI Klasse 6, 2009, S. 8ff	– Strahlenpaar – Halbgeradenpaar – Teil der Ebene – Drehung	– Winkelscheibe – Geodreieck	– Messen (statisch) – Zeichnen (statisch & dynamisch) – Schätzen
Mathematik heute 6, 2013, S. 88ff	– Strahlenpaar – Drehung	– Winkelscheibe – Geodreieck – Dynamische Geometrie Systeme	– Messen (statisch & dynamisch) – Zeichnen (statisch & dynamisch) – Schätzen
Elemente der Mathematik SI, 2012, S. 56ff	– Strahlenpaar – Drehung	– Winkelscheibe – Geodreieck – Dynamische Geometrie Systeme	– Messen (statisch & dynamisch) – Zeichnen (statisch & dynamisch) – Schätzen
Schnittpunkt Mathematik 6, 2006, S. 8ff	– Winkelfeld	– Winkelscheibe – Geodreieck	– Messen (statisch) – Zeichnen (statisch & dynamisch)
Lambacher Schweizer 6, 2009, S. 84ff	– Strahlenpaar – Halbgeradenpaar	– Winkelscheibe – Geodreieck	– Messen (statisch) – Zeichnen (statisch & dynamisch)

Bei der Einführung zum Messen und Zeichnen von Winkeln zeigt sich ein ähnliches Bild. Das statische Messverfahren mit Hilfe des Geodreiecks („Anlegen und Abmessen"-Methode) wird in jedem von uns analysierten Schulbuch aufgegriffen, während die dynamische Methode („Drehwinkel"-Methode) zum Messen und Zeichnen von Winkeln nur in vereinzelten Büchern aufgeführt wird (siehe Tab. 3.1).

Grundsätzlich gibt es zwei unterschiedliche Methoden, Winkel mit dem Geodreieck zu zeichnen und zu messen.

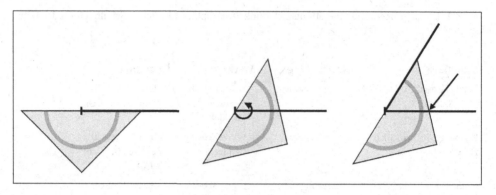

Abb. 3.4 Drehwinkelmethode" (dynamisch)

Die „Drehwinkelmethode" bringt bei jedem Vorgang die beiden Winkelaspekte Drehung und Winkelfeld (begrenzt durch die beiden Schenkel) zum Tragen, während die „Anlegen und Abmessen"-Methode überwiegend den statischen Aspekt (Winkel als Figur) betont.

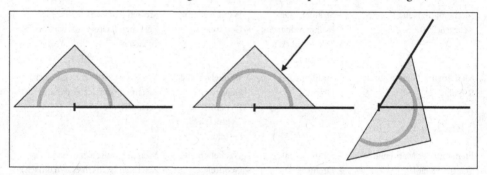

Abb. 3.5 „Anlegen und Abmessen"-Methode (statisch)

Zur „*Drehwinkelmethode*": Diese erinnert an den Drehvorgang, der dem Entstehen von Winkeln zugrunde liegen kann. Weiterhin kann Fehlern durch Verwechseln der beiden gegenläufigen Skalen auf dem Geodreieck bei dieser Methode entgegengewirkt werden. Nach ausgiebiger Einführungsphase kann die Drehung des Messgerätes wegfallen, so dass nur noch ein Arbeitsschritt benötigt wird. Nachteilig erweist sich die Methode bei der Verwendung von Halb- und Vollkreiswinkelmessern. Hierbei wird stets ein zusätzlicher Arbeitsschritt zur Markierung des Winkels und zum Zeichnen des Schenkels mit Hilfe eines Lineals benötigt. Schwierigkeiten zeigen sich ebenfalls bei der Durchführung mit dem Geodreieck. Das Festhalten bzw. Fixieren des Scheitelpunktes bei der Drehung ist mit dem herkömmlichen Geodreieck ohne Möglichkeit zum Fixieren des Drehzentrums schwierig zu bewerkstelligen und kann zu Mess- und Zeichenfehlern führen.

Zur „*Anlegen und Abmessen*"-Methode: Beim Zeichnen muss der vorgegebene Schenkel nicht verlängert werden. Beim Anlegen des Geodreiecks zum Zeichnen des zweiten Schenkels muss nicht darauf geachtet werden, dass die „0" am Scheitel liegt. Nachteilig erweist sich, dass beim Zeichnen von Winkeln auf jeden Fall zwei Arbeitsschritte benötigt werden. Zudem besteht Verwechslungsgefahr der beiden gegenläufigen Skalen auf dem Geodreieck.

Wir halten fest, dass in den von uns analysierten Schulbüchern unterschiedliche Schwerpunktsetzungen hinsichtlich der systematischen Begriffseinführung mit Bezug zu statischen bzw. dynamischen Aspekten von Winkeln vorgenommen werden, wobei die Betonung der statischen Sichtweise beim Zeichnen und Messen überwiegt. Für die didaktische Diskussion in diesem Zusammenhang liefert die Schulbuchanalyse folgende Motivation für die Fortführung der vorliegenden Arbeit: Es ist zunächst zu klären, welche Winkelbegriffe für den Mathematikunterricht überhaupt benötigt werden und welche Bedeutungen die beiden dargestellten Aspekte für den Begriffsbildungsprozess in dieser Hinsicht besitzen.

3.2.2 Untersuchung zu Winkelvorstellungen von Fünft- und Zehnt- klässlern

Jeweils drei Schülerinnen und Schüler einer 5. und 10. Klassenstufe wurden von uns zu ihrem Winkelverständnis befragt. Die vorgelegten Aufgaben umfassten operative Tätigkeiten (Vergleichen, Zeichnen, Messen, Schätzen), sowie Verständnisfragen zu Winkelarten und -größen. Bei den Schülerinnen und Schülern der 5. Klasse fand noch keine systematische Ausbildung des Winkelbegriffs im Unterricht statt. Erfahrungen und Vorwissen basieren auf den Grundschulinhalten zum rechten Winkel und/oder aus dem Alltag.

Ziel der Untersuchung war zum einen herauszustellen, inwieweit die Schülerinnen und Schüler unterschiedliche Winkelaspekte und Vorstellungen in ihr Begriffsverständnis integrieren. Zum anderen interessierte uns, ob spezifische Fehlermuster erkennbar sind und ob sich Zusammenhänge zu den identifizierten Vorstellungen herstellen lassen.

1. Zeige mir einen Winkel (in der Luft) und nimm' dafür deine Finger/Hände/Arme zur Hilfe!

Abb. 3.6 Schülerinnen und Schüler der 5. Klasse

Abb. 3.7 Schülerinnen und Schüler der 10. Klasse

Bei dieser Aufgabe konnte beobachtet werden, dass alle Schülerinnen und Schüler nach eigener Aussage einen rechten Winkel mit Hilfe ihrer Arme andeuten.

2. Erkläre mir: Was ist ein Winkel? Was verstehst du darunter?

Als häufigste Erklärung wurde hier sowohl bei Schülerinnen und Schülern der 5. als auch der 10. Jahrgangsstufe das *„Aufeinanderstoßen zweier Kanten"* genannt. Besonders der figurative Aspekt des Winkels tritt bei den Antworten hervor. Die Schülerinnen und Schüler identifizieren das Vorhandensein von Schenkeln und Scheitelpunkt als Winkel. Noch deutlicher wird dies an der folgenden Aufgabe, bei der Bilder mit unterschiedlichen Winkelsituationen vorgelegt wurden und die Schülerinnen und Schüler darin Winkel identifizieren und beschreiben sollten.

3. Zeige mir, auf welchen Bildern du Winkel erkennst und beschreibe, was du siehst. In welchen Situationen kann der Winkel verändert werden? Was passiert dabei?

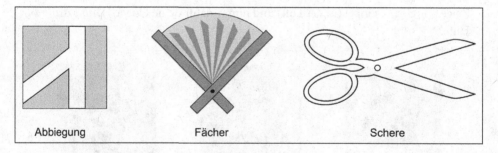

Abbiegung   Fächer   Schere

Abb. 3.8 Winkelsituationen (nach Mitchelmore & White, 2000)

Alle Schülerinnen und Schüler identifizierten bevorzugt rechte Winkel. Auffällig waren Einschätzungen zur Scheren-Situation. Nur eine Schülerin der 5. Jahrgangsstufe war in der Lage, die Klingen der Schere als Winkel zu interpretieren. Jedoch zeigte sie sich unsicher, da die Klingen nach ihrer Aussage keinen rechten Winkel bilden. Dieselbe Schülerin identifizierte in der Fächer-Situation vier rechte Winkel um den Fächerscheitel. Schwierigkeiten hatte sie bei der Beantwortung der Frage, wie sich die von ihr identifizierten Winkel verändern, wenn der Fächer weiter geschlossen bzw. geöffnet wird. Es überwiegt die rein statische Beurteilung der Situation. Mitchelmore & White (2000, S. 210) beobachteten in ihrer Studie, dass weniger als 10% der untersuchten Schülerinnen und Schüler (4. Jahrgangsstufe) die Rotation bzw. Drehung als Beispiel für Winkelsituationen identifizieren können.

Unsere Untersuchung zu Winkelvorstellungen bei Fünft- und Zehntklässlern bestätigen außerdem die Beobachtungen von Krainer (1989) hinsichtlich der folgenden Fehlvorstellungen und Winkelinterpretationen:

1. Vergleiche von Winkeln erfolgen über Vergleiche der Schenkellängen.

2. Winkel werden vorrangig als „rechte Winkel" interpretiert.

3. Rotation bzw. Drehung wird nicht als Winkelaspekt wahrgenommen bzw. interpretiert.

4. Winkel werden vorrangig als Figur, bestehend aus zwei aneinanderstoßenden Kanten bzw. Strecken gedeutet.

Da diese Muster ebenfalls bei den untersuchten Schülerinnen und Schülern der 10. Jahrgangsstufe gefunden wurden, liegt die Vermutung nahe, dass Fehlkonzepte, wie der Vergleich von Winkeln anhand von Schenkellängen auch über einen größeren Zeitraum (Klasse 5 bis 10) relativ stabil sind. Mitchelmore & White (2000, S. 210) bestätigen diesen Effekt in einer Untersuchung zum Winkelverständnis von Erwachsenen.

3.3 Begriffsbildung zum Winkel

Die systematische Begriffsentwicklung zum Winkel erfolgt in Deutschland nach dem Grundschulübergang. In der Grundschule lernen die Schülerinnen und Schüler den rechten Winkel kennen, ihn zu zeichnen, zu markieren und zu identifizieren. Ausgehend von fünf Schuljahren nach Grundschulübergang, in denen die Entwicklung von Grundkenntnissen und Grundverständnis im Unterricht stattfindet, sollten sie ein solides Wissen und Konzeptverständnis zum ebenen Winkelbegriff aufbauen. Dazu gehören das Identifizieren, Markieren, Vergleichen, Bezeichnen, Schätzen, Messen, Zeichnen von Winkeln und Winkelgrößen in der Ebene und im Raum, Kenntnis über Winkelarten mit entsprechend ausgebildeter Fähigkeit, Winkel der Ebene korrekt zu klassifizieren. Ein interessanter Zusammenhang ließ sich in unserer Untersuchung zum Identifizieren, Vergleichen und Markieren von Winkeln feststellen. So konnten wir häufiger beobachten, dass Schülerinnen und Schüler einen Zusammenhang zwischen der Existenz eines Winkels (Objekt) und der Winkelmarkierung herstellen. Sie sind es gewohnt, dass Winkelmarkierungen durch einen Kreisbogen repräsentiert werden. In ihrer Vorstellung begrenzt der Kreisbogen den Winkel zwischen den beiden Schenkeln. Auf die Nachfrage, wo die Schülerinnen und Schüler anhand dieser Darstellung den eingeschlossenen Winkel erkennen würden, deuteten nicht wenige auf den „vorderen, spitzen" Abschnitt.

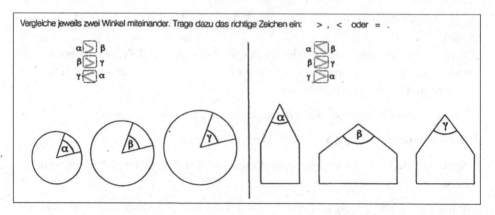

Abb. 3.9 Vergleich von Winkeln

Abb. 3.9 stellt eine Schülerlösung aus Klassenstufe 7 dar. Diese und ähnliche Lösungen deuten auf eine Interpretation der Winkelgröße anhand der Kreisbogenlänge der Winkelmarkierung hin. Die Winkelmarkierung dient den Schülerinnen und Schülern hier offenbar als Identifikationsmerkmal von Winkeln – ein Fehler, der auf ein grundsätzliches Vorstellungs-, Verständnis- bzw. Konzeptproblem zum Winkel hindeutet, dessen Ursache(n) einer tieferen, qualitativen Betrachtung im Einzelfall bedarf.

Dieses Beispiel macht bereits deutlich, dass hier ein Problem zwischen einem mathematischen Konzept und der verwendeten Repräsentation existiert. Ein wesentlicher Grund für diese Art von Problemen besteht in der Tatsache, dass mathematische Konzepte und Symbole von Schülerinnen und Schülern häufig mit einer anderen Bedeutung bzw. Vorstellung verknüpft werden und diese sich fundamental von der normativen Bedeutung unterscheidet. Das Verständnis bzw. die Vorstellung der Schülerinnen und Schüler weicht von dem vom Lehrer zu vermittelnden Verständnis ab (vom Hofe, 1998).

Um diesem Problem entgegenzuwirken, soll es den Schülerinnen und Schülern ermöglicht werden, zu bestimmten mathematischen Konzepten passende „mentale Modelle" zu entwickeln. Diese Modelle bzw. *Grundvorstellungen* können interpretiert werden als „Elemente des Übergangs zwischen mathematischer und individueller Welt des Denkens" (vom Hofe, 1998, S. 320).

Grundvorstellungen können nicht direkt beobachtet werden. Sie entwickeln sich in einem konstruktiven, individuellen Prozess, der sich aus drei Aspekten konstituiert; dem *normativen* Aspekt (Grundidee), dem *deskriptiven* Aspekt (individuelle Vorstellung) und dem *konstruktiven* Aspekt).

Die *normativen Ideen* repräsentieren den mathematischen Kern. Beispielsweise kann eine Grundidee von einem 1° Winkel als „Öffnungsweite" zwischen zwei Strahlen aufgefasst werden, welche dem 360. Teil des Kreisumfangs eines Vollkreises entspricht. Die Öffnungsweite eines 1° Winkels ist dabei so klein, dass sich die beiden Strahlen auf der Zeichnungsunterlage nur sehr schwer voneinander unterscheiden lassen. Erst in einiger Entfernung vom Scheitelpunkt wird der Unterschied erkennbar. Der Winkel α (Abb. 3.10) hat die Größe 34°. Das bedeutet: Der Winkel α ist so groß, wie 34 Winkel von 1° zusammen ergeben. 34° ist ein Maß für die Öffnungsweite des Winkels.

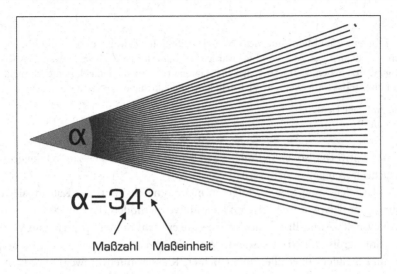

Abb. 3.10 Winkel als Öffnungsweite

Der *deskriptive* Aspekt setzt den Fokus darauf, die aktuellen mathematischen Ideen und Vorstellungen der Schülerinnen und Schüler zu beschreiben, welche mehr oder weniger von den zu vermittelnden mathematischen Ideen abweichen. Deshalb ist es im Lehr-Lern-Kontext wichtig, dass Lehrpersonen eine adäquate Grundidee (normativ) vom 1° Winkel vermitteln können und die Schülerinnen und Schüler keine von der Grundidee losgelöste Vorstellung entwickeln, wie die, den 1° Winkel als Abstand (im euklidischen Sinne) zwischen zwei Strahlen zu verstehen, oder ihn lediglich durch „Spitze" und „Winkelmarkierung" zu identifizieren, wie eingangs dargestellt.

Die dritte Perspektive (*konstruktiver* Aspekt) setzt den Fokus auf die Weiterentwicklung bereits vorhandener Schülervorstellungen, indem Schülerinnen und Schüler mit neuen Lernsituationen konfrontiert werden, die es ihnen erlauben, ihre individuellen Vorstellungen zu ändern, neu aufzubauen und zu verfeinern.

3.3.1 Untersuchung zu Schülervorstellungen zur Winkelgröße 1°

Die Untersuchung wurde an einem Montessori-Gymnasium in Sachsen im Frühjahr 2013 durchgeführt. Für den ersten Teil der Untersuchung kam ein schriftliches Testinstrument für ca. 300 Schülerinnen und Schüler der Klassenstufen 5 bis 10 zum Einsatz. Die Testitems wurden in Anlehnung an den sächsischen Lehrplan entwickelt. Der Fokus lag dabei auf zwei Aspekten: (1) Abfrage von innermathematischem Wissen zu sowohl stufenspezifischen als auch stufenübergreifenden Winkel-Inhalten, sowie (2) Denkmustern und Vorstellungen zu Winkelkonzepten. Zudem nutzten wir mit dem „Anna-Brief" (basierend auf einer Idee von Thomas Jahnke (Jahnke, 2008)) ein spezielles Item, um auf qualitativer Ebene Einsichten in die individuellen Denkmuster und Vorstellungen der Schülerinnen und Schüler zur Winkelgröße 1° zu gewinnen.

Liebe/r …

gestern haben wir im Matheunterricht Winkel wiederholt. Da wollte unsere Lehrerin von uns wissen, was denn 1° ist. Mit der Frage war ich total überfordert. Ich weiß zwar, dass wir das ständig benutzt haben, aber jetzt genau zu erklären, was 1° bedeutet, bekomme ich nicht hin. Kannst du mir das bitte erklären? Vielleicht kannst du auch eine Skizze dazu malen.

Danke und liebe Grüße
deine Anna

Anhand der Antworten sollen so Einblicke in Schülervorstellungen zur Winkelgröße 1° in den Versuchsklassen gewonnen werden.

Die Analyse der Anna-Briefe erfolgte in mehreren Schritten. Zur Kategorisierung der Vorstellungen nutzten wir induktive und deduktive Methoden (Patton, 2002).

Die Analyse der Anna-Brief Antworten zeigte ein sehr breites Spektrum an Vorstellungen zur Winkelgröße 1°. Die „Abstands-Vorstellung" konnten wir so ca. 10% der Schülerinnen und Schüler (über allen untersuchten Klassenstufen hinweg) zuordnen. Diese Vorstellung wurde immer dann zugewiesen, wenn in den verbalen Beschreibungen das Wort „Abstand" im Zusammenhang mit der euklidischen Abstandsmessung verwendet wurde (Beispiel: „1° = 1mm", oder „1° entspricht dem Abstand zwischen zwei Strahlen"). Um diese Erklärungen zu bestätigen und ein besseres Verständnis für die individuelle Abstands-Vorstellung zu gewinnen, wurden 9 Schülerinnen und Schüler zusätzlich zum Test interviewt (zweiter Teil der Untersuchung). Im Interview wurden sie aufgefordert, den Anna-Brief zunächst verbal ohne Vorlage ihrer Lösung noch einmal zu beantworten. Anschließend wurde ein Video (Anna-Video) vorgeführt, in dem ein junges Mädchen (Anna, ca. 13 Jahre alt) beim Messen eines 1° Winkels beobachtet werden konnte.

Abb. 3.11 Anna-Video

Im Video benutzt Anna eine Messmethode, bei der der Abstand mit Hilfe der beiden Schenkelenden zunächst mit dem Lineal am Geodreieck bestimmt und anschließend als Winkel gedeutet wird („1mm Abstand bedeutet 1°"). Den Schülerinnen und Schülern wurde vor dem Abspielen des Videos gesagt, dass Anna diese Methode aufgrund ihrer Anna-Brief Antwort angewendet hat. Sie wurden anschließend dazu aufgefordert, das Gesehene zu kommentieren. Uns interessierte dabei, wie die Schülerinnen und Schüler damit umgehen, wenn sie mit der Idee von Anna konfrontiert werden, die implizit ihre eigene Idee aufgreift. Die Analyse der Interview-Antworten und Anna-Video Reaktionen wurde mit Hilfe der Conceptual Change Theorie (Posner et al., 1982) durchgeführt. Dabei konnte herausgestellt werden, ob die Schülerinnen und Schüler das Gezeigte grundsätz-lich ablehnen oder es als mathematisch korrekte Möglichkeit erachten. Interessanterwei-se lehnten nur 3 der 9 Schülerinnen und Schüler die gezeigte Methode grundsätzlich ab. Zwei Schülerinnen und Schüler nahmen die Methode als korrekt an, 4 betrachteten sie als alternative Methode, da ihnen keine mathematische Gegenargumentation möglich war. Darüber hinaus konnten Fehler, wie die Identifikation des Winkels durch Fixierung auf die Winkelmarkierung, oder die Bestimmung der Winkelgröße durch Fixierung auf den Abstands-Begriff beobachtet werden.

3.4 Fazit

Krainer untersuchte Ende der 1980-er Jahre typische Schülerfehler beim Operieren und Argumentieren mit Winkeln und entwickelte ein Unterrichtskonzept zur Begegnung die-ser Fehler. Um die Aspektvielfalt des Winkelbegriffs aufzuzeigen und für Schülerinnen und Schüler fassbar zu machen, müssen nach Krainer vielfältige anschauliche Zugänge angeboten werden (1989, S. 222-284). Einblicke in Schulbücher haben gezeigt, dass die systematische Begriffseinführung mit unterschiedlichen Schwerpunktsetzungen bzgl. sta-tischer und dynamischer Winkelaspekte einhergeht. Darüber hinaus deuten die Ergebnis-se unserer Untersuchungen darauf hin, dass bestimmte Fehler und Vorstellungen relativ stabil über Klassenstufen hinweg existieren. Für die weitere didaktische Arbeit ist zunächst herauszuarbeiten, welche Bedeutung die beobachteten Vorstellungen für die Ausbildung des Winkelverständnisses besitzen und welche Winkelbegriffe und Vorstellungen für den Mathematikunterricht grundsätzlich wünschenswert sind (normative Ebene), um den be-obachteten Fehlermustern zu begegnen bzw. sie erst gar nicht entstehen zu lassen.

Die hier dargestellten Ergebnisse zeigen zudem, dass Schülerinnen und Schüler sehr heterogene und teilweise vom normativen Verständnis kritisch abweichende Vorstellun-gen zur Winkelgröße und zu Winkelkonzepten besitzen. Als Konsequenz ist es ihnen bspw. nicht möglich, die Bedeutung eines 1° Winkels zu begreifen, sowie ihn mathema-tisch korrekt zu beschreiben und zu identifizieren. Es kann davon ausgegangen werden, dass Fehlvorstellungen, wie die Fixierung auf die Winkelmarkierung, den Aufbau adäqua-ter Begriffsvorstellungen behindern.

3.5 Literatur

[71]   Berry III, R. Q., & Wiggins, J. (2001). Measurement in the middle grades. *Mathematics Teach-ing in the Middle School, 7(3)*, 154–156.

[72]   Hoffkamp, A. (2011). *Entwicklung qualitativ-inhaltlicher Vorstellungen zu Konzepten der Anal-ysis durch den Einsatz interaktiver Visualisierungen – Gestaltungsprinzipien und empirische Ergebnisse.* Dissertation, TU Berlin.

[73]   Jahnke, T. (2008). *Aufgaben im Mathematikunterricht.* URL (Aufruf am 30.09.2013): http://www.math.uni-potsdam.de/prof/o_didaktik/aa/Publ/mu. Institut für Mathematik. Universi-tät Potsdam.

[74]   Krainer, K. (1989). *Lebendige Geometrie: Überlegungen zu einem integrativen Verständnis von Geometrieunterricht anhand des Winkelbegriffes.* Frankfurt a.M: Peter Lang.

[75]   Kultusministerkonferenz (2004). *Bildungsstandards im Fach Mathematik für die Jahrgangstufe 4 (Primarstufe).* Bonn: KMK.

[76]   Mitchelmore, M. C., & White, P. (2000). *Development of angle concepts by progressive abstraction and generalisation. Educational Studies in Mathematics, 41,* 209–238.

[77]   Munier, V., Devichi, C., & Merle, H. (2008). A physical situation as a way to teach angle. *Teaching Children Mathematics, 14*(7), 402–407.

[78]   Patton, M. Q. (2002). *Qualitative research and evaluation methods.* Thousand Oaks, CA: Sage.

[79]   Posner, G., Strike, K.,. Hewson, P., & Gertzog, W. (1982). Accommodation of a scientific conception: Toward a theory of cconceptual change. *Science Education, 66*(2), 211–227.

[80]   Van de Walle, J. A. (2001). *Elementary and middle school mathematics: Teaching developmentally* (4th ed.). White Plains, NY: Addison Wesley.

[81]   vom Hofe, R. (1998). On the generation of basic ideas and individual images: Normative, descriptive and constructive aspects. In J. Kilpatrick and A. Sierpinska (Eds.), *Mathematics education as a research domain: A search for identity* (Vol. 2, pp. 317–331). Dordrecht, the Netherlands: Kluwer Academic.

3.5.1 Schulbücher

[82]   Einblicke Mathematik 6 NRW. (2007). Schüler-Arbeitsheft. Klett.

[83]   Elemente der Mathematik SI NRW. (2012). Schülerband 6. Schroedel.

[84]   Lambacher Schweizer. (2009). Ausgabe Nordrhein-Westfalen, Schülerbuch 6. Schuljahr. Klett.

[85]   Mathematik 6 (2005). Ausgabe für Realschulen in Nordrhein-Westfalen, Bremen, Hamburg und Schleswig-Holstein. Schroedel.

[86]   Mathematik heute. (2013). Ausgabe für Nordrhein-Westfahlen, Klasse 6. Schroedel.

[87]   Mathe live. (2009). Nordrhein-Westfahlen. Schülerbuch 6. Schuljahr. Klett.

[88]   Mathematik Neue Wege SI. (2009). Nordrhein-Westfahlen. Ausgabe Klasse 6. Schroedel.

[89]   Mathematik Sekundo 6 (2010). Nordrhein-Westfahlen. Ausgabe für differenzierende Schulformen. Schroedel.

[90]   Pluspunkt Mathematik 6 NRW. (2006). Hauptschule Klasse 6. Cornelsen.

[91]   Schnittpunkt Mathematik NRW. (2006). Klett.

Geometrische Darstellungen als Vorstellungsgrundlage für algebraische Operationen am Beispiel der negativen Zahlen

4

Rudolf vom Hofe und Viktor Fast, Universität Bielefeld

Zusammenfassung

Am Beispiel der negativen Zahlen wird dargestellt, dass sich geometrische Darstellungen für die Repräsentation von algebraischen Inhalten eignen und zu einer tragfähigen Vorstellungsgrundlage beitragen können. Als Grundlage dient die Idee, Zahlen mit Pfeilen und Operationen mit Streckung und Spiegelung zu assoziieren. An Beispielen wird gezeigt, dass die auf diese Weise vermittelten Grundvorstellungen auch für weitere mathematische Inhalte tragen.

4.1 Einleitung

Das Konzept der Grundvorstellungen hat seinen Ursprung in der deutschen Rechendidaktik des 19. Jahrhunderts. Seine Intention lag darin, Zahlen und Rechenoperationen mit Sinn zu füllen, anschaulich zu vermitteln und eine Basis für die Anwendung zu schaffen – im Gegensatz zu dem vorher üblichen Auswendiglernen von Rechenverfahren ohne jede anschauliche Grundlage, bei dem in der Regel nicht einmal der Versuch unternommen wurde, Verständnis auch nur im Ansatz zu vermitteln. Das Grundvorstellungskonzept stammt somit aus dem elementaren Arithmetikunterricht (vgl. vom Hofe, 1995). Es ist in den folgenden Epochen auf unterschiedliche Gebiete erweitert worden, z. B. auf die Algebra, auf die Funktionenlehre und auf die Analysis. Die zentrale Funktion von Grundvorstellungen ist dabei die Übersetzung zwischen Realität und Mathematik bzw. zwischen unterschiedlichen Darstellungsebenen der Mathematik.

Die Rolle von Grundvorstellungen in der Geometrie wurde dagegen bislang kaum untersucht. Dies liegt im Wesentlichen daran, dass die Geometrie als solche häufig bereits als anschaulich angesehen wird und insofern die Annahme nahe liegt, dass man zum Verständnis von Geometrie keine weiteren Anschauungsmittel als die der Geometrie bereits eigenen benötigt. Hinzu kommt, dass viele Bereiche der Geometrie – z. B. manche Konstruktionsprobleme – ein innermathematisches Spielfeld eigener Art bilden, bei denen die Übersetzung zwischen Realität und Mathematik höchstens am Rande von Interesse ist.

Dennoch gibt es viele Gründe, sich auch in der Geometrie mehr als bislang mit Grundvorstellungen zu beschäftigen. Denn zum einen gibt es in der berechnenden Geometrie zahlreiche Anwendungsfelder, bei denen die Übersetzung zwischen Mathematik und Realität erforderlich ist. Zum anderen ist die Geometrie neben der Algebra das wohl wichtigste innermathematische Gebiet für die Schule; Übersetzungen zwischen Algebra und Geometrie gehören daher zu den Basiskompetenzen für einen anspruchsvollen Mathematikunterricht.

Für die Rolle von Grundvorstellungen in der Geometrie ergeben sich somit zwei zentrale Fragestellungen:

1. Wie können geometrische Objekte und Zusammenhänge durch Grundvorstellungen beschrieben werden, die ein sinnvolles mathematisches Arbeiten innerhalb der Geometrie und ihren Anwendungen für die Realität ermöglichen?

2. Inwiefern können geometrische Objekte und Repräsentationen tragfähige Grundvorstellungen für andere Gebiete der Mathematik – insbesondere für die Algebra – bilden?

Auf den zweiten Aspekt wollen wir den Schwerpunkt dieses Beitrags legen und am Beispiel des Rechnens mit negativen Zahlen zeigen, dass geometrische Denkfiguren bei abstrakten algebraischen Inhalten als tragfähige Grundvorstellungen dienen können. Hierzu gehen wir zunächst kurz auf die Unterscheidung zwischen primären und sekundären Grundvorstellungen sowie auf damit zusammenhängende charakteristische Darstellungsebenen ein. Danach konkretisieren wir diese allgemeinen Überlegungen am Beispiel der negativen bzw. rationalen Zahlen.

4.2 Primäre und sekundäre Grundvorstellungen

Es ist unbestritten, dass ein verständiges Umgehen mit mathematischen Begriffen und Verfahren die Ausbildung adäquater Grundvorstellungen erfordert. Sie sollen abstrakte Begriffe auf einer anschaulichen Ebene repräsentieren und so eine Verbindung zwischen reinem Zahlenrechnen und außer- und innermathematischen Anwendungszusammenhängen ermöglichen.

Die Tragweite von Grundvorstellungen ist jedoch nicht unbegrenzt. Wenn neue Felder der Mathematik betreten werden, können alte, vertraute und bislang erfolgreiche Vorstellungen an ihre Grenzen stoßen; die entsprechenden mathematischen Inhalte bedürfen dann neuer Interpretation und Sinngebung. Wird eine geordnete Erweiterung des Grundvorstellungsgefüges nicht erreicht, so können alte intuitive Annahmen zu unbewusst wirksamen Fehlvorstellungen werden und das Verständnis neuer mathematischer Inhalte beeinträchtigen. So kann etwa die Annahme, dass ein Produkt stets größer sei als beide Faktoren – eine Vorstellung, die aus dem Rechnen mit natürlichen Zahlen stammt – bei den Bruchzahlen zu erheblichen Konflikten führen (vgl. Wartha & vom Hofe, 2005).

Im Laufe der Schulzeit werden primäre Grundvorstellungen, d. h. solche, die ihre Wurzeln in gegenständlichen Handlungserfahrungen aus der Vorschulzeit haben, immer mehr durch sekundäre Grundvorstellungen ergänzt, die aus der Zeit mathematischer Unterweisung stammen. Während erstere den Charakter von konkreten Handlungsvorstellungen haben, handelt es sich bei letzteren um Vorstellungen, die zunehmend mit Hilfe von mathematischen Darstellungsmitteln wie der Zahlengeraden, dem Koordinatensystem oder symbolischen Darstellungen repräsentiert werden. Diese Entwicklung soll im Folgenden am Beispiel der negativen Zahlen konkretisiert werden.

Welche der alten und vertrauten Grundvorstellungen aus dem Bereich der natürlichen Zahlen sind in den negativen Zahlen weiterhin tragfähig? Welche müssen revidiert bzw. erweitert werden? Und welche müssen neu hinzukommen?

Betrachten wir zunächst die Grundvorstellungen, die charakteristisch für das Rechnen mit natürlichen Zahlen sind. Die wichtigsten Vorstellungen von natürlichen Zahlen konkretisieren sich im kardinalen (Wie viele sind es?) und ordinalen (Der Wievielte ist es?) Zahlaspekt. Für die Anwendung ist vor allem der kardinale Aspekt von Bedeutung. Die dominanten Vorstellungen der Grundrechenarten sind das Zusammen- oder Hinzufügen (Addition), das Wegnehmen oder Abtrennen (Subtraktion), das sukzessive oder simultane Vervielfachen (Multiplikation) und das Verteilen oder Aufteilen (Division).

All diese elementaren Deutungen von Zahlen und Operationen sind nicht nur anschaulich – z. B. durch Bilder oder Graphiken – repräsentierbar, sondern sogar gegenständlich realisierbar. Man kann in diesem Sinne von einer Realisantenebene unterhalb einer Repräsentantenebene sprechen. Zahlen sind dabei als konkrete Dingmengen realisierbar, Verknüpfungen als durchführbare Handlungen.

Zahlen
Repräsentanten
Realisanten

Die Entstehung dieser elementaren Vorstellungen wurzelt in einer Vielzahl unterschiedlicher Handlungserfahrungen, die das Kind spielerisch erworben hat, weit vor einer systematischen Beschäftigung mit Mathematik; es handelt sich daher um primäre Grundvorstellungen.

Nun hängt der Grad der Ausbildung von Grundvorstellungen zum einen vom Umfang der zugrundeliegenden Handlungserfahrungen ab und zum anderen von der Häufigkeit ihrer Aktivierung. Beides ist bei elementaren primären Vorstellungen in hohem Maße gegeben, daher besitzen sie eine hohe Stabilität und sind von großer Robustheit gegenüber Änderungen von außen (vgl. Fischbein, 1987, 1990).

Wie sehen nun adäquate Grundvorstellungen für negative Zahlen aus und welche Darstellungen eignen sich als Vorstellungsgrundlage?

Während sich die Vorstellungen der natürlichen Zahlen jahrelang über vielfältige reale Handlungen entwickeln, fehlt für die negativen Zahlen eine ähnliche Handlungsgrundlage. Zwar gibt es Vorerfahrungen aus dem Alltag, wie negative Temperaturen oder Kontostände, das systematische Rechnen mit negativen Zahlen ist jedoch ein Produkt mathematischer Unterweisung. Typische Anwendungsfelder sind lineare Systeme, die nach beiden

Seiten unbegrenzt sind. Die wichtigste Zahlvorstellung ist nicht mehr die kardinale, es geht nicht um das Abzählen von Dingmengen; vielmehr geht es darum, Zustände oder Änderungen innerhalb eines Systems zu beschreiben.

Eine gegenständliche Repräsentation auf Realisantenebene ist bei den negativen Zahlen nicht möglich. Zwar lassen sich auch hier die Strukturen Zustand-Änderung-Zustand bzw. Änderung-Änderung-Änderung darstellen, Zahlen und Operationen beschreiben dabei jedoch nicht konkrete Dingmengen oder Gegenstände, sondern Zustände und Zustandsveränderungen (vgl. Kirsch, 2004, S. 63f). Während sich dabei etwa die Multiplikation einer negativen mit einer positiven Zahl noch plausibel interpretieren lässt, gibt es für die Multiplikation zweier negativer Zahlen in diesen Kontexten keine sinnvolle Deutung. Zum Aufbau entsprechender Grundvorstellungen sind Kontexte dieser Art daher nur begrenzt geeignet (vgl. vom Hofe & Hattermann, 2014).

Eine Möglichkeit für eine umfassende und tragfähige Vorstellungsgrundlage finden wir hingegen auf der Zahlengeraden, kombiniert mit einem entsprechenden Pfeilmodell. Wenngleich dieses Modell abstrakter ist als gegenständliche Modelle, so knüpft es doch auch an anschauliche Erfahrungen an, da Zahlengerade und Pfeile bereits aus der Grundschule bekannt sind. Es handelt sich hier um sekundäre Vorstellungen, die bereits im Kern angelegt sind und an dieser Stelle weiter ausgebaut werden können.

4.3   Rationale Zahlen[42]

Die Erweiterung von den natürlichen zu den ganzen bzw. rationalen Zahlen birgt für Schülerinnen und Schüler in der Regel zunächst keine größeren Probleme. Vieles kann aus bekannten Umweltzusammenhängen hergeleitet werden. Ebenso ist die Addition mit ganzen Zahlen über verschiedene Modelle (Schulden, Temperatur, Fahrstuhl) leicht zugänglich (Malle 2007, S. 52ff.).

Schwieriger wird es, wenn systematisch mit Vorzeichen gerechnet werden soll. Während die Addition noch als Hinzufügen von Gut- oder Schuldscheinen interpretiert werden kann, ist die Gedankenverknüpfung der Subtraktion mit dem Abgeben von Schulden bereits schwieriger: „Wie kann ich denn Schulden abgeben, wenn ich gar keine Schulden habe?" Dennoch ist diese Interpretation mit entsprechenden Erklärungen mit gewissem Aufwand noch nachvollziehbar. Vorstellungen, jemandem minus einmal soviel Geld zu geben, wie er besitzt, oder dass die morgige Temperatur das Minus-Eins-Fache der heutigen betragen wird, sind dagegen eher bizarr (Ulovec 2007, S. 16). Es stellt sich also die Frage, was die Multiplikation im Bereich der ganzen Zahlen bedeutet und wie diese Operation sachgerecht, überzeugend und auf die Erfahrungswelt der Schülerinnen und Schüler bezogen dargestellt werden kann.

Als Basis für die Ausbildung von Grundvorstellungen zu negativen Zahlen schlagen wir das *Pfeilmodell* vor. Hierbei wird die *Multiplikation als Streckung* gedeutet: Das Ziehen an einem elastischen Gegenstand – z. B. Zieharmonika-Papierstreifen oder Gummiband – kann dann als Multiplikation interpretiert werden. Eine Strecke kann *n* mal so lang sein

---

[42] Anmerkung der Herausgeber: Der vorliegende Beitrag ist eine Erweiterung von (Fast & vom Hofe 2014), daher entsprechen Abschnitt 4.3 und 4.4 weitestgehend der genannten Arbeit.

wie eine andere bzw. eine Strecke kann auf ihre n-fache Länge gestreckt werden. Die Idee des Streckens bzw. Stauchens greift damit die bei Schülerinnen und Schülern vorherrschende additive Interpretation der Multiplikation auf. Sie geht jedoch darüber hinaus, da auch nicht ganzzahlige Streckfaktoren vorkommen können. Hierdurch wird der Weg zum Rechnen mit rationalen Zahlen eröffnet.

4.3.1 Vom Zahlenstrahl zur Zahlengeraden

Die Erweiterung des Zahlenstrahls von $\mathbb{N}$ nach $\mathbb{Z}$ kann leicht als *Spiegelung* des Zahlenstrahls am Nullpunkt vermittelt werden. Jede Zahl in $\mathbb{N}$ wird im gleichen Abstand zu 0 auf die vom Nullpunkt andere Seite in den neuen, negativen Bereich abgebildet. Wir erhalten eine Linie, die von $-\infty$ bis $+\infty$ geht. Die so entstehende Zahlengerade untermauert auch visuell die Ordnung der Zahlen in diesem Zahlbereich ($\ldots -3 < -2 < -1 < 0 < 1 < 2 < 3 \ldots$). Wie funktionieren nun die Rechenregeln für die neuen Zahlen auf diesem erweiterten Zahlenstrahl?

4.3.2 Addition

Die Addition von zwei natürlichen Zahlen a und b kann an der Zahlengeraden mit dem Pfeilmodell visualisiert werden, indem zunächst die beiden Zahlen als Pfeile mit den Längen a und b dargestellt werden. Die Rechnung $a + b$ entspricht dann visuell dem Aneinanderhängen der beiden Pfeile: Der Anfang des Pfeils b wird an das Ende des Pfeils a gehängt. Schnell wird ersichtlich, dass die Addition kommutativ ist, denn die Reihenfolge der Anordnung ändert nicht das Ergebnis.

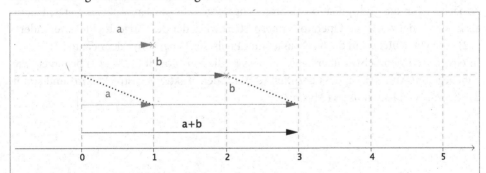

1. Verändere a und b und notiere deine Beobachtung.
2. Gilt das Vertauschungsgesetz a + b = b + a auch bei negativen Zahlen?

Abb. 4.1 Aufgabe zur Addition im Pfeilmodell

Das funktioniert auch, wenn eine oder beide Zahlen kleiner als 0 sind. Abb. 4.1 zeigt eine DGS-Applikation dieser Zusammenhänge. Durch die Möglichkeit, die Zahlen und damit die Pfeile a und b zu variieren (Schieberegler), wird exploratives Arbeiten möglich.

4.3.3   Subtraktion als Addition der Gegenzahl

Auch die Subtraktion zweier Zahlen kann gut im Pfeilmodell visualisiert werden. Dabei bietet es sich an, die Subtraktion als *Addition der Gegenzahl* zu interpretieren, da leicht ersichtlich ist, dass man zum gleichen Ergebnis gelangt, wenn man eine Zahl subtrahiert oder ihre Gegenzahl addiert. Damit wird die Subtraktion auf die Addition zurückgeführt und kann genauso geometrisch interpretiert werden (Abb. 4.2).

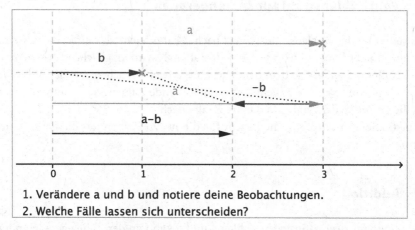

Abb. 4.2 Aufgabe zur Subtraktion im Pfeilmodell

4.3.4   Multiplikation

Zunächst kann die Multiplikation als Streckung dargestellt werden, wobei der erste Faktor als Pfeil und der zweite als Operator[43] interpretiert wird, der die Länge des Pfeils verändert. $(+2) \cdot (+3)$ bedeutet dann die Streckung eines Pfeils der Länge 2 mit dem Faktor 3.
In einem nächsten Schritt überlegen wir, was in diesem Modell $(-2) \cdot (+3)$ bedeutet: Die naheliegende Antwort ist, dass der Pfeil (-2) mit dem Faktor 3 gestreckt wird und somit das Ergebnis -6 lauten muss (Abb. 4.3).

---

[43] Anmerkung der Herausgeber: Die hier vorgenommene Interpretation eines Produktes aus zwei Zahlen als Operator und Operand weicht von der bei Bruchzahlen üblichen ab; dort ist i.d.R. der erste Faktor der Operator.

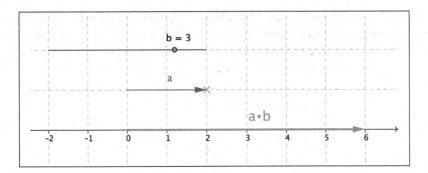

Abb. 4.3 Multiplikation mit positivem Faktor

Was bedeutet aber nun 3 · (–2)? Die meisten Schülerinnen und Schüler werden hier das gleiche Ergebnis vermuten wie bei (–2) · 3. Doch die bisherige Interpretation versagt hier, denn: Wie kann ein Pfeil mit der Länge 3 um das (–2)-fache gestreckt werden? Was passiert bei der Multiplikation mit dem Faktor –1?

Wir sind nun am schwierigsten Punkt in jedem Lehrgang zu rationalen Zahlen angelangt: Der Multiplikation mit einem negativen Faktor. Eine Visualisierung dieser Operation ist zunächst nicht naheliegend, und dies hat unter anderem auch mathematische Gründe: So schreibt Malle (S. 57, 2007): „*Da die Vorzeichenregeln Definitionen sind, muss jeder Versuch, sie zu ,beweisen' oder sie zwingend aus irgendwelchen anschaulichen Gegebenheiten herzuleiten, schief gehen.*"

Es ist an dieser Stelle daher nicht nur legitim, sondern auch sinnvoll, im Sinne von Permanenzüberlegungen mit einer Festlegung zu arbeiten, nämlich der, dass das Kommutativgesetz auch im Bereich der ganzen Zahlen gelten soll. Und wenn dies so sein soll, dann muss 3 · (–2) ebenfalls –6 ergeben. Nach dieser Vereinbarung empfiehlt es sich, die Wirkung der Operation „· (– 1)" zu untersuchen (Abb. 4.4).

Abb. 4.4 Multiplikation mit einem negativen Faktor

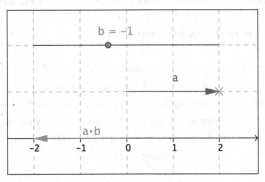

Man erkennt, dass die Multiplikation mit (–1) auf den als Pfeil dargestellten ersten Faktor a wie eine Spiegelung am Nullpunkt wirkt: Der Betrag des ersten Faktors bleibt erhalten, die Richtung wird umgedreht. Die Multiplikationen mit anderen negativen Zahlen können nun darauf zurückgeführt werden: 3 · (– 2) = 3 · (– 1) · (+ 2). Entsprechend kann die Multiplikation als Kombination von Spiegeln und Strecken interpretiert werden.

Diese Idee ist im Prinzip nicht neu und wird in manchen Schulbüchern bereits seit langem so oder ähnlich umgesetzt (siehe Griesel et al. 2012). Mit dynamischer Geometriesoftware ergeben sich jedoch auch neue Möglichkeiten der Einsicht, da man den als Operator fungierenden zweiten Faktor variieren und seine Wirkung auf den ebenfalls variierbaren Operand (Pfeil) untersuchen kann (vgl. Fast & vom Hofe, 2014).

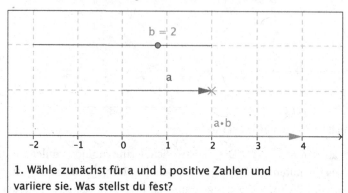

Abb. 4.5 Aufgabe zur Multiplikation im Pfeilmodell

Einen Schlüssel zum Verständnis liefert dabei die Wirkung des Operators „· (– 1)": Er bewirkt eine Spiegelung am Nullpunkt, der Betrag bleibt unverändert, aber die Richtung ändert sich um 180 Grad. „Mal minus eins" bewirkt also so etwas wie die Umkehrung bzw. die Inversion eines Systems (Abb. 4.5). Diese Interpretation kann auf zahlreiche andere Inhalte im Unterricht übertragen werden. Im Folgenden betrachten wir hierzu einige Beispiele aus den weiteren Jahrgangsstufen der Sekundarstufe I.

4.4   Die Multiplikation mit (–1) als Inversion

4.4.1   Symmetrien bei Funktionen

Eine Funktion ist genau dann symmetrisch zum Ursprung, wenn gilt $f(x) = -f(-x)$. Dies soll am Beispiel $f(x) = x^3$ verdeutlicht werden: Zeichnet man einen Graphen, so ist die Punktsymmetrie sofort erkennbar: Jeder beliebige Punkt von f kann durch eine Spiegelung am Ursprung wieder auf f abgebildet werden. Aber was hat die Symmetrie mit den Eigenschaften der Funktion zu tun? Und gibt es eine allgemeine Bedingung für die Punktsymmetrie von Funktionsgraphen?

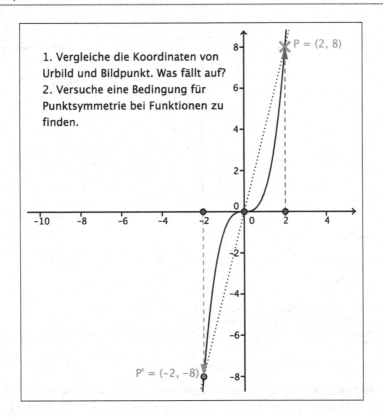

1. Vergleiche die Koordinaten von Urbild und Bildpunkt. Was fällt auf?
2. Versuche eine Bedingung für Punktsymmetrie bei Funktionen zu finden.

$P = (2, 8)$

$P' = (-2, -8)$

Abb. 4.6 Aufgabe zur Punktsymmetrie bei Funktionen

Betrachtet man die einzelnen Koordinaten von Ur- und Bildpunkt, so sieht man, dass sie jeweils über den Faktor *mal minus eins* zusammenhängen. Betrachtet man (Abb. 4.6) die Punkte $P(x_P|y_P)$ und $P(x_P'|y_P')$, so erkennt man: $x_P \cdot (-1) = x_P'$ und $y_P \cdot (-1) = y_P'$. Insgesamt ergibt sich also die Bedingung: $f(x) = -f(-x)$.

Umgekehrt wird deutlich, dass auch hier die Multiplikation mit −1 eine Spiegelung am Nullpunkt bewirkt, eine Inversion. Analog lassen sich die Symmetrieverhältnisse von Potenzfunktionen mit geraden Exponenten untersuchen und erkunden.

4.4.2 Sinus- und Cosinus am Einheitskreis

Um die Sinus- und Cosinusverhältnisse im Unterricht herzuleiten, wird in der Regel der Einheitskreis verwendet. Im Einheitskreis wird ein rechtwinkliges Dreieck ABC so angelegt, dass der Punkt A auf dem Nullpunkt und der Punkt C auf dem Einheitskreis liegt (s. Abb. 4.7). So hat die Strecke AC immer die Länge 1. Der Punkt B liegt auf der x-Achse, also dort, wo die Senkrechte zur x-Achse durch den Punkt C die x-Achse schneidet. Auf diese Weise entsteht im Punkt B ein rechter Winkel. Der Winkel im Punkt A wird nun α genannt. In diesem Dreieck ist AC die Hypotenuse, AB die Ankathete zu α und BC die Gegenkathete zu α.

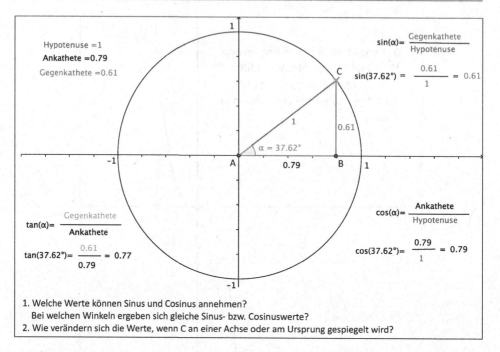

Abb. 4.7 Aufgabe zur Symmetrie am Einheitskreis

Da der Sinus von α dem Verhältnis von Gegenkathete zu Hypotenuse entspricht und die Hypotenuse die Länge 1 besitzt, hat der Wert für den Sinus von α den Wert der Länge von *BC*.

Analog entspricht der Cosinus von α dem Verhältnis von Ankathete zu Hypotenuse. Da die Hypotenuse die Länge 1 besitzt, hat der Wert für den Cosinus von α den Wert der Länge *AB*.

Der Tangens lässt sich dann durch den Bruch $\dfrac{\overline{BC}}{\overline{AB}}$ ermitteln (Abb. 4.7).

Auch an diesem Beispiel lassen sich Überlegungen zur Multiplikation mit −1 konkretisieren. Die Schülerinnen und Schüler können zunächst überlegen, welche Werte Sinus und Cosinus annehmen können, und dann Symmetrieverhältnisse erkunden. Wie verändern sich die Werte, wenn Punkt *C* auf dem vom Nullpunkt gegenüberliegenden Punkt auf dem Einheitskreis liegt?

Für welche Winkel ergeben sich gleiche Sinus- bzw. Cosinuswerte? Wann verändern sich die Vorzeichen? Wann wiederholt sich ein Wert? Wie wirkt sich die Multiplikation mit −1 auf die Koordinaten aus und welche Zusammenhänge lassen sich damit beschreiben? Auch hier bietet die Anwendung einer Dynamischen Geometrie-Software (DGS) interessante explorative Möglichkeiten.

4.4.3 Zentrische Streckung

Eine zentrische Streckung ist eine Ähnlichkeitsabbildung, bei der jede Gerade auf eine zu sich parallele Gerade abgebildet wird. Sie ist definiert durch ein Streckzentrum Z und einen Streckfaktor k, wobei das Bild der Strecke $\overline{AB}$ die Länge $k \cdot \overline{AB}$ hat. Hat eine zentrische Streckung den Streckfaktor 1, entspricht sie der Identitätsabbildung. Ist der Streckfaktor −1, ergibt die Abbildung eine Punktspiegelung bzw. eine Drehung um 180 Grad um das Streckzentrum Z.

Zentrische Streckungen mit positiven Streckfaktoren gehören zum Standardunterricht der Sekundarstufe I, negative Streckfaktoren gehören dagegen nicht zum Pflichtunterricht. Man kann jedoch auch diese – insbesondere mit dem Hilfsmittel eines DGS – mit wenig Aufwand behandeln. Dies muss nicht viel Unterrichtszeit in Anspruch nehmen und kann beispielsweise mithilfe einer DGS-Umgebung realisiert werden, die einen Schattenwurf simuliert:

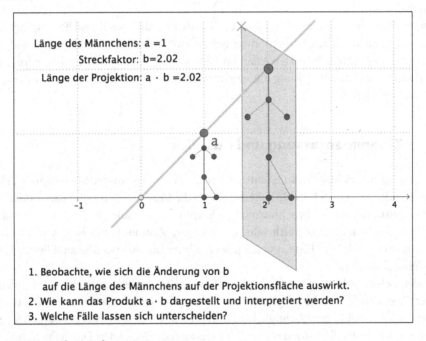

Länge des Männchens: a =1
Streckfaktor: b=2.02
Länge der Projektion: a · b =2.02

1. Beobachte, wie sich die Änderung von b
   auf die Länge des Männchens auf der Projektionsfläche auswirkt.
2. Wie kann das Produkt a · b dargestellt und interpretiert werden?
3. Welche Fälle lassen sich unterscheiden?

Abb. 4.8 Zentrische Streckung

1. Es sei 1 der Abstand eines Männchens von einer Lichtquelle und a die Höhe dieses Männchens. Weiter sei b der Abstand einer Projektionsfläche (z. B. einer Wand) von der Lichtquelle. Der Schatten des Männchens auf der Projektionsfläche hat daher die Höhe a mal b. Der Abstand b entspricht also dem Streckfaktor der zentrischen Streckung am Nullpunkt, die das Männchen auf die Projektionsfläche abbildet (Abb. 4.8).

2. Nun verschieben wir die Projektionsfläche auf die Position zwischen dem Männchen und der Lichtquelle, sodass der Abstand b nun kleiner als 1 und größer als 0 ist. Anschaulich könnte die Fläche nun als Folie oder Glasscheibe interpretiert werden.

Auch in diesem Fall bleibt die Höhe des Schattens a mal b. Ist etwa $b = 0,5$, so ist der Schatten halb so groß wie das Männchen. Insgesamt gilt also: Die Rechnung $a \cdot b$ entspricht der Streckung der Länge a mit dem Faktor b, wobei die Gesetzmäßigkeiten der Multiplikation in $\mathbb{Q}$ erhalten bleiben.

3. Wir erweitern unseren Versuchsaufbau ein weiteres Mal: Und zwar verlängern wir den Lichtstrahl zu einer Geraden; ähnlich wie bereits der Zahlenstrahl von $\mathbb{N}$ nach $\mathbb{Z}$ erweitert wurde. Nun verschieben wir die Projektionsfläche an die Position -1. Dies entspricht also der Rechnung $a \cdot (-1)$. Zwei Dinge können wir nun beobachten: Zum einen hat die Figur die gleiche Größe wie das ursprüngliche Männchen, zum anderen steht sie auf dem Kopf.

Die Rechnung „$\cdot (-b)$" ergibt folglich das gleiche wie die Rechnung „$\cdot b$" mit dem Unterschied, dass durch das Minus die Figur auf die gegenüberliegende Seite vom Nullpunkt auf den Kopf gestellt wird. Die Vorstellung der Inversion eines Systems wird hier besonders deutlich.

Dieses Phänomen finden wir auch in der Umwelt wieder: Nach dem Prinzip der Streckung mit negativem Faktor funktioniert beispielsweise das menschliche Auge und auch – weniger komplex und zum Herstellen im Unterricht geeignet – die Lochkamera. Beide Fälle entsprechen einer Streckung mit einem negativen Faktor, sodass wir als Ergebnis ein „Negativ" erhalten.

4.5   Zusammenfassung und Ausblick

Der Umgang mit Zahlen und Operationen ist auch ohne Grundvorstellungen möglich, wenn man die jeweiligen Kalküle beherrscht und die Rechenregeln richtig anwendet. Wie wir beispielsweise aus der Bruchrechnung wissen, kann ein solcher Umgang mit Mathematik kurzfristig auch erfolgreich sein. Über längere Zeiträume hin ist das Memorieren immer größer werdender Regelsysteme jedoch schwer und hochgradig anfällig für Fehler und Verwechslungen.

Bilden Lernende hingegen tragfähige Grundvorstellungen zu mathematischen Inhalten aus, eröffnet sich für sie die Möglichkeit, symbolisches Rechnen auf einer anschaulichen Ebene auf Plausibilität und Richtigkeit zu überprüfen. Ideal ist hierbei ein vernetztes System von Grundvorstellungen, das mit damit zusammenhängenden Darstellungen korrespondiert.

Es ist daher wichtig, neben symbolischem Rechnen auch Vorstellungsgrundlagen zu vermitteln. Nicht jede anwendungsbezogene Erklärung oder Deutung ist als Basis für eine tragfähige Grundvorstellung geeignet. Problematisch sind insbesondere Deutungen, die mathematische Inhalte auf künstliche, wenig plausible, schwer verständliche oder untypische Weise darstellen.

Die Qualität von Vorstellungsgrundlagen sollten daher an folgenden Merkmalen gemessen werden: Vorstellungsgrundlagen sollten

- anknüpfen an vertraute Handlungserfahrungen,

- einen neuen Bereich mathematischen Handelns als Ganzes abbilden,

- mathematisches Handeln charakteristisch darstellen,

- über einen situativen Kontext hinaus tragfähig und mathematisch aufwärtskompatibel sein.

Beim Rechnen mit natürlichen Zahlen bildet die Mengenwelt eine Vorstellungsgrundlage, die diesen Merkmalen entspricht. Für die Bruchrechnung bildet die Pizzawelt, am besten kombiniert mit der Idee der Umkehroperation, eine tragfähige Vorstellungsgrundlage. Für die negativen bzw. rationalen Zahlen existiert eine gegenständliche Vorstellungsgrundlage dieser Art nicht.

Hier bieten sich geometrische Darstellungen zur Ausbildung von Grundvorstellungen an. Zahlengerade, Pfeil und Spiegelung sind zwar abstrakter als gegenständliche Modelle, werden aber bereits in der Grundschule angelegt. Mit der ebenfalls bereits angelegten Idee des Rückwärtsrechnens bzw. der Gegenoperation wird das Pfeilmodell zu einer umfassenden Vorstellungsgrundlage. Dieses Modell verkörpert gleichzeitig tragfähige mathematische Strukturen wie inverse Elemente bzw. den eindimensionalen Vektorraum und bereitet somit weiteres mathematisches Lernen vor.

Sowohl im Bereich der Rolle von sekundären Grundvorstellungen als auch in der Frage der Bedeutung und Möglichkeiten von Grundvorstellungen in der Geometrie sind noch viele Fragen offen. Ein interessantes und gleichzeitig praxisrelevantes Feld für Forschungs- und Entwicklungsarbeit besteht in der Analyse und didaktischen Beschreibung von Vorstellungsgrundlagen, die auf geometrischen Objekten und Darstellungen beruhen.

4.6 Literatur

[92]   Fast, V. & vom Hofe, R. (2014). Das Pfeilmodell als Vorstellungsbasis für negative Zahlen. In: *mathematik lehren*, 183, S. 20-24

[93]   Fischbein, E. (1987). Intuition in Science and Mathematics. An Educational Approach. Dodrecht: D. Reidel

[94]   Fischbein, E. (1990). The Autonomy of Mental Models. In: *For the Learning of Mathematics*

[95]   Griesel, H.; Postel, H. & vom Hofe, R. (2012). *Mathematik heute*. Braunschweig: Schroedel

[96]   vom Hofe, R. (1995). Grundvorstellungen mathematischer Inhalte. Texte zur Didaktik der Mathematik. Heidelberg: Spektrum

[97]   vom Hofe, R. & Hattermann, M. (2014). Zugänge zu negativen Zahlen. In: *mathematik lehren*, 183, S. 2-7

[98]   Kirsch, A. (2004). Mathematik wirklich verstehen. Köln: Aulis Deubner

[99]   Malle, G. (2007). Die Entstehung negativer Zahlen. Der Weg vom ersten Kennenlernen bis zu eigenständigen Denkobjekten. In: *mathematik lehren* 142, S. 52-57

[100] Ulovec, A. (2007). Wenn sich Vorstellungen wandeln. Ebenen der Zahlbereichserweiterungen. In: *mathematik lehren* 142, S. 14-16

[101] Wartha, S. & vom Hofe, R. (2005). Probleme bei Anwendungsaufgaben in der Bruchrechnung. In: *mathematik lehren*, 128, S. 10-17

Baustrategien von Vor- und Grundschulkindern: Zur Artikulation räumlicher Vorstellungen in konstruktiven Arbeitsumgebungen

5

Simone Reinhold, TU Braunschweig

Zusammenfassung

Konkreten Bauaktivitäten mit geometrischen Objekten wird eine bedeutsame Rolle bei der Fundierung und Entwicklung geometrischer Vorstellungen im Vor- und Grundschulalter zugeschrieben. Das Projekt *(Y)CUBES: (Young) Children Using Blocks to Express Spatial Strategies* widmet sich daran anknüpfend der übergeordneten Frage, wie individuelle Vorgehensweisen bei der Erstellung konkreter Bauwerke mit den räumlichen Vorstellungen von Vor- und Grundschulkindern zusammenhängen. Im vorliegenden Beitrag werden theoretische Bezugspunkte des Projekts vorgestellt, Einblicke in verschiedene Teilstudien gegeben und erste Ergebnisse daraus referiert. Diese umfassen ein empirisch begründetes Modell, das zur Charakterisierung kindlicher Bauaktivitäten in der (Re-)Konstruktion von (Würfel-)Bauwerken herangezogen werden kann und unter anderem dazu dient, einen engen Zusammenhang zwischen den beobachteten Bauaktivitäten, Strategien des mentalen visuellen Operierens und elementaren arithmetischen Konzepten auszuweisen. Abschließend werden erste praxisrelevante Implikationen angesprochen, die sich im Hinblick auf die Entwicklung externer und interner Repräsentationen von Vor- und Grundschulkindern aus der Arbeit im Projekt ergeben.

5.1 Einleitung

Anregungen zum freien und angeleiteten Bauen mit Holzbausteinen blicken auf eine lange Tradition im Elementar- und Primarbereich zurück und stellen vielfach eine erste bewusste Begegnung mit geometrischen Objekten dar. Beobachtet man Kinder im Vor- und Grundschulalter beim freien Bauen mit Bausteinen, stellt man fest, dass diese zwischen verschiedenen Körpern unterscheiden, räumliche Relationen berücksichtigen oder auch Ausrichtungen einer räumlichen Anordnung oder strukturelle Eigenschaften bei ihren

Bauaktivitäten in Betracht ziehen. Erstellte Bauwerke werden gedanklich oder konkret verändert wobei auch räumliche Kongruenzen erkannt und genutzt werden (vgl. Kamii et al., 2004; Park, Chae & Boyd, 2008). Das Konstruktionsspiel gilt entsprechend als förderlich für die Entwicklung der räumlichen Wahrnehmung und Vorstellung junger Kinder (Pfitzner, 1994, 47ff).

So ist das konkrete Konstruieren mit Bausteinen eine beliebte und im Kindergarten häufig anzutreffende Aktivität (z. B. Hulson, 1930; Guanella, 1935; Hirsch, 1984; Wellhousen & Kieff, 2001; MacDonald & Davis, 2001). Im deutschsprachigen Raum erlebten in jüngerer Zeit u. a. die Arbeiten Friedrich Fröbels eine Renaissance in der mathematischen Frühförderung (z. B. Müller & Wittmann, 2007). Neben seinen Verdiensten um die Etablierung reformpädagogischer Ideen und der Einrichtung von Kindergärten entwickelte Fröbel ab Mitte des 19. Jh. eine Sammlung von Spielmaterialien aus Wolle und Holz für das Spiel im Kindergarten (vgl. Blochmann et al., 1962a; b; 1963; Wellhousen & Kieff, 2001). Zu den von Fröbel als „Spielgaben" bezeichneten Spiel- und Konstruktionsformen zählt unter anderem ein in jede Raumrichtung einmal halbierter Würfel, der durch die beschriebene Teilung in acht kleine kongruente Würfel zerfällt und Kinder zur (Re-) Konstruktion verschiedenster Würfelarrangements animiert (sog. „dritte Spielgabe"; Fröbel, 1844; 1851; vgl. Blochmann et al. 1962a; b; 1963). Weitere Spielgaben umfassen etwa die Teilung eines Würfels in acht kongruente Quader oder in kleinere Einzelwürfel und Dreiecksprismen. Diese werden von den Kindern zur Rekonstruktion gezielter Zerlegungen oder Zusammenfügungen aller Elemente der Spielgabe (sog. „Erkenntnisformen"), zum Nachlegen symmetrischer Anordnungen zu flächigen Mustern („Schönheitsformen") oder zum Nachbau realer Gegenstände („Lebensformen") verwendet.

Das nachfolgend detaillierter beschriebene Projekt *(Y)CUBES: (Y)oung Children Using Blocks to Express Spatial Strategies* geht davon aus, dass Kinder ihr räumliches Vorstellungsvermögen vornehmlich anhand konkreter Aktivitäten oder Eigenproduktionen artikulieren. Für (unangeleitete) Zeichnungen ist dieser Zusammenhang bereits eingehend dokumentiert (z. B. Piaget & Inhelder, 1971; Freeman, 1980; Ingram & Butterworth, 1989; Woodrow, 1991; Wollring, 1996; 1998; Milbrath & Trautner, 2008). So werden Kinderzeichnungen vielfach auch als Ausdruck räumlicher Strukturierungsstrategien erachtet (Mulligan et al., 2004; Mulligan & Mitchelmore, 2009). Im Vergleich dazu sind Bauaktivitäten von Kindern aus mathematikdidaktischer Perspektive bislang nur vereinzelt betrachtet worden. Insbesondere liegen zum gegenwärtigen Zeitpunkt nur spärliche Erkenntnisse dazu vor, wie sich kindliche Konstruktionsstrategien im Umgang mit diesen oder ähnlichen Materialien entwickeln. Zudem ist weitgehend ungeklärt, wie konstruktive Aktivitäten von Kindern dieser Altersgruppe mit arithmetischen Fähigkeiten und mentalen räumlich-visuellen Operationen zusammenhängen.

5.2 Unangeleitetes und angeleitetes Konstruieren konkreter Bauwerke

Bauwerke von jungen Kindern beim freien Konstruktionsspiel zeigen oftmals einen graduellen Zuwachs der Komplexität der Anordnungen: So berichtet Kietz (1950) davon, dass sehr junge Kinder zunächst „Luftbauten" konstruieren, die sie zwischen ihren Händen in der Luft halten. Auf diese Erfahrung aufbauend entstünden erste, auf einer Baufläche stehende Türme, die zunächst eher klein und instabil, später dann größer und stabiler seien. Typisch ist Kietz zufolge etwa ab Ende des zweiten Lebensjahres das Aneinanderfügen der Bauteile in einer geschlossenen Reihe. Erst allmählich entwickele sich dann der „Blockbau" (eine Schicht von Steinen) aus dieser Reihenbildung, bis das Kind schließlich (ab etwa drei Jahren) vielfältige Kombinationen von Blöcken, Türmen und Reihen (später auch „Brücken") zu konstruieren imstande sei. Eine Einzelfalldarstellung von Krötzsch (1917) beschreibt ähnliche Entwicklungsstadien, die auch Beobachtungen Guanellas (1935) ähneln. Erste Ansätze zum darstellenden Bauen, das zunächst nachträgliche Benennungen beinhaltet und später in „planvolles Bauen" übergeht, entwickeln sich nach Kietz (1950, 19f) ab einem Alter von etwa vier Jahren.

Elaboriertere Vorgehensweisen bei der angeleiteten Rekonstruktion eines aus 27 Einzelwürfeln bestehenden, außen rot gefärbten Würfels zeichnen sich in einer Studie von McFarlane (1925) dadurch aus, dass Schüler horizontale Schichten erstellen, die sie anschließend Schicht für Schicht zusammen fügen. Gelegentlich planen die in dieser Studie beteiligten Schüler aber auch separate horizontale „Scheiben" oder einzelne Säulen, die anschließend auf unterschiedliche Weise zusammen geschoben werden. Im Gegensatz dazu tendieren jüngere Kinder offenbar dazu, Schichten innerhalb eines Bauwerks bei der Rekonstruktion zu vernachlässigen. So verweisen Piaget & Inhelder (1979, 307ff) auf fehlerhafte Bauwerke, die einem zu rekonstruierenden konkreten Würfelbauwerk global ähneln, dabei aber Fehler hinsichtlich der Ausrichtung oder Anzahl einzelner Würfel oder Segmente aufweisen. Bemerkenswert erscheint hier, dass jüngere Kinder die Rekonstruktionsaufgaben erfolgreicher lösen, wenn sie die Konstruktionstätigkeit eines Versuchsleiters beobachten dürfen und nicht nur kurz eine bereits vollendete Bauvorlage betrachten (vgl. ausführlicher Reinhold, 2007, 143ff).

Beim Nachbau von Würfelkonfigurationen, die vor Beginn der eigentlichen Konstruktion gedanklich zu drehen sind, gelingt es etwa fünf- bis siebenjährigen Kindern in einer Studie von Harris & Basset (1976), diese Arrangements ganzheitlich zu rotieren. In eigenen Untersuchungen (Reinhold, 2004; 2007) ist hingegen zu beobachten, dass gerade jüngere Kinder oft vielfältige gedankliche Strukturierungen des zu Rekonstruierenden vornehmen. Diese mentalen Zerlegungen führen anschließend vielfach zu einem additiv geprägten Aneinanderfügen, bei dem die Integration sämtlicher der zu berücksichtigenden räumlichen Relationen in der sich anschließenden konkreten Rekonstruktion scheitert. Eichler (2004; 2012) stellt bei Schulanfängern fest, dass diese bei der Konstruktion ähnlicher Würfelbauwerke anhand von zweidimensionalen Darstellungen stets neu beginnen und strukturelle Ähnlichkeiten zwischen nacheinander zu erstellenden Bauwerken kaum für die Vereinfachung ihrer Rekonstruktionen nutzen. Dies deckt sich prinzipiell mit Beobachtungen von Elkin (1984), wonach jüngere Kinder im Kindergartenalter und zu

Schulbeginn dazu neigen eine Konstruktion stets so zu beginnen, wie sie es bereits zuvor getan haben. Zudem bevorzugen Vorschulkinder offenbar die Konstruktion geschlossener Konfigurationen.

5.3   Räumliche Fähigkeiten und der Erwerb arithmetischer Konzepte im Grundschulalter

5.3.1   Komponenten räumlicher Fähigkeiten

Unter dem weitreichenden Begriff der räumlichen Fähigkeiten lässt sich im Kern neben der Fähigkeit zur Wahrnehmung auch die Fähigkeit zur Raumvorstellung subsummieren. Die vermeintliche Grenze zwischen diesen Fähigkeitsbereichen ist allerdings als fließend anzusehen zumal an Wahrnehmungsprozessen zumeist auch gedankliche (Vorstellungs-) Leistungen beteiligt sind. Die Fähigkeit zur Raumvorstellung wird seit geraumer Zeit als Konstrukt angesehen, dass sich in verschiedene Teilbereiche differenzieren lässt. Bereits Spearman (1904, 1927) wies darauf hin, dass sich innerhalb der menschlichen Intelligenz ein besonderer Bereich s (specific factor) ausweisen lasse, der von McFarlane (1925) als non-verbaler Faktor der Intelligenz spezifiziert und als practical ability bezeichnet wurde. Spätere Arbeiten von Thurstone (1938; 1944; 1950), die in einer Re-Analyse von Lohman (1979) weitgehend Bestätigung fanden, unterscheiden zwischen drei Bereichen der Raumvorstellung: Der Bereich Räumliche Beziehungen (S1) beinhaltet das Erfassen und Vorstellen intern statischer Beziehungen in ebenen Figuren oder räumlichen Objekten, in ebenen Konfigurationen oder in Gruppierungen von Objekten sowie die Fähigkeit, diese in sich starren Arrangements in der Vorstellung gedanklich bewegen zu können[44]. Der Bereich Räumliche Veranschaulichung (entsprechend dem von Thurstone ausgewiesenen Faktor S2) umfasst das gedankliche Vorstellen von räumlichen Veränderungen (Verschieben, Zerlegen, Falten, Vergrößern, Rotieren,...), die innerhalb eines ebenen oder räumlichen Arrangements stattfinden und damit eine intern dynamische Komponente aufweisen. Da hier Elemente einer räumlichen Situation entfernt, hinzugefügt, gedreht oder anderweitig in ihren räumlichen Beziehungen zu anderen Elementen verändert werden, handelt es sich zumeist um ausgesprochen komplexe, mehrschrittige Prozesse, die auch Teilelemente der Fähigkeitsbereiche Räumliche Beziehungen oder Räumliche Orientierung aufweisen können (vgl. Lohman, 1979). Letztgenannter Bereich (Faktor S3 nach Thurstone) spricht schließlich die Fähigkeit an, sich räumliche Situationen vorzustellen, in denen man selbst Teil der (vorgestellten) Situation ist (vgl. ausführlicher Franke & Reinhold, i. V.).

Aus der Perspektive der geometriedidaktischen Praxis der Grundschule erscheint es mitunter schwierig, diese oder vergleichbare Differenzierungen zu berücksichtigen (vgl. auch die Differenzierung in fünf Komponenten nach Maier, 1999). Dies lässt sich u. a. darauf zurückführen, dass die angesprochenen Bereiche zwar theoretisch differenzierbar sind, praktisch aber oft ineinander greifen und individuelle kognitive Strategien in der

---

[44] Der von Linn & Petersen (1985, 1986) ausgewiesene Bereich Mentale Rotation lässt sich als ein möglicher Denkprozess bei der Bearbeitung von Aufgaben aus diesem Bereich verstehen und damit i. w. S. dem Faktor Räumliche Beziehungen zuordnen.

Bearbeitung einer Raumvorstellungsanforderung aber auch bei jungen Kindern bereits ein breites Spektrum einnehmen können (vgl. dazu u. a. Grüßing, 2002; Reinhold, 2007; Ruwisch & Lüthje, 2013). Vor- und Grundschulkinder nutzen demnach zur Bearbeitung von Raumvorstellungsaufgaben vielfältige interindividuell unterschiedliche Zugänge. Diese können in vergleichbarer Weise auch in Zusammenhängen erwartet werden, in denen geometrische und arithmetische Anforderungen zusammentreffen.

5.3.2 Räumliche Fähigkeiten im Arithmetikunterricht der Grundschule

Im Arithmetikunterricht der Grundschule werden verbreitet konkrete Arbeitsmittel oder bildliche Veranschaulichungen eingesetzt. Konkrete Handlungen an solchen Materialien oder Veranschaulichungen mit räumlich-geometrischen Eigenschaften sollen dazu beitragen das Zahl- und Operationsverständnis von Kindern zu fundieren. Ziel ist es, über diese Handlungen (im Sinne Piagets) mentale Repräsentationen auszubilden, die auch losgelöst vom konkret zur Verfügung stehenden Material mental manipuliert werden können (vgl. z.B. Radatz, 1990; Lorenz, 1992; 2011; Schipper, 2011). Dazu müssen in die externen Repräsentationen vom Kind aktiv Strukturen hineingedeutet werden (vgl. Söbbeke, 2005). Dies schließt ein, dass die räumlichen Eigenschaften der externen Repräsentation zunächst visuell (und ggf. haptisch) zu erfassen sind. Im Zuge konkreter Handlungen und Manipulationen der Arbeitsmittel oder Veranschaulichungen kann aktiv eine Beziehung zu den repräsentierten arithmetischen Strukturen hergestellt und auf kognitiver Ebene reflektiert werden: *„Die Handlung wird von der Tischplatte in den Kopf verlegt, dort muss sie stattfinden."* (Lorenz, 2011, 42; Hervorhebung i. O.) Mit der Bewältigung dieser anspruchsvollen Anforderung gehen Prozesse des mentalen visuellen Operierens einher, die Hess (2012, 137) zufolge ein „aktives Sehen, Anordnen, Gestalten, Verändern, Kombinieren, Aufteilen, Vergleichen und Probieren" beinhalten. Entsprechend lässt sich auch die Durchführung von Rechenoperationen als „Bewegung in diesem Vorstellungsraum" (Lorenz, 2007, 14) verstehen. Die Fähigkeit zum Vorstellen im Sinne der Raumvorstellungskomponente *Räumliche Beziehungen* und die Fähigkeit zum gedanklichen Manipulieren räumlicher Situationen (im Sinne der Raumvorstellungskomponente *Räumliche Veranschaulichung*) werden also nicht nur in der Auseinandersetzung mit geometrischen Inhalten angesprochen sondern spielen darüber hinaus eine tragende Rolle beim Erwerb arithmetischer Konzepte im Elementar- und Primarbereich. So werden Störungen im Bereich der visuellen Wahrnehmung und Vorstellung auch als eine mögliche Ursache für Schwierigkeiten beim Rechnenlernen angesehen (z. B. Lorenz, 1992; 1994; Schulz, 1999; Kajda, 2010).

Für die mathematikdidaktische Forschung ergibt sich vor diesem Hintergrund die Notwendigkeit, Zusammenhänge zwischen räumlich-visuellen und arithmetischen Kompetenzen im Detail zu untersuchen, um auf der Basis dieser Grundlagenforschung zum Zusammenhang von arithmetischen und räumlich-geometrischen Vorstellungen Konsequenzen für die Gestaltung der mathematischen Frühförderung und der Gestaltung des Mathematikunterrichts in der Grundschule aufzeigen zu können. Diesem Kontext verbundene jüngere Studien widmen sich vielfach der Fähigkeit zur Mustererkennung und

Strukturierungsfähigkeit (z.B. Söbbeke, 2005; Deutscher, 2012; Lüken, 2012), die als all-gemeine, arithmetische und geometrische Aspekte umspannende kognitive Fähigkeit er-achtet wird (Mulligan & Mitchelmore, 2009). Entsprechend werden auch unter der in den Bildungsstandards (KMK, 2005) ausgewiesenen Leitidee *Muster und Strukturen* sowohl arithmetische als auch geometrische Inhalte angesprochen, womit sich ein besonderer Zu-sammenhang zwischen der Ausbildung arithmetischer und geometrischer Konzepte bei Kindern im Vor- und Grundschulalter andeutet.

Exemplarisch sei im Hinblick auf diese im Detail zu untersuchenden Zusammenhänge darauf verwiesen, dass räumliche Strukturierungsprozesse geometrischer Arrangements vielfach sowohl numerische Aspekte als auch räumliche Gesichtspunkte bei der Identi-fikation der Relationen zwischen den konstitutiven Komponenten einer Konfigurati-on umfassen (vgl. Battista & Clements, 1996; Merschmeyer-Brüwer, 2001). Individuelle Vorgehensweisen von Kindern bei der **Bestimmung der Anzahl von Einzelwürfeln** in einem Würfelbauwerk reichen von einer unstrukturierten Organisation der Anzahlerfas-sung oder einer starken Orientierung an Seitenflächen hin zu elaborierteren Strategien, die beispielsweise eine Organisation in Zeilen, Spalten oder Schichten beinhaltet (vgl. Campbell, Watson & Collis, 1992; Battista & Clements, 1996). Diese mental ablaufenden Strukturierungsprozesse finden u.a. auch Ausdruck in konkret-konstruktiven Artikulati-onen, die Kinder anhand von konvexen Anordnungen aus mehreren Bausteinen erstellen (vgl. Merschmeyer-Brüwer, 2001; 2009). Zudem liegt offensichtlich ein enger Zusammen-hang zwischen solchen konkreten oder vorgestellten Zerlegungen räumlicher Anordnun-gen und der **Entwicklung eines Verständnisses für die Teil-Ganzes-Beziehung** vor (vgl. Beutler, 2013b). Ein Verständnis für die Teil-Ganzes-Beziehung wiederum ist als bedeut-sames Element in der Entwicklung arithmetischer Konzepte eines Kindes anzusehen (Fritz & Ricken, 2005). Naheliegend ist diesbezüglich, dass Spiel- und Lernumgebungen, in de-nen die Höhe von Würfeltürmen verglichen oder variiert wird, neben einer Förderung des Verständnisses für die mit dem Teil-Ganzes-Konzept verbundenen assoziativen Beziehun-gen auch die Vorstellung für das gegensinnige Verändern von zwei Summanden fundieren (vgl. praktische Erkundungen von London & Tubach, 2013).

Verdopplungen können sowohl als Ergebnis einer Multiplikation (mit dem Faktor 2) sowie als Addition von zwei gleichen Summanden angesehen werden (Rottmann, 2006, 77ff). Aktivitäten mit dem Spiegel wie etwa die Verdopplung einer Plättchenmenge, die vor einem aufrecht stehenden Spiegel abgelegt wird, stellen bereits im 1. Schuljahr ein gän-giges Aufgabenformat dar, bei dem „eine *geometrische* Verkörperung der *arithmetischen* Operation des Verdoppelns" (Wittmann & Müller, 1994, 94; Hervorhebung i. O.) gegeben ist. Neben Achsenspiegelungen ebener Figuren bieten Ebenenspiegelungen von Würfel-bauwerken an einer vertikal ausgerichteten Spiegelfläche vergleichbare Gelegenheiten zur Ausbildung eines räumlichen Symmetrieverständnisses sowie zur Förderung der Struktu-rierungsfähigkeit (vgl. Merschmeyer-Brüwer, 2009). Auch die Einsicht in die **Kommuta-tivität von Addition** bzw. **Multiplikation** wird im Arithmetikunterricht der Grundschule mit gespiegelten oder gedrehten geometrischen Darstellungen und den entsprechenden Bewegungsvorstellungen verbunden: Multiplikationsaufgaben etwa werden vielfach an ro-tierten Punkte- oder Rechteckfeldern veranschaulicht (vgl. Reinhold, 2007, 209). Lorenz & Radatz (1993, 37ff) weisen diesbezüglich darauf hin, dass sich mögliche Früherkennungsmomente für Schwierigkeiten beim Erwerb arithmetischer Konzepte in Beobachtungssituationen ergeben, in denen Kinder Konstruktionsaufgaben mit Würfeln bearbeiten oder gedanklich Objekte drehen müssen.

5.4 „Ziele und Visionen 2020": Intentionen des Projekts (Y)CUBES

Das Projekt *(Y)CUBES: (Young) Children Using Blocks to Express Spatial Strategies* widmet sich vor diesem an dieser Stelle nur angerissenen Hintergrund der übergeordneten Frage, inwiefern individuelle Vorgehensweisen bei der Erstellung konkreter Konstruktionen mit den räumlichen Vorstellungen von fünf- bis zehnjährigen Vor- und Grundschulkindern und ihrer Fähigkeit zum mentalen visuellen Operieren korrespondieren. Ein Schwerpunkt liegt dabei auf der Analyse mentaler visueller Operationen, die zur Bewältigung arithmetischer Anforderungen eingesetzt werden. Verschiedene Forschungsstränge der Grundschulmathematikdidaktik vereinend ergeben sich daher die folgenden Leitfragen:

- Welche Strategien des Konstruierens zeigen Vor- und Grundschulkinder beim konkreten (Nach)Bauen dreidimensionaler (Würfel-)Bauwerke?

- Welche Rückschlüsse lassen die beobachteten Konstruktionsaktivitäten auf die kindlichen Fähigkeiten zum Vorstellen räumlicher Beziehungen und zum Vorstellen von Veränderungen räumlicher Beziehungen zu?

- Inwiefern geht die Fähigkeit der Kinder zum mentalen visuellen Operieren über das in den konkreten Konstruktionen Artikulierte hinaus?

- In welchem Zusammenhang stehen die beobachteten Baustrategien zu arithmetischen Konzepten, die die Kinder beispielsweise während der Bearbeitung von Aufgaben zur Anzahlbestimmung bei der

  - Verdopplung/Halbierung von Anzahlen,

  - beim Vervielfachen bzw. multiplikativen Zerlegen oder

  - zum Vertauschen von Summanden/Faktoren zeigen?

Von 2012 bis Ende 2013 wurden zur Bearbeitung des umrissenen Forschungsfeldes verschiedene, zunächst eher explorativ angelegte Teilstudien initiiert. Diese fügen sich in einen übergeordneten Rahmen ein, der in Tab. 5.1 überblicksartig aufgezeigt wird und sich auf die Arbeit mit Kindern im Vorschulalter (4 bis 6-jährige Kinder) sowie auf Grundschulkinder (Schulanfänger, Kinder am Ende des 2. Schuljahres, Kinder am Ende des 4. Schuljahres) bezieht. Arithmetische Konzepte wie etwa die Strategien der Anzahlbestimmung oder zur Verdopplung bzw. Halbierung von Anzahlen werden dabei zunächst in Verbindung mit Würfelkonstruktionsaufgaben gebracht, die (a) eine Rekonstruktion von Würfelbauwerken beinhalten, (b) Umstrukturierungen in der Rekonstruktion erwarten oder (c) eine Rekonstruktion gespiegelter Würfelbauwerke beinhalten. Hinzu kommen Aufgaben, in denen die Kinder (d) Rekonstruktionen gedrehter Würfelbauwerke vornehmen.

Die in Tab. 5.1 eingefügten ausgefüllten Kreise geben eine erste Übersicht zu den bis Ende 2013 bereits bearbeiteten Schwerpunkten innerhalb des Projekts. Geplante Teilprojekte, deren Bearbeitung zu diesem Zeitpunkt noch aussteht, sind mit unausgefüllten Kreisen gekennzeichnet. Die in Tab. 5.1 mit einem Sternchen (*) gekennzeichnet Teilstudien sind gleichzeitig Bestandteil eines umfassenderen Dissertationsprojekts, das sich auf Vorarbeiten von Merschmeyer-Brüwer (2001) stützt und Zusammenhänge von Fähigkeiten zur räumlichen Strukturierung und der Zahlbegriffsentwicklung von Vorschulkindern untersucht (vgl. Beutler, 2012; 2013a; 2013b).

Tab. 5.1 Übersicht der gegenwärtigen Teilstudienbereiche im Projekt (Y)CUBES

teilnehmende Kinder / Arithmetische Konzepte in Verbindung mit…	Vorschulkinder	Schulanfänger	Kinder Ende Klasse 2	Kinder Ende Klasse 4
Rekonstruktionen von Würfelbauwerken	* ●●●	○○○	○○○	●○○
Rekonstruktionen mit Umstrukturierung	* ●			
Rekonstruktionen gespiegelter Würfelbauwerke	●○○	○○○	○○○	○○○
Rekonstruktionen gedrehter Würfelbauwerke	●○○	●○○	●○○	●○○

An den Teilstudien des Projekts nahmen bis Ende 2013 etwa 50 Vor- und Grundschulkinder teil, die u. a. im Rahmen von Kooperationen mit Kindergärten und Grundschulklassen in den Regionen um Hannover und Braunschweig zur Teilnahme gebeten wurden. Mit allen Kindern in den abgeschlossenen und geplanten Teilprojekten werden halbstandardisierte klinische Interviews durchgeführt, auf Video aufgezeichnet, weitgehend transkribiert und für die Auswertung mit Screenshots vom Baufortschritt der Kinder angereichert (vgl. auch Reinhold et al., 2013). Ausgehend von einer gemeinsamen theoretischen Rahmung beschreiten die einzelnen, vielfach von Studierenden des Masterstudiengangs „Master of Education (Schwerpunkt Lehramt an Grundschulen)" angefertigten explorativen Teilstudien in der Regel eigene Wege in der Ausgestaltung der Interviewleitfäden. Regelmäßige Zusammenkünfte der an den Teilstudien Beteiligten in der Phase der kodierenden Analysen, die z. T. durch qualitative Datenauswertungssoftware (ATLAS.ti) unterstützt wird, gewährleisten, dass Interpretationen konsensuell validiert werden können.

Die Arbeit in der gegenwärtigen Initialisierungsphase des Projekts setzt zunächst einen Schwerpunkt darauf, ein empirisch begründetes Modell zur Charakterisierung kindlicher Baustrategien bei der Erstellung von Würfelbauwerken in konstruktiven Arbeitsumgebungen zu validieren. Unter einer konstruktiven Arbeitsumgebung sind dabei solche Untersuchungssituationen zu verstehen, in denen die aktiv beteiligten Kinder eigenhändig konkrete Bauwerke erstellen. Die dabei eingesetzten Variationen umfassen beispielsweise die Rekonstruktion der eingangs bereits angesprochenen Fröbel´ schen Würfelkonfigurationen (zu a), Rekonstruktionen farblich determinierter Würfelarrangements (zu a), Rekonstruktionen von Würfelbauwerken auf einer Spiegelfläche (zu c) oder Rekonstruktionen von Bauteilen des Soma-Würfels in räumlich gedrehter Lage (zu d). So beinhaltet eines der Settings die Anforderung, vorgegebene konkrete Würfelfonfigurationen auf einer Spiegelfläche so zu rekonstruieren, dass das auf der Spiegelfläche erstellte Bauwerk zusammen mit seinem horizontalen Spiegelbild dieser Vorgabe entspricht. Die spiegelbildliche Verdopplung des Gelegten verschmilzt dabei zu einem aus Bauwerk und Spiegelbild bestehenden Gesamtgefüge, das mit der Bauvorlage abzugleichen ist. Die Bauvorlagen werden vielfach als mehrschichtige Varianten bekannter Fröbel´ scher Würfelfonfigurationen angeboten und müssen dementsprechend zur Rekonstruktion horizontal halbiert werden (vgl. Abb. 5.1).

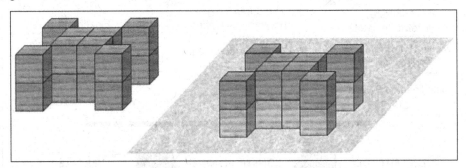

Abb. 5.1 Rekonstruktion einer variierten (im Projekt (Y)CUBES zweischichtigen) Fröbel´schen „Schönheitsform" (links) auf einer (hier rechts hellgrau dargestellten) Spiegelfläche

Der Fokus des vorliegenden Beitrags liegt zunächst vorwiegend auf den geometrisch-konstruktiven Strategien der beteiligten Kinder in den umrissenen Settings. Ausgehend von Beobachtungen und Beschreibungen von Details der Baustrategien auf einer deskriptiven Ebene werden interpretativ Rückschlüsse auf die Ausbildung der bei den Kindern vorliegenden geometrischen Vorstellungen und ihrer Fähigkeit zum mentalen visuellen Operieren gezogen. Raumvorstellung wird dabei insofern angesprochen als dass mentale Strukturierungen im Sinne von gedanklichen Zerlegungen einer Anordnung in konstituierende Einheiten vorgenommen, räumliche Relationen dieser Einheiten zueinander erkannt bzw. im Hinblick auf das Gesamtgefüge in der Vorstellung berücksichtigt werden müssen und auch vorgestellte Bewegungen (von Einheiten oder des Gesamtgefüges) eine Rolle spielen können.

5.5 Einblicke in erste Ergebnisse aus dem Projekt (Y)CUBES

5.5.1 Ein Modell zur Charakterisierung von Baustrategien

Basierend auf einer Studie zu Strategien von Grundschulkindern bei der mentalen Rotation von Würfelkonfigurationen in einer konstruktiven Arbeitsumgebung (Reinhold, 2007) und ersten qualitativen Analysen von Konstruktionsstrategien von Vorschulkindern in Vorstudien entstand ein vorrangig deskriptiv ausgerichtetes Komponentenmodell zur

Charakterisierung kindlicher Konstruktionsstrategien (Abb. 5.2). Dieses im Sinne empirisch begründeter Theoriebildung entwickelte Modell ist zunächst auf Aufgabenbearbeitungen zur (Re-)Konstruktion von Würfelkonfigurationen in den in Tab. 5.1 angedeuteten Variationen ausgelegt und wird im Projekt genutzt, um die bei den Kindern beobachteten Baustrategien anhand verschiedener Komponenten detailliert zu erfassen. Im Voranschreiten der Projektarbeit wird es fortschreitender Validierung unterzogen, durchläuft also kontinuierlich Phasen der Veränderung und Erweiterung, die durch neuerlich gewonnene empirische Befunde sinnvoll erscheinen.

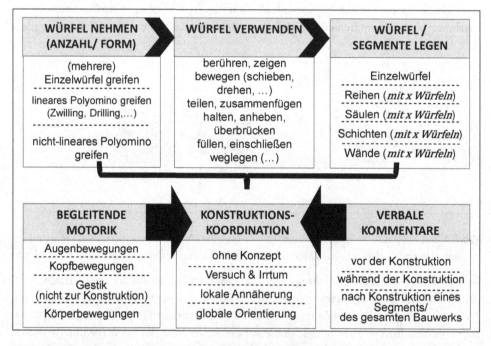

Abb. 5.2 Charakteristische Elemente von Konstruktionsstrategien

Sechs Komponenten, deren Ausprägungen auf unterschiedliche Weise die individuellen Baustrategien der Kinder prägen, konstituieren das Analyseinstrument zur Charakterisierung kindlicher Konstruktionsstrategien im Projekt *(Y)CUBES*: Qualitative Beschreibungen der Art des Zugriffs auf die Würfel (WÜRFEL NEHMEN) berühren Vorgehensweisen, in denen unterschieden wird zwischen einem Zugriff auf (mehrere) einzelne Würfel und einem ersten Zugriff auf (lineare bzw. nicht-lineare) Polyominos. Diese stehen in einzelnen Teilstudien als verleimte Mehrlinge zur Verfügung, werden in anderen Fällen aber auch von den Kindern aus angebotenen Einzelwürfeln heraus im Moment des Zugreifens selbst gebildet. Der Aspekt WÜRFEL VERWENDEN umfasst Deutungen jedweder intentionaler Aktivität des Kindes im Umgang mit dem gegriffenen Material (teilen, überbrücken usw.). Angesprochen sind hier Handlungen, die vor der eigentlichen Ablage des Gegriffenen erfolgen (WÜRFEL/SEGMENTE LEGEN). Diese Ablage einzelner Würfel oder zuvor definierter Segmente der Konfiguration fokussiert auf das Bauprodukt bzw. auf Zwischenschritte der Konstruktion und erfolgt vielfach in linearen, liegenden Würfelreihen (bestehend aus einer Anzahl x von Einzelwürfeln), aufrecht stehenden Würfelsäulen, horizontalen Schichten oder vertikalen „Würfelwänden". Parallel erfolgende motorische Aktivitäten werden in der Kategorie BEGLEITENDE MOTORIK erfasst und sprechen beispielsweise Augenbewegungen oder länger andauernde Fixationen von Vorlage bzw. eigener Konstruktion an. Auch Körperbewegungen wie Kopf-, Hand- oder Fingerbewegungen, die nicht als enaktiver Bestandteil der Konstruktionsanfertigung an sich angesehen werden können, oder VERBALE KOMMENTARE (vor, während bzw. nach einzelnen Konstruktionsschritten) bieten ergänzende Hinweise auf die Qualität der KONSTRUKTIONSKOORDINATION.

Eine KONSTRUKTIONSKOORDINATION „ohne Konzept" wird angenommen in Situationen, in denen beim Kind keinerlei Strategieansätze zur planvollen Zusammenfügung der eigenen Konstruktion erkennbar sind. Kennzeichnend dafür ist vielfach, dass das Kind ohne jegliche Anzeichen für eine Vorstellung vom Zielobjekt bzw. von Teilschritten, die zur Erstellung des Zielobjektes führen könnten, agiert. Die KONSTRUKTIONSKOORDINATION ist auf der Ebene „Versuch und Irrtum" anzusiedeln, wenn erkennbar ist, dass dem Kind ein globales Antizipieren der Bauaktivitäten verwehrt bleibt. Relativ wahllos werden dabei Würfel gegriffen und abgelegt, bevor anschließend geprüft wird, ob die Positionierung zielführend gewesen ist. Ähnlich einer lokalen Annäherung werden dabei gelegentlich auch sukzessiv aufkeimende Hypothesen geprüft und nur in seltenen Fällen kommt es zu reinem „blinden" Probieren (vgl. dazu auch Edelmann & Wittmann, 2012, 181). Eine „lokale Annäherung" bei der KONSTRUKTIONSKOORDINATION zeichnet sich dadurch aus, dass den Kindern bereits in Teilen eine mentale Repräsentation des Zielbauwerks glückt, sie also Strukturelemente und räumliche Relationen innerhalb des Zielbauwerks antizipieren. Dabei gelingt in Bezug auf Teile des Gesamtgefüges eine erfolgreiche Rekonstruktion. Die vollständige Rekonstruktion gelingt jedoch entweder zufällig oder scheitert daran, dass das Kind nicht in der Lage ist sämtliche für die Konstruktion relevanten räumlichen Bezüge aufeinander bezogen zu berücksichtigen (vgl. dazu auch Reinhold, 2007, 480ff). Eine „globale Orientierung" in der KONSTUKTIONSKOORDINATION wie sie bereits von McFarlane (1925, 27) beschrieben wird, ist dort erkennbar, wo die Kinder sämtliche der zu berücksichtigenden räumlichen Strukturen und Relationen in einem adäquaten mentalen Modell integrieren und ihre Konstruktion anhand dieses „globalen Plans" umsetzen. Angemerkt sei dazu auch, dass sich naturgemäß nicht in allen Situationen zweifelsfrei entscheiden lässt, in welcher Qualität die KONSTRUKTIONSKOORDINATION in der jeweiligen Situation vorliegt, zumal sich in Einzelsituationen immer wieder auch Mischformen der einzelnen Dimensionen zeigen.

5.5.2 Validierung und Erweiterung des Modells durch Teilstudien im Projekt (Y)CUBES

Erste Ergebnisse aus Teilstudien[45] deuten darauf hin, dass beispielsweise die Konstruktionsstrategien beim Nachbau Fröbel'scher Würfelarrangements (sog. „Lebens-" bzw.

---

[45] Ein besonderer Dank gilt an dieser Stelle Jennifer Jensen, Antje Plog, Anja Strohbach und Constanze Wiedenbach, die im Rahmen ihrer Masterarbeiten im IDME der TU Braunschweig aktiv an der Datenerhebung und –auswertung verschiedener Teilstudien beteiligt waren.

„Schönheitsformen") inter- und intraindividuelle Unterschiede aufweisen, die sich mit dem in Abb. 5.2 dargestellten Modell fundiert erfassen lassen. Offenkundige Fehler in den Rekonstruktionen der beteiligten Vorschulkinder sind eher selten. In Abhängigkeit vom Repräsentationsmodus der Vorlage (u. a. Bauen nach Zeichnung vs. Bauen nach konkret vorliegendem Würfelarrangement) beruhen die räumlichen Strukturierungen bei der Rekonstruktion nach einer Zeichnung aber vielfach auf deutlich kleineren Einheiten als beim Nachbau nach konkreten Vorlagen und die Vorgehensweisen können häufig eher als lokale Annäherungen verstanden werden.

Gezielte Impulse (enaktiver, ikonischer oder symbolischer Art) wirken sich offenbar signifikant auf die Qualität der eingesetzten Baustrategien bei der Rekonstruktion eines an den Außenflächen eingefärbten 3x3x3-Würfels (nach McFarlane, 1925) aus. Sowohl Aspekte der Baustrategiekomponente WÜRFEL NEHMEN als auch die KONSTRUKTIONSKOORDINATION profitieren von enaktiven Impulsen wie dem Herausheben eines Einzelwürfels oder einer Stange aus dem bereits erstellten Teilbauwerk oder verbalen Impulsen des Interviewenden (z. B. Wiederholung von Teilen des Arbeitsauftrags). Zudem ergibt sich durch die Arbeit mit farblich determinierten Einzelwürfeln eine Erweiterung des vorliegenden Modells durch eine Unterscheidung hinsichtlich der „Strategierichtung" in der Kategorie WÜRFEL NEHMEN: Unterschieden werden kann hier zwischen Strategien, innerhalb derer die Kinder einen passenden Würfel für einen bestimmten Platz im Zielbauwerk suchen, und anderen Vorgehensweisen, in denen ein Platz für einen bestimmten Würfel gesucht wird.

Typische Konstruktions**ergebnisse** aus dem Nachbau der variierten Fröbel'schen Schönheitsform aus Abb. 5.1 zeigen Ausschnitte aus der Arbeit mit Kindern eines Schulkindergartens (Abb. 5.3). Während die Anzahlerfassung und Halbierung der zu verwendenden Würfelzahl für die eigene Konstruktion in einigen Beispielen (Abb. 5.3, links und in der Mitte) gelingt, bleibt die Verdopplung durch die horizontale Spiegelfläche bei anderen Kindern (Abb. 5.3, rechts) unberücksichtigt. Räumliche Aspekte wie die orthogonale Ausrichtung aller Teilstrukturen innerhalb der symmetrischen Anordnung oder die Berührung von Kanten verschiedener Segmente werden demgegenüber in den erstgenannten Rekonstruktionen vernachlässigt.

Abb. 5.3 Typische Ergebnisse aus der Rekonstruktion variierter Fröbel'scher Schönheitsformen auf einer horizontal liegenden Spiegelfläche

Abschnitte aus den Konstruktions**prozessen**, die zu diesen und ähnlichen Bauergebnissen führen, lassen sich detailliert mit dem vorliegenden Modell zu Elementen von Konstruktionsstrategien erfassen (Abb. 5.2). Bauabschnitte definierten sich hier durch ein deutliches Innehalten des Kindes bzw. durch eine offenkundige Akzentverlagerung innerhalb der beobachteten Bauaktivitäten. So wurden beispielsweise im Zuge eines Konstruktionsprozesses, der schließlich zu einem Abb. 5.3 (Mitte) entsprechenden Bauergebnis führte, vom Kind zunächst lediglich einzelne Würfel verwendet, bevor es im weiteren Verlauf verstärkt auch zu Würfelmehrlingen, d. h. zu größeren Struktureinheiten griff, um lokal Elemente der Konfiguration konstruktiv zu realisieren (Abb. 5.4). Letztlich beeinflusst die damit initialisierte Orientierung an einer Schicht im weiteren Verlauf eine Korrektur des Bauwerks (Entfernen einzelner Würfel auf den vorab erstellten „Säulen" in nachfolgenden Bauabschnitten).

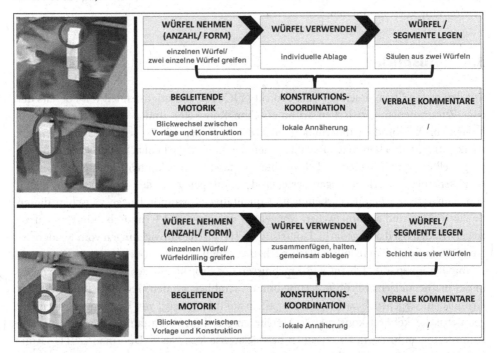

Abb. 5.4 Abschnitte aus dem Konstruktionsprozess zu einem Bauergebnis aus Abb. 5.3 (Mitte) und Kodierung der Aktivitäten mit dem Modell zur Charakterisierung von Konstruktionsstrategien

Ergebnisse einer weiteren Teilstudie zum Zusammenhang zwischen konstruktiven Strategien und Strategien der räumlichen Strukturierung zur Anzahlbestimmung in Würfelbauwerken verweisen ebenfalls auf eine bemerkenswerte Bandbreite in den konstruktiven Vorgehensweisen von Vorschulkindern (Reinhold et al., 2013). Ergänzend zu dem in Abb. 5.2 vorgestellten Instrument zur Charakterisierung von Baustrategien wurde dabei ein weiteres Modell zu räumlichen Strukturierungsstrategien und Strategien der Anzahlbestimmung in die Analyse einbezogen (vgl. Beutler, 2013b). Die Rekonstruktion vorgegebener Würfelbauwerke beginnt hier oft mit einer frontal vollständig sichtbaren „Wand" des Würfelbauwerks, wie dies in ähnlicher Weise auch von Koops & Sorger (1980, 167) für Würfelkonstruktionen anhand von Zeichnungen beschrieben wird, und bereitet den meisten Kindern keinerlei Probleme. Bei den beobachteten Zählprozessen kommt es hingegen vielfach zu Schwierigkeiten im Bereich der Strukturierungskomplexität: Einheiten, die den Strukturierungsprozess leiten, umfassen vielfach lediglich die sichtbaren Flächen eines Bauwerks. Diese Orientierung an Flächen führt zu Doppelzählungen einzelner Würfel. Konkrete Rekonstruktionen eines Würfelbauwerks tragen den vorliegenden Ergebnissen zufolge dazu bei, die Struktur eines Würfelbauwerks zu erfassen und effektiv für die Anzahlbestimmung zu nutzen. Dies zeigt sich einerseits in leicht erfolgreicheren Versuchen der Anzahlbestimmung nach einer konkreten Rekonstruktion. Andererseits wird durch die parallele Analyse der verwendeten Baustrategien deutlich, dass sich die eingesetzten Baustrategien offenbar in entscheidendem Maß qualitativ auf eine Veränderung der Zählstrategie nach der konkreten Rekonstruktion niederschlagen, da Facetten der Baustrategien in einem erneuten Zählversuch stärker mit der räumlichen Strukturierung zur Anzahlbestimmung korrespondieren.

5.6   Ausblick

Mit den ersten Ergebnissen aus dem Projekt *(Y)CUBES* bestätigt sich teilweise bereits der enge Zusammenhang zwischen arithmetischen Konzepten und geometrischen Vorstellungen von Vor- und Grundschulkindern. Mental ablaufende Prozesse finden dabei eine Artikulation in den konkreten Bauaktivitäten der Kinder, die beobachtet und mit Hilfe des vorgestellten Komponentenmodells qualitativ erfasst werden können. Anknüpfend an die umrissenen ersten Erkundungen bestehen die künftigen Ziele des Projekts darin, Typen von Baustrategien herauszuarbeiten und qualitative Korrespondenzen zwischen diesen Bauaktivitäten und arithmetischen Konzepten von Vor- und Grundschulkindern aufzuzeigen. Zudem ist daran gedacht, langfristig auch typische Entwicklungen vom Kindergarten bis zum Ende der Grundschulzeit nachzuzeichnen.

Implikationen, die sich aus den Ergebnissen des Projekts für geometrische Aktivitäten in der mathematischen Frühförderung und im Hinblick auf den Geometrieunterricht der Grundschule ergeben, beziehen sich vor allem auf den Entwurf von Lernumgebungen, die geometrische, konkret-konstruktive Aktivitäten gezielt in Verbindung mit arithmetischen Anforderungen bringen. So erproben beispielsweise Van Nes & Doorman (2011) Gruppenaktivitäten mit Vorschulkindern, in denen Vorschläge zur Strukturierung und Anzahlbestimmung diskutiert werden. In diesem Sinne stellen auch zahlreiche der im Projekt *(Y)CUBES* entworfenen Aufgabenstellungen gleichsam konkrete Anregungen für die Ausgestaltung geometrisch-arithmetischer Aktivitäten im Vor- und Grundschulbereich dar (vgl. z. B. Reinhold et al., 2013). Möglichkeiten zur Implementierung dieser Angebote in der Praxis und Untersuchungen zu ihrer Wirkung auf die Ausbildung geometrischer und arithmetischer Grundvorstellungen werden in nachfolgenden Schritten zu untersuchen sein.

5.7   Literatur

[102] Battista, M. T. & Clements, D. H. (1996). Students' understanding of three-dimensional rectangular arrays of cubes. *Journal for Research in Mathematics Education*, 27(3), 258-292.

[103] Beutler, B. (2012). „Das ist das gleiche, nur anders." – Vorschulkinder erkennen geometrische und arithmetische Beziehungen beim Umstrukturieren von Flächen und Bauwerken. In: M. Ludwig & M. Kleine (Hrsg.*)*, *Beiträge zum Mathematikunterricht 2012* (S. 125-128). Münster: WTM.

[104] Beutler, B. (2013a). Konkrete Würfelbauwerke vs. Schrägbilder von Würfelbauwerke - Schwierigkeiten beim Anzahlerfassen und Strukturieren. In: In: G. Greefrath, F. Käpnick & M. Stein (Hrsg.), *Beiträge zum Mathematikunterricht 2013* (S. 140-143). Münster: WTM.

[105] Beutler, B. (2013b). Zerlegen und Zusammensetzen: Fähigkeiten von Vorschulkindern beim Umstrukturieren von Bauwerken unter Berücksichtigung der Teil-Ganzes-Beziehungen. *mathematica didactica* 36, 221-250.

[106] Blochmann, E.; Geißler, G.; Nohl, H. & Weniger, E. (Hrsg.) (1962a). *Fröbels Theorie des Spiels II: Die Kugel und der Würfel als zweites Spielzeug des Kindes.* Weinheim: Beltz (Kleine pädagogische Texte, Heft 16), 2. Auflage.

[107] Blochmann, E.; Geißler, G.; Nohl, H. & Weniger, E. (Hrsg.) (1962b*)*. *Fröbels Theorie des Spiels III: Aufsätze zur dritten Gabe, dem einmal in jede Raumrichtung geteilten Würfel.* Weinheim: Beltz (Kleine pädagogische Texte, Heft 21), 3. Auflage.

[108] Blochmann, E.; Geißler, G.; Nohl, H. & Weniger, E. (Hrsg.) (1963). *Fröbels Theorie des Spiels I: Der Ball als erstes Spielzeug des Kindes.* Weinheim: Beltz (Kleine pädagogische Texte, Heft 4), 3. Auflage.

[109] Campbell, K. J.; Watson, J. M. & Collis, K. F. (1992). Volume measurement and intellectual development. *Journal of Structural Learning*, 11(3), 279-298.

[110] Deutscher, Th. (2012): *Arithmetische und geometrische Fähigkeiten von Schulanfängern. Eine empirische Untersuchung unter besonderer Berücksichtigung des Bereichs Muster und Strukturen.* Wiesbaden: Vieweg.

[111] Edelmann, W. & Wittmann, S. (2012). *Lernpsychologie.* Weinheim: Beltz (7. Auflage).

[112] Eichler, K. P. (2004). Geometrische Vorerfahrungen von Schulanfängern. *Praxis Grundschule*, 2/04, 12-16.

[113] Eichler, K. P. (2012): Würfelbauwerke im Anfangsunterricht. *Mathematik differenziert*, Heft 2/2012, 16-19.

[114] Elkin, C. M. (1984). The implications for teachers of the thinking children employ during block play. *An International Journal of Research and Development*, 4(2), 26-37.

[115] Franke, M. & Reinhold, S. (i. V.). *Didaktik der Geometrie in der Grundschule.* Heidelberg: Springer-Spektrum.

[116] Freeman, N.H. (1980). *Strategies of representation in young children: analysis of spatial skill and drawing processes.* London: Academic Press.

[117] Fritz, A. & Ricken, G. (2005). Früherkennung von Kindern mit Schwierigkeiten beim Erwerb von Rechenfertigkeiten. In M. Hasselhorn, H. Marx & W. Schneider (Hrsg.), *Diagnostik von Mathematikleistungen* (S. 5-27). Göttingen: Hogrefe.

[118] Fröbel, F. (1844). *„Kommt, laßt uns unsern Kindern leben!" Anleitung zum Gebrauche der in dem Kindergarten zu Blankenburg bei Rudolstadt ausgeführten dritten Gabe eines Spiel- und Beschäftigungsganzen, des einmal allseitig geteilten Würfels: „die Freude der Kinder".* In E. Blochmann; G. Geißler; H. Nohl & E. Weniger (Hrsg.) (1962b), *Fröbels Theorie des Spiels III: Aufsätze zur dritten Gabe, dem einmal in jede Raumrichtung geteilten Würfel* (S. 17-63). Weinheim: Beltz (Kleine pädagogische Texte, Heft 21), 3. Auflage.

[119] Fröbel, F. (1851). *Anleitung zum rechten Gebrauche des entwickelnd erziehenden Spiel- und Beschäftigungsganzen: des einmal allseitig geteilten Würfels, „die Freude der Kinder".* In E. Blochmann; G. Geißler; H. Nohl & Weniger, E. (Hrsg.) (1962b), *Fröbels Theorie des Spiels III: Aufsätze zur dritten Gabe, dem einmal in jede Raumrichtung geteilten Würfel* (S. 65-115).Weinheim: Beltz (Kleine pädagogische Texte, Heft 21), 3. Auflage.

[120] Grüßing, M. (2002). Wieviel Raumvorstellung braucht man für Raumvorstellungsaufgaben? Strategien von Grundschulkindern bei der Bewältigung räumlich-geometrischer Anforderungen. *Zentralblatt für Didaktik der Mathematik, 34,* 37-45.

[121] Guanella, F. M. (1935). *Block building activities in young children.* New York: Archives of Psychology Vol. 174, Columbia University.

[122] Harris, P. L. & Basset, E. (1976). Reconstruction from the mental image. Journal of Experimental Child Psychology, 21, 514-523.

[123] Hess, K. (2012). *Kinder brauchen Strategien: eine frühe Sicht auf mathematisches Verstehen.* Seelze: Kallmeyer (Klett).

[124] Hirsch, E. (1984). *The Block Book.* Washington, D.C.: NAEYC.

[125] Hulson, E.L. (1930). The Block Construction of Four-year old Children. *Journal of Juvenile Research,* 14, 209-222.

[126] Ingram, N. & Butterworth, G. (1989). The young child`s representation of depth in drawing: process and product. *Journal of Experimental Child Psychology* , 47, 356-369.

[127] Kamii, C., Miyakawa, Y. & Kato, Y. (2004): The Development of Logico-Mathematical Knowledge in a Block-Building Activity at Ages 1-4. *Journal of Research in Childhood Education,* 19(1), 44-57.

[128] Kajda, B. M. (2010). *Dyskalkulie und visuell-räumliche Fähigkeiten: Stehen visuell-räumliche Fähigkeiten in einem kausalen Zusammenhang mit Dyskalkulie?* Hamburg: Verlag Dr. Kovac.

[129] Kietz, G. (1950). *Das Bauen des Kindes.* Ravensburg: Otto Maier Verlag.

[130] Koops, H. & Sorger, P. (1980). *Fallstudien zum mathematischen Fähigkeitsfaktor Räumliches Vorstellungsvermögen bei 6-8jährigen Schülern.* Opladen: Westdeutscher Verlag.

[131] Krötzsch, W. (1917). *Rhythmus und Form in der freien Kinderzeichnung: Beobachtungen und Gedanken über die Bedeutung von Rhythmus und Form als Ausdruck kindlicher Entwicklung.* Leipzig: Schulwissenschaftlicher Verlag U. Haase.

[132] KMK Sekretariat der Ständigen Konferenz der Kultusminister in der Bundesrepublik Deutschland (Hrsg.)(2005). *Bildungsstandards Mathematik für die Grundschule.* München: Luchterhand (Beschluss der KMK vom 14.10.2004).

[133] Linn, M. C. & Petersen, A. C. (1985). Emergence and characterization of differences in spatial ability: a meta-analysis. *Child Development,* 56 (6), 5,1479-1498.

[134] Linn, M. C. & Petersen, A. C. (1986). A meta-analysis of gender differences in spatial ability: Implications for mathematics and science achievement. In S. Hyde & M. C. Linn (Hrsg.), *The psychology of gender-advances through a meta-analysis* (S. 67-101). Baltimore: Johns Hopkins University Press.

[135] Lohman, D. F. (1979). *Spatial ability: a review and reanalysis of the correlational literature.* Technical Report No. 8. Stanford: Stanford University.

[136] London, M. & Tubach, D. (2013). Zahlbeziehungen mit Würfeltürmen erkunden und vertiefen. *Fördermagazin 4/2013,* 12-16.

[137] Lorenz, J. H. (1992). *Anschauung und Veranschaulichungsmittel im Mathematikunterricht.* Göttingen: Hogrefe.

[138] Lorenz, J.H. (1994). Mathematische Lernschwierigkeiten erkennen: Fördervorschläge für den Unterricht. *Grundschulunterricht* 41(2),18-21.

[139] Lorenz, J.H. (2007). Anschauungsmittel als Kommunikationsmittel. *Die Grundschulzeitschrift*, 201,14-16.

[140] Lorenz, J. H. (2011). Die Macht der Materialien? Anschauungsmittel und Zahlenrepräsentation. In: A. S. Steinweg (Hrsg.), *Medien und Materialien* (S. 39-54). Bamberg: UBP (Tagungsband des Arbeitskreises Grundschule der GDM 2011).

[141] Lorenz, J. H. & Radatz, H. (1993). *Handbuch des Förderns*. Hannover: Schroedel.

[142] Lüken, M. M. (2012). *Muster und Strukturen im mathematischen Anfangsunterricht: Grundlegung und empirische Forschung zum Struktursinn von Schulanfängern*. Münster: Waxmann.

[143] Mac Donald, Sh. & Davis, K. (2001). *Block play: the complete guide to learning and playing with blocks*. Lewisville: Gryphon House.

[144] Maier, P. H. (1999). *Räumliches Vorstellungsvermögen. Ein theoretischer Abriß des Phänomens räumliches Vorstellungsvermögen* (1. Aufl.). Donauwörth: Auer.

[145] McFarlane, M. (1925). *A study of practical ability*. London: Cambridge University Press.

[146] Merschmeyer-Brüwer, C. (2001). *Räumliche Strukturierungsprozesse bei Grundschulkindern zu Bildern von Würfelkonfigurationen*. Frankfurt: Peter Lang.

[147] Merschmeyer-Brüwer, C. (2009). Räumliche Anschauungen entwickeln und geometrische Strukturen bilden. In A. Peter-Koop, G. Lilitakis & B. Spindeler (Hrsg.), *Lernumgebungen: Ein Weg zum kompetenzorientierten Mathematikunterricht in der Grundschule* (S. 100-126). Offenburg: Mildenberger.

[148] Milbrath, C. & Trautner, H. M. (Eds.) (2008). *Children's understanding and production of pictures, drawings and art*. Göttingen: Hogrefe.

[149] Müller, G.N. & Wittmann, E.Ch. (2007). *Das kleine Formenbuch* (Teil 2: Falten, Bauen, Zeichnen). Velber: Kallmeyer.

[150] Mulligan, J., Prescott, A. & Mitchelmore, M. (2004). Children's development of structure in early mathematics. In M. J. Høines & A. B. Fuglestad (Eds.), *Proceedings of the 28th Conference of the International Group for the Psychology of Mathematics Education* (Vol. 2, S. 465-472). Bergen, Norway: PME.

[151] Mulligan, J. & Mitchelmore, M. (2009). Awareness of pattern and structure in early mathematical development. *Mathematics Education Research Journal*, 21(2), 33-49.

[152] Park, B., Chae, J. & Boyd, B. F. (2008). Young children's block play and mathematical learning. *Journal of Research in Childhood Education*, 23(2), 157-162.

[153] Pfitzner, H. (1994). *Die Förderung der kognitiven Entwicklung im Vorschulalter durch das Konstruktionsspiel*. Frankfurt a. M.: Peter Lang.

[154] Piaget, J. & Inhelder, B. (1971). *Die Entwicklung des räumlichen Denkens beim Kind*. Stuttgart: Klett.

[155] Piaget, J. & Inhelder, B. (1979). *Die Entwicklung des inneren Bildes beim Kind*. Frankfurt a. M.: Suhrkamp.

[156] Radatz, H. (1990). Was können sich Kinder unter Rechenoperationen vorstellen? *Mathematische Unterrichtspraxis*, 11(1), 3-8.

[157] Reinhold, S. (2004). „Dreh das Ohr von dem Hund noch mal nach hinten!" - Grundschulkinder lösen Raumvorstellungsaufgaben mit mentaler Rotation. In K. Reiss (Hrsg.), *Beiträge zum Mathematikunterricht 2004* (S. 461-464), Hildesheim: Franzbecker.

[158] Reinhold, S. (2007). *Mentale Rotation von Würfelkonfigurationen - theoretischer Abriss, mathematikdidaktische Perspektiven und Analysen zu Strategien von Grundschulkindern in einer konstruktiven Arbeitsumgebung*. Hannover: G. W. Leibniz Universität. Einsicht/Download unter: http://edok01.tib.uni-hannover.de/edoks/e01dh07/ 527630160.zip

[159] Reinhold, S. (2013). Schönes sehen: Mehrfachspiegelungen in Kaleidoskopen und Co. *Mathematik differenziert*, 3/2013, 22-27.

[160] Reinhold, S.; Beutler, B. & Merschmeyer-Brüwer, C. (2013). Preschoolers count and construct: spatial structuring and its relation to building strategies in enumeration-construction tasks. In A. Lindmeier & A. Heinze (Eds.), *Proceedings of the 37th Conference of the International Group for the Psychology of Mathematics Education* (Vol. 4, S. 81-88). Kiel: PME 2013.

[161] Rottmann, Th. (2005). „Das Doppelte" – Typen kindlichen Begriffsverständnisses. In G. Graumann (Hrsg.), *Beiträge zum Mathematikunterricht 2005* (S. 485-488). Hildesheim: Franzbecker.

[162] Rottmann, Th. (2006). *Das kindliche Verständnis der Begriffe „die Hälfte" und „das Doppelte": Theoretische Grundlegung und empirische Untersuchung*. Hildesheim: Franzbecker.

[163] Ruwisch, S. & Lüthje, Th. (2013). „Das muss man umdrehen und dann passt es" - Strategien von Vorschulkindern beim Bearbeiten von Aufgaben zum räumlichen Vorstellungsvermögen. *mathematica didactica*, 36 /2013, 156-190.

[164] Schipper, W. (2011). Vom Calculieren zum Kalkulieren: Materialien als Lösungs- und als Lernhilfe. A. S. Steinweg (Hrsg.), *Medien und Materialien* (S. 71-85). Bamberg: UBP (Tagungsband des Arbeitskreises Grundschule der GDM 2011).

[165] Schulz, A. (1999). Geometrie und Rechnenlernen gehören zusammen. *Grundschulunterricht*, 1999(6), S. 30-34.

[166] Söbbeke, E. (2005). *Zur visuellen Strukturierungsfähigkeit von Grundschulkindern: Epistemologische Grundlagen und empirische Fallstudien zu kindlichen Strukturierungsprozessen mathematischer Anschauungsmittel*. Hildesheim: Franzbecker.

[167] Spearman, C. (1904). General intelligence - objectively determined and measured. *American Journal of Psychology* 15, 201-312.

[168] Spearman, C. (1927). *The abilities of man: their nature and measurement*. London: Macmillan.

[169] Thurstone, L. L. (1938). *Primary Mental Abilities*. Chicago: The University of Chicago Press (Nachdruck von 1969).

[170] Thurstone, L. L. (1944). *A factorial study of perception*. Chicago: The University of Chicago Press.

[171] Thurstone, L. L. (1950). *Some primary abilities in visual thinking*. Psychometric Laboratory Research Report 59. Chicago: The University of Chicago Press.

[172] Van Nes, F. & Doorman, M. (2011). Fostering young children's spatial structuring ability. *International Electronic Journal of Mathematics Education*, 6(1), 27-39.

[173] Wellhousen, K. & Kieff, J. E. (2001). *A constructivist approach to block play in early childhood*. Albany, NY: Delmar.

[174] Wittmann, E. Ch. & Müller, G. N. (1994). *Das Zahlenbuch: Mathematik im 1. Schuljahr*. Lehrerband. Leipzig: Klett.

[175] Wollring, B. (1996). Räumliche Strukturen in unangeleiteten Zeichnungen von Grundschülern. In K.-P. Müller (Hrsg.), *Beiträge zum Mathematikunterricht 1996* (S. 476-479). Hildesheim: Franzbecker.

[176] Wollring, B. (1998). Beispiele zu raumgeometrischen Eigenproduktionen in Zeichnungen von Grundschulkindern – Bemerkungen zur Mathematikdidaktik für die Grundschule. In H. R. Becher, J. Bennack & E. Jürgens (Hrsg.), *Taschenbuch Grundschule* (S. 126-140). Baltmannsweiler: Schneider.

[177] Woodrow, D. (1991). Children drawing cubes. *Mathematics Teaching*, 136(9), 30-33.

Grundvorstellungsumbrüche beim Übergang zur 3D-Geometrie

6

Mathias Hattermann, Universität Bielefeld

Zusammenfassung

In vielen Bereichen der Mathematikdidaktik werden Grundvorstellungen verwendet, um wünschenswerte Vorstellungen mathematischer Objekte oder Operationen bei Lernenden normativ festzulegen und tatsächlich vorliegende Vorstellungen zu beschreiben. Auch im Bereich der Geometrie existieren Grundvorstellungen zu geometrischen Objekten, über welche jedoch bislang wenig diskutiert wurde. Im Text werden Grundvorstellungsumbrüche beim Übergang von der 2D- zur 3D-Geometrie anhand von Studierendenbearbeitungen in 3D-DGS thematisiert und konkrete Vorschläge für Ansätze formuliert, was man unter Grundvorstellungen eines Kreises bzw. einer Lotgeraden verstehen könnte. Dieser Beitrag versteht sich als Anlass, um eine Diskussion über Definitionen von konkreten Grundvorstellungen geometrischer Objekte anzuregen.

6.1 Einleitung

Grundvorstellungen (vom Hofe 1995) mathematischer Inhalte sind ein weit verbreitetes Konzept innerhalb der Mathematikdidaktik, welches u. a. für arithmetische Operationen (Padberg 2007; Wartha und Schulz 2012) und funktionale Zusammenhänge (Malle 2000) Anwendung findet. Ebenso werden Grundvorstellungen u.a. zur inhaltlichen Klärung des Variablenbegriffs (Malle et al. 1993), des Prozentbegriffs (Kleine et al. 2005 (1); Hafner 2011), des Bruchzahlbegriffs (Güse und Wartha 2009; Padberg 2009; Wartha 2011) und des Wahrscheinlichkeitsbegriffs (Malle und Malle 2003) verwendet, wobei durchaus auch Inhalte der Sekundarstufe II wie der Differenzenquotient (Malle 2003, Danckwerts und Vogel 2006) oder das Integral (Danckwerts und Vogel 2006) aus Sicht der Grundvorstellungen analysiert worden sind.

Innerhalb der Geometrie gibt es bislang keine Aussagen oder Erkenntnisse darüber, was man konkret unter Grundvorstellungen mathematischer Objekte oder Verfahren verstehen soll. In einem Dissertationsprojekt (Hattermann 2011) wurden Studierende bei der Arbeit in 3D-DGS mit Hilfe einer Webcam und der Screen-Recording-Software Camtasia bei der Lösung verschiedener raumgeometrischer Fragestellungen beobachtet, um u. a. Nutzertypen zu generieren und die Verwendung des Werkzeugs *Zugmodus* über einen längeren Zeitraum in einem 3D-DGS zu analysieren. Hierbei wurden bei mehreren Nutzerinnen und Nutzern problematische Konstruktionen wie die Kreis- oder Lotgeradenkonstruktion identifiziert, welche die Formulierung von Hypothesen zu dominierenden Vorstellungen aus 2D-Umgebungen zulassen.

6.1.1 Grundvorstellungen

Grundvorstellungen sind mentale Konstrukte bzw. Repräsentationen von mathematischen Objekten, Operationen oder Zusammenhängen, welche sich in einem Netzwerk entwickeln (vom Hofe 1995; Kleine et al. 2005 (2), S. 228f.). Dies bedeutet, dass bspw. der Begriff Addition nicht durch eine, sondern mehrere Grundvorstellungen (im speziellen Fall Zusammenfügen, Ergänzen, …) erfasst wird, wobei diese Vorstellungen nicht fixiert sind, sondern sich im Verlauf des Lernprozesses verändern und weiterentwickeln. Man unterscheidet primäre Grundvorstellungen, welche direkt an natürliche Handlungen wie das Zerteilen eines Kuchens in gleich große Teile angebunden sind. Darüber hinaus existieren sekundäre Grundvorstellungen, die bereits mathematische Darstellungen wie die Zahlengerade oder ein Koordinatensystem benötigen und normalerweise erst im Mathematikunterricht aufgebaut werden (Kleine et al 2005 (2), S. 228).

Durch den Aufbau von Grundvorstellungen zu Rechenoperationen und Begriffen soll das Individuum Fähigkeiten erlangen, die über das bloße Abarbeiten von Aufgabentypen im Sinne von Fertigkeiten hinausgehen (Blum und vom Hofe 2003) und zudem Übersetzungsprozesse zwischen Realität und Mathematik erleichtern (vom Hofe et al. 2008, S. 2f.).

Das Grundvorstellungskonzept unterscheidet drei praxisrelevante Aspekte, wobei zunächst aus stoffdidaktischer Sicht Inhalte hinsichtlich der zu vermittelnden Grundvorstellungen analysiert und diese Grundvorstellungen normativ festgelegt werden. Anhand konkreter Schülerbearbeitungen oder Interviews lassen sich tatsächlich vorliegende Vorstellungen des Individuums auf deskriptiver Ebene erfassen, sodass aus konstruktiver Sicht geeignete Maßnahmen eingeleitet werden können, die vorhandene Vorstellungen festigen bzw. erweitern oder aber fehlerhaften Vorstellungen entgegenwirken (Blum und vom Hofe 2003, vom Hofe 1998).

6.2   Identifizierte Probleme beim Arbeiten in 3D-DGS

Die hier zu diskutierenden problematischen Konstruktionen wurden zu drei unterschiedlichen Untersuchungszeitpunkten aufgefunden. Die Probanden arbeiteten einmal pro Woche innerhalb einer Seminarsitzung an verschiedenen raumgeometrischen Aufgabenstellungen in einer Cabri 3D-Umgebung. Der Untersuchungszeitraum erstreckte sich über ca. zwölf Wochen, wobei zu Beginn, in der Mitte und am Ende dieses Zeitraums jeweils eine Datenerhebung durchgeführt wurde. Die Probanden arbeiteten in Zweiergruppen am Computer, wobei ihre Gespräche und Gesten durch eine Webcam und ihre Handlungen innerhalb der Software mit dem Screen-Recording-Programm Camtasia aufgezeichnet wurden. Im Folgenden werden zwei Konstruktionen beschrieben, die verschiedenen Probanden auch noch zu den Untersuchungszeitpunkten zwei bzw. drei Probleme bereiteten. Hierbei muss jedoch beachtet werden, dass neben inhaltlichen Vorstellungen zu mathematischen Objekten und deren Konstruktion auch Unsicherheiten beim Umgang mit der Software auftreten, sodass die tatsächliche Ursache für die nicht gelungene Konstruktion im Einzelfall nicht immer eindeutig identifiziert werden kann.

6.2.1 Die Kreiskonstruktion

Mehreren Probanden gelingt es auch nach längerer Zeit der Beschäftigung mit der Software Cabri 3D nicht, einen Kreis durch Angabe von Mittelpunkt, Punkt auf der Kreislinie und Angabe der Kreisebene zu konstruieren. Diese Studierenden versuchen teilweise mehrfach einen Kreis durch das Anklicken eines Punktes (der angedachte Mittelpunkt des Kreises) und eines weiteren Punktes (auf der noch zu konstruierenden Kreislinie) zu erstellen. Cabri 3D kann einen Kreis durch drei Randpunkte bzw. durch Angabe der Kreisachse und eines Randpunktes bzw. durch Angabe von Kreismittelpunkt, Randpunkt und Kreisebene konstruieren. Werden von den Probanden nur zwei Punkte angeklickt, erscheint bereits eine Kreislinie, deren Festlegung nur noch von der Angabe des dritten Punktes auf der Kreislinie abhängt. Diese Konstruktion erfüllt jedoch nie die eigentliche Intention der Probanden, die ursprünglich einen Kreis durch Mittelpunkt und Randpunkt festlegen wollten.

Die Probanden versuchen, die aus der Ebene bekannte Konstruktion eines Kreises auf den 3D-Fall zu übertragen ohne dabei zu bedenken, dass bei Vorgabe eines Mittelpunktes und eines Randpunktes im Raum unendlich viele Kreise mit dieser Eigenschaft existieren (Abb. 6.1).

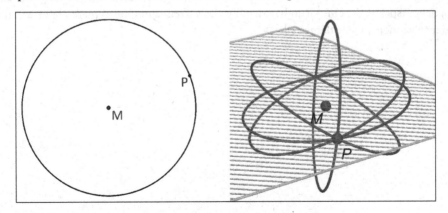

Abb. 6.1 Eindeutige (2D) und nicht eindeutige (3D) Kreiskonstruktion durch Angabe von Mittelpunkt und Randpunkt

6.2.1.1 Analyse der Kreiskonstruktion

Die Studierenden sind möglicherweise durch die Kreiskonstruktion in einer 2D-Umgebung derart geprägt, dass keine Erweiterung bzw. Anpassung der zugrundeliegenden Vorstellung im Sinne des Grundvorstellungskonzeptes auf den 3D-Raum stattfindet. Vielmehr scheint eine verfestigte Vorstellung einer Kreiskonstruktion vorzuliegen, die unabhängig von der Dimension des umgebenden Raumes ist.

Es lässt sich an dieser Stelle das Argument anführen, dass die Konstruktion eines Kreises gewisse Anforderungen an den Nutzer stellt, der die Software richtig bedienen muss. Hier ist anzumerken, dass bei Unsicherheiten hinsichtlich durchzuführender Konstruktionen die Hilfefunktion von Cabri 3D in Anspruch genommen werden kann und den Probanden diese Möglichkeit auch nahe gelegt wurde. Dort wird sogar erläutert, auf welche verschiedenen Weisen ein Kreis konstruiert werden kann. Diese Hilfefunktion wurde jedoch bei der Kreiskonstruktion nur sehr selten verwendet. Dies lässt die Hypothese zu, dass die Probanden ihre Vorstellung zur Konstruktion eines Kreises durch Mittelpunkt und Punkt auf der Kreislinie gar nicht erst in Frage stellen, wenn vorausgesetzt wird, dass sie die Hilfefunktion überhaupt zurate ziehen würden.

Andererseits wäre es ebenfalls möglich, dass die Raumvorstellungsfähigkeiten der Studierenden aufgrund mangelnder Thematisierung im Schul- und Hochschulunterricht nicht ausreichend waren, um sich auf dem Computerbildschirm ein dreidimensionales Szenario vorstellen zu können. Die Arbeit in 3D-DGS erfordert eine gewisse Eingewöhnungszeit aufgrund der zweidimensionalen Darstellung von dreidimensionalen Gegebenheiten. Die Situation wird durch das Eingabemedium der Maus oder des Touchpads erschwert, weil der Nutzer dadurch zunächst nur zweidimensionale Eingabemöglichkeiten besitzt und somit mit Hilfe des Zugmodus auch nur Punkte in einer Ebene des Raumes bewegen kann. Zur Arbeit in der dritten Dimension muss eine zusätzliche Taste des Keyboards genutzt werden, um Punkte aus der aktuellen Ebene senkrecht zu dieser bewegen zu können.

Eventuell ist die zugrundeliegende Vorstellung durch die gewohnte Konstruktion des Objekts, eine Definition oder aber auch bestimmte Eigenschaften des Objekts geprägt. Mögliche Aspekte, die eine Grundvorstellung eines Kreises mitkonstituieren können, sind in der folgenden Tabelle dargestellt.

Tab. 6.1 Mögliche Aspekte einer Grundvorstellung eines Kreises in einer 2D-Umgebung

Implizite Gleichung	$x^2 + y^2 = r^2$
Definition	Ein Kreis ist die Menge aller Punkte, die zu einem vorgegebenen Mittelpunkt den gleichen Abstand besitzen. Ein Kreis wird eindeutig beschrieben durch Angabe seines Mittelpunktes und eines Punktes auf der Kreislinie.
Eigenschaften / Schüleradäquate Vorstellungen / Konstruktionsmöglichkeiten	Ein Kreis wird benutzt, um äquidistante Abstände abzutragen. Jeder Punkt P auf der Kreislinie besitzt den gleichen Abstand (Radius) zum Mittelpunkt M des Kreises $dist(M, P) = r$. Jede Strecke $\overline{MA}$, die M als Anfangspunkt besitzt und deren Endpunkt A auf der Kreislinie liegt, ist ein Radius des Kreises. Der Punkt A einer konstanten Strecke $\overline{MA}$ „zeichnet" bei Rotation der Strecke um M eine Kreislinie. Für einen festen Radius r und jeden Winkel φ zwischen 0 und 2π liegt der Punkt P $(r \cdot cos\varphi; r \cdot sin\varphi)$ auf dem Kreis in Ursprungslage mit Radius r. Der Kreis ist eine Kurve mit konstanter Krümmung. Gehe von einem Punkt eine kleine Strecke nach vorne und drehe dich um 1°. Gehe die gleiche Strecke nach vorne und drehe dich um 1° … dann bewegst du dich annähernd auf einem Kreis.
Konstruktionswerkzeuge	Zirkel; gespannter Faden; dynamische Geometriesoftware

Es stellt sich nun zunächst die Frage, welche dieser gesammelten Vorstellungsaspekte zu einer Grundvorstellung auf verschiedenen Entwicklungsstufen des Individuums beitragen und wie diese eventuell ergänzt und sinnvoll untereinander vernetzt werden können. Dem Lernenden sollte dadurch ermöglicht werden, verschiedene unterschiedliche Grundvorstellungen des Begriffs *Kreis* zu bilden, die darüber hinaus flexible Problemlösungen und Übersetzungsprozesse ermöglichen und an die 3D-Umgebung angepasst werden können. Manche Definitionen und Vorstellungen aus dem 2D-Bereich des Geometrieunterrichts sind im Raum nicht mehr ausreichend bzw. nur noch teilweise tragfähig. Ebenso helfen die Konstruktionswerkzeuge Zirkel und gespannter Faden im Raum nur in einer Hilfsebene weiter.

So ist die Definition des Kreises als Menge aller Punkte, die von einem gegebenen Punkt M den gleichen Abstand besitzen für den ebenen Fall völlig ausreichend, für den 3D-Fall jedoch nicht eindeutig. Es stellt sich die Frage, ob man die Erwähnung der Ebene auch in die Definition des 2D-Falls implementieren sollte. So beinhaltet die Definition eines Kreises in der Ebene als Menge aller Punkte, die zu M denselben Abstand besitzen und mit M in einer Ebene liegen, bei der Existenz nur einer Ebene eine überflüssige Information, diese ist jedoch zur Übertragung der Definition des Kreises in den Raum von fundamentaler Bedeutung.

Hinsichtlich der genannten Definitionen und Eigenschaften eines Kreises der Ebene, bieten sich Möglichkeiten der Analogiebildung, welche auch im Raum tragen. Die Anbindung der impliziten Gleichung des Kreises an den 3D-Fall der Kugel lässt sich aus analytischer Sicht am einfachsten mit Hilfe des Satzes von Pythagoras durchführen, woraus die implizite Kugelgleichung $x^2 + y^2 + z^2 = r^2$ für den 3D-Fall folgt (Abb. 6.2). Hier kann dann ebenfalls die benötigte vektorielle Schreibweise $\|\vec{x} - \vec{m}\|^2 = r^2$ mit $\vec{x}, \vec{m} \in R^3$ und $r \in R$ anbinden.

Verwendet man Polarkoordinaten zur Lagebeschreibung eines Punktes auf einer Kreislinie, so bietet sich zur Beschreibung der Punkte auf einer Kugeloberfläche die Verwendung von Kugelkoordinaten an.

Mit der allein analytischen Behandlung der Kugel wird jedoch nicht ohne weiteres Zutun die Vorstellung gebildet, dass sich Kugeln für Konstruktionsaufgaben im Raum im Allgemeinen besser eignen als Kreise. Arbeiten Studierende oder Schülerinnen und Schüler mit 3D-Konstruktionen, so lässt sich zu Beginn der Arbeit feststellen, dass oft kompliziertere Kreis- anstatt Kugelkonstruktionen gewählt werden, um äquidistante Abstände abzutragen (Hattermann 2011, S. 139). Auch hier scheinen zumindest zu Beginn der Arbeit die Vorstellungen aus der ebenen Geometrie zu dominieren.

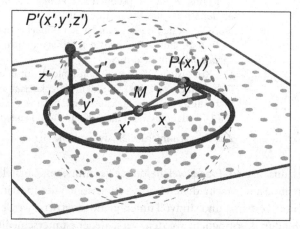

Abb. 6.2 Geometrische Darstellung der impliziten Gleichungen von Kreis ($x^2 + y^2 = r^2$) und Kugel ($x'^2 + y'^2 + z'^2 = r'^2$)

Um an die Eigenschaft der Krümmung im Raum anzubinden, lässt sich für jede Ebene E, in der der Mittelpunkt M eines Kreises liegt, die gleiche „Konstruktionsvorschrift" wie für einen Kreis in der Ebene angeben. Gehe von einem Punkt der gewünschten Kreislinie eine konstante kleine Strecke, drehe dich um $1°$, usw. Man kippe nun die Ebene E um den Winkel α mit $0 < \alpha < 180°$ derart, dass sie den Mittelpunkt M weiterhin enthält, dann lassen sich in den unendlich vielen möglichen gekippten Ebenen wiederum Kreise um M mit gleichem Radius wie zuvor herstellen (Abb. 6.3).

Abb. 6.3 Verschiedene Kreis-
konstruktionen mit gleichem
Mittelpunkt in zur Aus-
gangsebene gekippten Ebenen

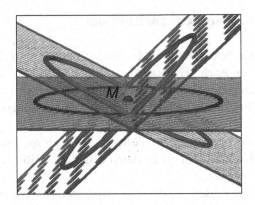

Hinsichtlich der Darstellung eines Kreises im Raum muss die Abstandsvorstellung auch
insofern angepasst werden, dass die Punkte der Kreislinie nur eine Teilmenge der Punkte
darstellen, die zum Mittelpunkt des Kreises gleichen Abstand besitzen. Hierbei kann die
Vorstellung, dass man jede Kreisebene kippen und darin wiederum einen Kreis mit gleichem Radius konstruieren kann, hilfreich sein (Abb. 6.3). Diese Vorstellung führt ebenfalls
zur Kugel, auch wenn hier die Vorstellung der Menge aller Punkte im Raum, die von *M*
den gleichen Abstand besitzen, näher liegt und man dies durch Rotation eines Punktes
einer Strecke um den Mittelpunkt der Kugel in einem DGS gut demonstrieren oder auch
mit konkreten Modellen erarbeiten kann (Abb. 6.4). Beim Vorliegen einer Kugel wäre auch
der Fall der resultierenden Schnittkurve mit einer Ebene zu thematisieren, die den Mittelpunkt der Kugel enthält. Auf diese Weise würden Vorstellungen zum Kreis im Raum mit
Schnittkurvenbetrachtungen vernetzt. Ist die Vorstellung vorhanden, dass jede Ebene, die
den Mittelpunkt einer Kugel enthält, aus deren Oberfläche einen Großkreis ausschneidet,
so kann dies der Fehlvorstellung, dass zu gegebenem Mittelpunkt und Punkt auf der Kreislinie im Raum ein eindeutiger Kreis existiert, entgegenwirken.

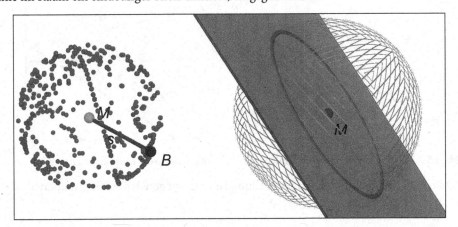

Abb. 6.4 Kugeloberfläche als Spur des Endpunktes einer um *M* rotierenden Strecke und Großkreis
als Schnitt zwischen Ebene und Kugel

6.2.2 Die Lotgeradenkonstruktion

Auch die Lotgeradenkonstruktion im Raum ist mit der Schwierigkeit der Kreiskonstruktion vergleichbar. Auch bei dieser Konstruktion gelingt es mehreren Probandengruppen auch über einen längeren Zeitraum nicht, eine Lotgerade g zu einer gegebenen Geraden h durch einen Punkt $P \in h$ zu konstruieren. Die Anforderungen an die richtige Bedienung der Software sind bei dieser Konstruktion höher als bei der Kreiskonstruktion, da zur Angabe der Ebene, in der die Lotgerade liegen soll, noch zusätzlich eine Taste des Keyboards gedrückt werden muss, um die Funktion Lotgerade zu dieser Geraden überhaupt nutzen zu können.

Auch wenn die Umsetzung dieser Konstruktion schwierig ist, bietet ein nicht erwartetes Reagieren der Software doch einen Anlass, die durchzuführende Konstruktion zu reflektieren bzw. Vorstellungen zu hinterfragen.

6.2.2.1 Analyse der Lotgeradenkonstruktion

Die Lotgeradenkonstruktion kann analog zur Kreiskonstruktion analysiert werden.

Es wird auch hier die Hypothese aufgestellt, dass die Vorstellungen der Probanden durch die Eindeutigkeit der Orthogonalen g zu h durch $P \in h$ aus der 2D-Erfahrung geprägt sind und diese nicht im Problemkontext auf den 3D-Raum erweitert werden können (Abb. 6.5).

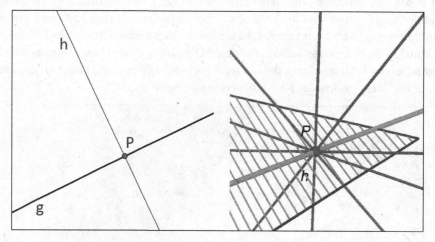

Abb. 6.5 Eindeutige (2D) und nicht eindeutige (3D) Lotgeradenkonstruktion g zu h durch P

Mögliche Aspekte, die zur Grundvorstellung einer Orthogonalen beitragen können, sind in folgender Tabelle zusammengefasst.

Tabelle 6.2 Mögliche Aspekte einer Grundvorstellung zur Orthogonalen g zu h durch $P = (p_x, p_y) \in h$ in 2D

Definition	Die Gerade g steht in P auf h senkrecht
Formeln	$g: y = m_2 \cdot (x - p_x) + p_y,\, m_2 = -\dfrac{1}{m_1}$, wobei $m_{i,i=1,2}$ die Steigungen von h bzw. g bezeichnen.
Eigenschaften	Eindeutigkeit, 90°-Winkel zwischen g und h; wird benötigt, um Abstände zu finden, P liegt sowohl auf g als auch auf h
Konstruktionswerkzeuge	Zirkel und Lineal, Geodreieck, dynamische Geometriesoftware, Anschlagwinkel

Auch hier soll die Frage aufgeworfen werden, ob die angeführten Vorstellungen für einen Aufbau von Grundvorstellungen nützlich sein können bzw. inwiefern diese zu erweitern sind, sodass auch eine Anpassung an die 3D-Umgebung geleistet werden kann. Betrachtet man den in der Tabelle dargestellten Fall im Raum, so ist die Vorstellung der Eindeutigkeit der Orthogonalen nicht mehr tragfähig (Abb. 6.5.) und die Konstruktionswerkzeuge Zirkel und Lineal, Geodreieck und Anschlagwinkel sind nicht mehr zielführend.

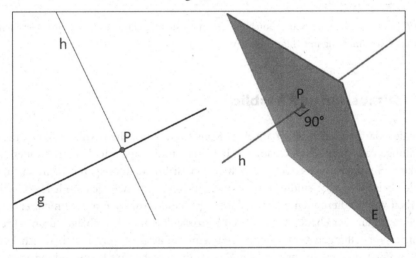

Abb. 6.6 Eindeutige Konstruktion von Lotgerade (2D) und Lotebene (3D) zu h durch P

Betrachtet man das korrespondierende Problem im Raum, so existiert eine eindeutige Ebene E, die zu h senkrecht steht und P enthält (Abb. 6.6). Nun ist aber offensichtlich, dass in dieser Ebene unendlich viele Geraden g liegen, die zu h senkrecht sind und P enthalten (Abb. 6.7). Aufgrund dieser Tatsache kann man sich die Entstehung dieser Lotebene E auch durch die Rotation im Raum der ursprünglichen Lotgeraden g durch P entstanden denken (Abb. 6.7 Mitte). An dieser Stelle bieten sich wiederum gute Anknüpfungspunkte, um in der analytischen Geometrie der Beschreibung einer Ebene mit Hilfe ihres Normalenvektors $\vec{n}$ eine inhaltliche Vorstellung zu geben. So erhält man als beschreibende Gleichung der Lotebene E zu h durch P unter Ausnutzung der Eigenschaften des Skalarproduktes $E: \vec{n} \cdot (\vec{x} - \vec{p}) = 0$. Zur Berechnung des Normalenvektors ist die soeben beschriebene

Vorstellung von Bedeutung und zwar unabhängig von der gewählten Methode. Sowohl die Berechnung des Kreuzproduktes als auch das Aufstellen zweier linearer Gleichungen über die Bedingung, dass das Skalarprodukt des Normalenvektors mit beiden Richtungsvektoren der Ebene Null ergeben muss, erfordert auf inhaltlicher Ebene den Bezug zum oben geschilderten Sachverhalt.

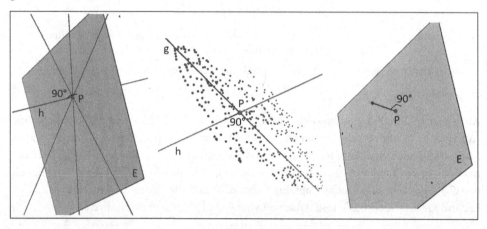

Abb. 6.7 Zusammenhang zwischen Lotebene, deren Entstehung durch Rotation einer Geraden und analytischer Beschreibung mit Hilfe eines Normalenvektors

6.3   Diskussion und Ausblick

Die beiden dargelegten problematischen Konstruktionen geben Anlass, über prägende Vorstellungen aus der ebenen Geometrie bei Kreis- und Lotgeradenkonstruktionen nachzudenken. Eine konstituierende Eigenschaft von Grundvorstellungen besteht darin, dass diese flexibel erweiterbar sind und sich in einem Netzwerk mentaler Modelle entwickeln. Die Arbeit von Studierenden im 3D-Raum ergab einen Anlass, um über nicht erweiterte Vorstellungen aus der ebenen Geometrie nachzudenken und Vorschläge zu unterbreiten, wie solche Vorstellungen zusammengesetzt sein könnten. Weiterhin stellen sich Fragen, wie diese Vorstellungen verinnerlicht und auch in Aufgaben und Anwendungskontexten sinnvoll vernetzt werden können, damit sie nicht als Wissensinseln auftreten, sondern in ihrem Zusammenspiel tragfähige und stabile Strukturen bilden, die aufwärtskompatibel für die 3D-Geometrie sind. Kritisch bei diesem Zugang ist die Tatsache, dass bei einzelnen Probanden nicht zweifelsohne geklärt werden kann, ob die Probleme aus 2D-Vorstellungen oder rein technischen Schwierigkeiten mit der Software Cabri 3D resultieren. Diese Problematik ist im gleichen Kontext in Hattermann (2012) etwas näher ausgeführt, wobei auch praktische Umsetzungsmöglichkeiten und Fragestellungen innerhalb eines DGS angesprochen werden, die Unterschiede von 2D- und 3D-Implementationen der genannten Konstruktionen thematisieren. Weiterhin könnten Interviewstudien mit Schülerinnen und Schülern am Ende der Sekundarstufe I oder im Verlauf der Sekundarstufe II Aufschlüsse geben, um einerseits Einsichten über existierende Vorstellungen zu 2D-Objekten zu gewinnen und um andererseits mehr über die Problematik des 2D-3D-Übergangs zu erfahren.

6.4 Literatur

[178] Blum, W., & Hofe, R. v. (2003). Welche Grundvorstellungen stecken in der Aufgabe? mathematik lehren, 118, 14–18.

[179] Danckwerts, R., & Vogel, D. (2006). Analysis verständlich unterrichten (1st ed.). Mathematik Primar- und Sekundarstufe. München: Elsevier; Spektrum Akademischer Verlag.

[180] Güse, M., & Wartha, S. (2009). Zum Zusammenhang zwischen Grundvorstellungen zu Bruchzahlen und arithmetischem Grundwissen. Journal für Mathematik-Didaktik, 30(3/4), 256–280.

[181] Hafner, T. (2011). Proportionalität und Prozentrechnung in der Sekundarstufe I: Empirische Untersuchung und didaktische Analysen (Dissertation). Wiesbaden: Vieweg + Teubner Verlag.

[182] Hattermann, M. (2011). Der Zugmodus in 3D-dynamischen Geometriesystemen (DGS): Analyse von Nutzerverhalten und Typenbildung (Dissertation). Wiesbaden: Vieweg + Teubner.

[183] Hattermann, M. (2012). Visualization - The Key Element for Expanding Geometrical Ideas to the 3D-Case: Beitrag in Topic Study Group 16: Visualization in the Teaching and Learning of Mathematics. In S.J. Cho (Hrsg.): Proceedings of the 12th International Congress on Mathematical Education (ICME--12)(S. 3053–3062). Seoul, Korea. http://www.icme12.org. Gesehen 24. April 2014

[184] Hofe, R., v. (1995). Grundvorstellungen mathematischer Inhalte. Texte zur Didaktik der Mathematik. Heidelberg: Spektrum Akad. Verl.

[185] Hofe, R., v. (1998). On the generation of Basic Ideas and Individual Images: Normative, Descriptive and Constructive Aspects. In J. Kilpatrick & A. Sierpinska (Eds.), Mathematics Education as a Research Domain: A Search for Identity (S. 317–331). Kluver Academic Publishers.

[186] Hofe, R. v., Jordan, A., Hafner, T., Stölting, P., Blum, W., & Pekrun, R. (2008). On the development of mathematical modelling competencies: The PALMA longitudinal study. In M. Blomhoj & S. Carreira (Hrsg.), Mathematical applications and modelling in the teaching and learning of mathematics. Proceedings from Topic Study Group 21 at the 11th International Congress in Mathematical Education in Monterrey, Mexico, July 6-13, 2008 (S. 47–60).

[187] Kleine, M., Jordan, A., & Harvey, E. (2005)(1). With a focus on 'Grundvorstellungen' Part 1: a theoretical integration into current concepts. ZDM – The International Journal on Mathematics Education, 37(3), 226–233.

[188] Kleine, M., Jordan, A., & Harvey, E. (2005)(2). With a focus on 'Grundvorstellungen' Part 2: 'Grundvorstellungen' as a theoretical and empirical criterion. ZDM – The International Journal on Mathematics Education, 37(3), 234–239.

[189] Malle, G., Bürger, H., & Wittmann, E. C. (1993). Didaktische Probleme der elementaren Algebra: Mit vielen Beispielaufgaben. Braunschweig: Vieweg.

[190] Malle, G. (2000). Zwei Aspekte von Funktionen: Zuordnung und Kovariation. mathematik lehren, 103, 8–11.

[191] Malle, G. (2003). Vorstellungen vom Differenzenquotienten fördern. mathematik lehren, 118, 57–62.

[192] Malle, G., & Malle, S. (2003). Was soll man sich unter einer Wahrscheinlichkeit vorstellen? mathematik lehren, 118, 52–56.

[193] Padberg, F. (2007). Didaktik der Arithmetik für Lehrerausbildung und Lehrerfortbildung (3. Aufl., Nachdr.). Mathematik Primar- und Sekundarstufe. Heidelberg: Elsevier Spektrum Akad. Verl.

[194] Padberg, F. (2009). Didaktik der Bruchrechnung: [für Lehrerausbildung und Lehrerfortbildung] (4. Aufl.). Mathematik Primar- und Sekundarstufe. Heidelberg: Spektrum Akad.-Verl.

[195] Wartha, S. (2011). Handeln und Verstehen: Förderbaustein: Grundvorstellungen aufbauen. mathematik lehren, 166, 8–14.

[196] Wartha, S., & Schulz, A. (2012). Rechenproblemen vorbeugen. Lehrerbücherei Grundschule. Berlin: Cornelsen.

Leitideen des Raumgeometrieunterrichts   7

Geometrieunterricht und Allgemeinbildung – ein Diskussionsbeitrag

Thomas Müller, KPH Wien/Krems (Österreich)

Zusammenfassung

In diesem Beitrag werden folgende Fragen diskutiert: Wozu unterrichten wir in der Schule Geometrie? Welche Beiträge zur Allgemeinbildung kann der Geometrieunterricht leisten? Welche Schlüsselaktivitäten/Leitideen haben sich im gegenwärtigen Unterricht herausgebildet? Welche Geometrie-Basics sollen wir – auch unter dem Gesichtspunkt des Einsatzes digitaler Medien – an die Schülerinnen und Schüler weitergeben?

7.1 Einleitung

Welche *Ideen* und *Inhalte* des traditionellen Geometrieunterrichtes sollen aus Sicht der allgemeinbildenden Aufgabe der Mathematik in Zukunft an unsere Schülerinnen und Schüler weitergegeben werden? Die Klärung dieser Frage ist die Voraussetzung und gleichzeitig das Ziel – vergleichbar mit einem Leuchtturm – um Antworten auf folgende Fragen erhalten zu können: Welche *Grundvorstellungen* geometrischer Objekte oder Tätigkeiten sollen die Lehrenden bei den Lernenden wurzeln lassen? Welche *Grundbegriffe* – samt davon abhängigen Beispielen bzw. darauf aufbauenden Inhalten – sollen dem elementaren Geometrieunterricht und welche erst den späteren Fachausbildungen, hervorgehoben seien Naturwissenschaft, Technik oder Medizin, vorbehalten sein?

Grundvorstellungen und -begriffe stehen in enger Wechselwirkung mit weiteren Teilprozessen bei der Planung und bei der konkreten Aufbereitung des Lehrstoffes für den Unterricht. Sie nehmen dadurch Einfluss auf die Stoffdidaktik, bemerkbar bei der zu Grunde gelegten (oft unbewussten) Anschauung von Dingen der realen Welt, die im Wege der Verbegrifflichung[46] schließlich zur Bildung konkreter Wortgebilde in der geometrischen

---

[46] Vgl. Poster „Teilprozesse der stoffdidaktischen Methode" [Lambert 2014]

Fachsprache führen. Dabei spielen Ziele eines Raumgeometrieunterrichts eine Rolle. Auf diese wird im Folgenden fokussiert.

7.2   Raumgeometrieunterricht (in Österreich)

In Österreich sind wir in der glücklichen Lage, für die 14-Jährigen in einzelnen Schulformen einen eigenen Raumgeometrieunterricht anbieten zu dürfen. Er hat sich aus dem „alten" Fachgegenstand *Geometrisches Zeichnen* entwickelt und sollte nach den Intentionen zentraler Arbeitsgruppen[47] seine Ausprägung nun hauptsächlich in der *Raumgeometrie* unter Einbindung von *CAD* erfahren. Gemeinsam mit Mathematik und Informatik zählt dieser in Österreich eigenständige Gegenstand zu den *Formalwissenschaften*, auch „*Fächer der regelhaften Darstellung und Verarbeitung*" genannt. Diese wiederum bilden gemeinsam mit den Naturwissenschaften und technischen Fachgegenständen die Gruppe der „MINT-Fächer". Insgesamt scheinen diese und mit ihnen auch die Geometrie trotz Aufrufen und Bekräftigungen der Notwendigkeit wenig Begeisterung[48] bei den Schülerinnen und Schülern hervorzurufen. Deswegen muss schon in der Ausbildung der zukünftigen Lehrerinnen und Lehrer eine Besinnung auf den *Grund*, das „Warum" und „Wozu" von Geometrie im Speziellen und Mathematik im Allgemeinen mit einbezogen werden, um Lehrpersonen berechtigte Argumente für Diskussionen zu geben, wenn es – wie in diesem Aufsatz – speziell um die Bedeutung der Raumgeometrie geht.

Der traditionelle Geometrieunterricht erfolgt in Österreich im Rahmen des Mathematikunterrichtes nun bereits von der Grundschule/Volksschule[49] an – ein Erfolg der Diskussionen vor einigen Jahrzehnten. In der Regel geht er bis zum 9. Schuljahr und wird dann – je nach Berufswahl – in der begleitenden theoretischen Berufsausbildung (Berufsschule, verschiedene Formen des Fachzeichnens) fortgesetzt. Oder er wird in technischen höheren Schulen oder im Gymnasium, hier hauptsächlich in Form der *Trigonometrie* und der *Analytischen Geometrie* bzw. in einem Teil der Gymnasien in Österreich in den letzten zwei Klassen in Form von *Darstellender Geometrie* fortgeführt. Diese hat mit der „alten" Darstellenden Geometrie, deren Inhalt sich hauptsächlich auf Lösung von Aufgaben durch Konstruieren im Grund-und Aufrissverfahren bezog, nicht mehr viel zu tun, vgl. etwa das aktuelle Schullehrbuch [Pillwein, Asperl, Müllner, Wischounig 2006] oder die Handreichung[50] des Fachverbandes der Geometrie zum aktuellen Lehrplan.

---

[47] Neben bundesländerweisen Arbeitsgruppen soll besonders auf den *Fachverband der Geometrie*, sichtbar unter http://www.geometry.at/ [2013-12-12], verwiesen werden.

[48] Suchen Sie einfach im Internet nach den Schlagworten „MINT" und „Begeisterung".

[49] Der derzeit gültige österr. Mathematiklehrplan an Volksschulen aus dem Jahre 2003 enthält eine Vielzahl von geometrischen Inhalten vom Orientieren im Raum über Flächen- und Körperuntersuchungen bis hin zum Hantieren mit Zeichengeräten. (www.bmukk.gv.at/medienpool/3996/VS7T_Mathematik.pdf [Zugriff: 17.08.13]).

[50] http://www.geometry.at/ffg/handreichung.pdf [Zugriff: 14.12.13]

7.3   Wozu (be)treiben wir Geometrie? Drei Gründe

Zunächst sollen Gedanken zur Bedeutung der formalen Wissenschaften, besonders der (Schul-) Mathematik an sich reflektiert werden: Auf dem Niveau der Kinder gipfelt dies oft in Anfragen wie „Wozu brauchen wir Mathematik überhaupt?" und jenen besorgter Eltern „Wozu muss mein Kind das können, wenn es doch sowieso ein … werden will?". Dem Autor war und ist es ein Anliegen, diese grundlegenden Fragen stets ernsthaft und doch in aller Kürze zu beantworten. Einen möglichen Weg dahin zeigen die Argumente von Roland FISCHER [Fischer 2012] auf. Dass Mathematik die Wissenschaft vom Erkennen und Verstehen von Mustern und Strukturen, von Gesetzmäßigkeiten und wiederkehrenden Abläufen ist, ist nur der erste, aber unvollständige und für viele nicht befriedigende Teil der Antwort, der das WOZU noch außer Acht lässt.

7.3.1   Reflektiertes Entscheiden des Individuums und des Kollektivs

Erkennen und Verstehen ist die Voraussetzung für Entscheidungen – für Entscheidungen des Einzelnen und des Kollektivs, eines Vereines, einer Gemeinde oder sogar eines Staates oder einer Staatengemeinschaft[51]. Dazu sei ein Beispiel aus dem Bereich Raumgeometrie angeführt, das an ebenso prominenter wie unerwarteter Stelle gefunden werden kann: Orhan PAMUK, der Literaturnobelpreisträger 2006, beschreibt in seinem Buch „Istanbul" (Abb. 7.1) eine Antwort[52] der Schwester des Sultans an den Absender von Werkzeichnungen zu Beginn des 19. Jahrhunderts „…*Die Skizze für die silberne Schublade habe ich gesehen, aber so will ich sie auf keinen Fall, mach die Schublade so wie auf der Skizze davor* …". Damit gibt uns PAMUK eine literarische Beschreibung für einen typischen Entscheidungsprozess, wie ihn vermutlich alle schon öfters durchlaufen haben: Abbildungen/Fotos (Einkaufskataloge, Internetversand …) machen uns neugierig, fangen unsere Aufmerksamkeit oder können uns einer Kaufentscheidung näher treten lassen. Fotos gibt es nicht von Objekten, die erst in Planung sind, aber Zeichnungen und Computergrafiken – und hier beginnen die auf formalen Abbildungsgesetzen beruhenden Darstellungen eine Mittlerrolle zu spielen, wie sie PAMUK beschreibt: Die in den Gedanken seines „Schöpfers" vielleicht schon fertigen Objekte müssen einem Auftraggeber/Entscheidungsbefugten/Käufer kommuniziert werden. Nach dem Motto „Ein Bild sagt mehr als 1000 Worte" ist diese bildhafte Kommunikation heute so alltäglich, dass einem beim Durchblättern eines Möbelkataloges meist gar nicht in den Sinn kommt, dass jahrhundertelang gerungen und darüber nachgedacht worden ist, bis man „Raumobjekte" fehlerfrei im Sinne der Gesetze der Parallel- und Zentralprojektion abbilden/darstellen konnte.

---

[51] Dieses Entscheidungshandeln wird ausführlich im Sammelband „Domänen fächerorientierter Allgemeinbildung" [Fischer, Greiner, Bastel 2012] beschrieben. Der Band ist das Ergebnis einer zwei Jahre langen Diskussion innerhalb einer Arbeitsgruppe unter Roland FISCHER. Dabei ging es um Fragen der Sinnhaftigkeit – nicht nur der Mathematik sondern des gesamten Fächerkanons der Unterstufe/Sek 1.

[52] Diese Antwort erfolgte im Rahmen der Korrespondenz zwischen dem Mathematiker und Künstler/Architekten/Maler August Ignaz MELLING und Hatice Sultan, der Schwester von Sultan Selim III [Pamuk 2006, S. 79].

Abb. 7.1 Istanbul

Auf derselben bildhaften Basis und der damit verbundenen Vorstellungen über auf Papier oder am Bildschirm gezeichnete Punkte, Strecken, Figuren können weitreichende Entscheidungen beruhen: So kann beispielsweise ein *Rechteck* – gleichsam als geometrische Variable – einen geplanten Flughafen bei einem Einreichprojekt für seine Errichtung, ein Auto in einer Unfallskizze, „nur" einen Tisch in einem Klassensitzplan oder ein abstraktes Denkobjekt in Zuge eines mathematischen Beweises bedeuten. Je nach Interpretation des geometrischen Objektes „Rechteck" können aus der vorgelegten Zeichnung Entscheidungen über Millionen an Budget, über Schuld oder Unschuld eines Autolenkers, über die Sitzordnung in einem Klassenraum oder über das Fortschreiten bei einer Beweisidee getroffen werden.

Die Mathematik- und die Geometrietreibenden im Besonderen haben im Laufe der Entwicklung für diese geometrischen *Grundobjekte* wie Rechteck besondere Denkstrategien – vergleichbar Werkzeugen - entwickelt, die sie für das Argumentieren, das Begründen ihrer Aussagen von nicht beweismöglichen Grundsätzen bis zu daraus logisch ableitbaren und sehr komplexen Lehrgebäuden benötigen. Das reflektierte Entscheiden fordert als vermittelte *Grundvorstellung* einer geometrischen Tätigkeit gerade jene Erkenntnis ein, dass nämlich eine logische Struktur erst auf festzulegenden Grundtatsachen – „Axiomen" – aufbaubar ist. Und die Elementargeometrie zeigt diesen Weg schon von Beginn an, einen Weg, der uns Geometrielehrenden nur allzu bekannt ist: Punkte, Geraden, Inzidenz, Strecken, Längenmessung und dann die logischen Folgerungen, …

Neben der Mathematik/Geometrie als *Entscheidungsbasis* wird mit zwei weiteren Eckpfeilern mathematischer Bildung argumentiert (vgl. auch [Müller 2011a, 2011b]), zunächst:

7.3.2 Kommunikation

Mathematik ist durch ihre Symbolsprache weltweit (zumindest unter Fachleuten) gleich verständlich: Bei der Verwendung der rein geometrischen Fachsprache ist die Übergang von „reiner Mathematik-Geometrie" (Abb. 7.2) bis hin zum Technischen Zeichnen (Abb. 7.3) oder zur Gebrauchsgrafik (Abb. 7.4) fließend.

Einerseits verständigen sich Expertinnen und Experten abseits sprachlicher Barrieren durch Zeichnungen und können so manche Gedanken ohne viele Worte austauschen: Etwa, dass in Abb. 7.2 die beiden grau hervorgehobenen Punkte samt den 7 Strecken eine Ebene mit einem in ihr liegendem Punkt in zwei Ansichten darstellen.

Andererseits sollen Laien – die meisten unserer Schülerinnen und Schüler nach Abschluss ihrer Ausbildung – Fachleute verstehen, ihren Argumentationen folgen und diese kritisch hinterfragen können. Deshalb ist diese Kommunikationsfähigkeit zwischen Fachleuten und (allgemein gebildeten) Laien ungemein wichtig, beruhen darauf doch viele Entscheidungsvorgänge (vgl. Abschn. 7.3.1). Man denke an die Begutachtung von Expertisen durch Entscheidungsträger: Politiker entscheiden über millionenschwere Bauvorhaben, müssen Pläne lesen und verstehen können (Abb. 7.3), Rechtsgelehrte oder bloß einfache Schöffen bei Gericht sollen Ausführungen von Fachleuten – z. B. bei einem grafisch dargestellten Unfallhergang Sachverständigen – folgen können und damit über Menschenschicksale entscheiden. Private Auftraggeber sollen reale Objekte mit vorliegenden Konstruktionszeichnungen vergleichen und damit arbeiten können: von Architekturplänen von beauftragten Bauwerken über Einrichtungspläne einer Wohnung bis hin zu bildhaften Anleitungen für Selbstbaumöbel (Abb. 7.4).

Das Lesen und richtige Interpretieren einer Zeichnung mit der Lage des Absperrhahnes für Wasser oder Gas kann (überlebens-)wichtig sein (Abb. 7.5 und Abb. 7.16). Helmut HEUGL bringt es auf den Punkt, wenn er fordert:

> Jede Schülerin, jeder Schüler soll drei Sprachen lernen: seine Muttersprache, Fremdsprache(n) und die Mathematik als Sprache. [Heugl 2005]

In letztgenannter Sprache spielt Raumgeometrie eine Hauptrolle.

Abb. 7.2 Geometrische Fachsprache: Ein Punkt in einer Ebene

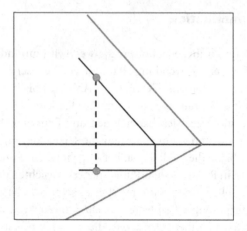

Abb. 7.3 Geometrische Fachsprache: Hausplan, Detail

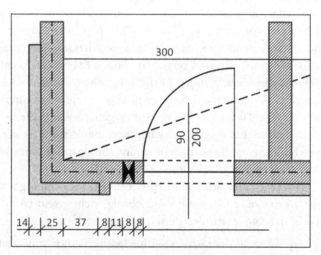

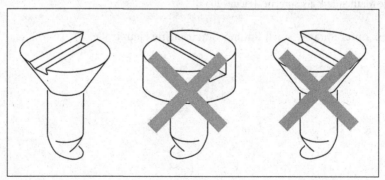

Abb. 7.4 Geometrische Fachsprache: Gebrauchsgrafik in einer Bauanleitung

Abb. 7.5 Geometrische Fachsprache: Lage eines Gasschiebers

Der noch fehlende Eckpfeiler ist:

7.3.3 Erkenntnisbeitrag

Neben dem Entscheidungshandeln und der Sprachfunktion konnten mathematische Ideen und Phantasien im Laufe ihrer Entwicklung fundamentale Beiträge zu Erkenntnissen und damit zum Fortschritt, von dem alle profitieren können, bringen. Gerade hier dürfen wir „unser" Licht nicht unter den Scheffel stellen und sollen diese Beiträge auch den Kindern nahe bringen – ganz im Sinne des von Jerome S. BRUNER propagierten Spiralprinzips, dass nämlich jedem Kind auf jeder Entwicklungsstufe jeder Lerngegenstand in einer intellektuell ehrlichen Form nahe gebracht werden kann [vgl. Bruner 1970].

Wie könnte man etwa ohne die Kenntnis der Brennpunkteigenschaften der Ellipse im Inneren des menschlichen Körpers Nieren- oder Gallensteine zerstören, ohne den Körper zu öffnen (Nierensteinzertrümmerer oder Lithotripter)? Das Prinzip ist in Abb. 7.6 ersichtlich. Die Erkenntnisse zur Parallelreflexion im rechten Winkel bzw. an einer Würfelecke und deren Anwendungen vom Fahrradreflektor (Abb. 7.7) bis zu Radarreflektoren (Abb. 7.8) in der Schifffahrt [Müller 1989] ist ein weiterer dieser geometrischen Beiträge: (Jahrtausende-)altes geometrisches Wissen, das z. T. erst nach Abschluss entsprechender technischer Entwicklungen (etwa Radar) angewendet werden kann. In die gleiche Kategorie fällt die technische Möglichkeit der Standortbestimmung durch GPS, wobei die Schnitte von Abstandskugelflächen eine Rolle spielen. Und was wären Denksport/Unterhaltung oder Kunst ohne die geometrischen Beiträge von REUTERSVÄRD, ESCHER oder VASARELY? Exemplarisch dafür sei das *Tribar* (Abb. 7.9) von Erstgenanntem angeführt.

Abb. 7.6 Funktionsprinzip eines Nierensteinzertrümmerers

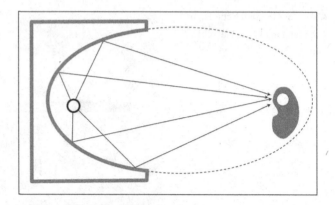

Abb. 7.7 Würfelecken beim Fahrradreflektor

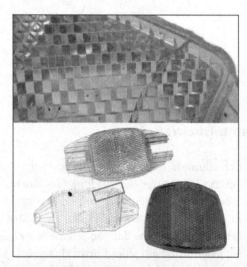

Abb. 7.8 Würfelecke als Radarreflektor in der Schifffahrt

Abb. 7.9 Tribar, Geometrie in
der Unterhaltungskunst

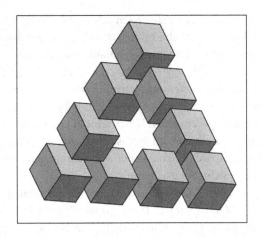

7.4   Schlüsselaktivitäten und Leitideen

Vor der Frage nach den Grundvorstellungen und Grundbegriffen muss geklärt sein, welche Ideen aus der Beschäftigung mit der Geometrie uns wert und teuer sind, an die nächste Generation weitergegeben zu werden. Hans Werner HEYMANN gibt im Zuge seiner
Untersuchungen eine ernüchternde Antwort [Heymann 1996, S.136][53], auf welch wenige
geometrische Inhalte und inhaltsbezogene Qualifikationen/Kompetenzen auch Nicht-Mathematiker nach Abschluss ihrer Ausbildung tatsächlich zurückgreifen. Vielleicht sollte
gerade deshalb im Unterricht immer wieder auch auf die der Geometrie (im Lichte der
vorhin beschriebenen Brauchbarkeit) zugrunde liegenden Ideen eingegangen werden.

Ideen sind keine „Kompetenzen", denn diese beziehen sich ja auf die Fertigkeiten / Fähigkeiten der Schülerinnen und Schüler – auch kein Mittelding zwischen Inhalts- und
Handlungskompetenzen. Ideen sind auch keine Bildungsziele und kein Lehrstoff im Sinne
des Lehrplantextes. Ideen sind gleichsam die Wurzeln, aus denen die Grundvorstellungen
und Grundbegriffe als Stamm sprießen. Und aus diesem Stamm entwickeln sich konkrete
Erkenntnisse und Anwendungen.

Wir als Lehrende können die Heranwachsenden eine Zeitlang in ihrer Entwicklung,
ihrem „Raumerfahrung Gewinnen" mit unserem Geometrieunterricht begleiten. Wir können und sollten den Schülerinnen und Schülern jene Fundamentalen Ideen (BRUNER)
– bewusst und reflektierend – vermitteln, aus denen konkrete Aufgabenstellungen und
operative Lösungen gewachsen sind.

---

[53] HEYMANN beschreibt jene Inhalte und inhaltsbezogenen Qualifikationen aus dem Geometrie-
bereich, auf die Nicht-Mathematiker nach Abschluss ihrer Ausbildung im Alltag bisweilen zurückgreifen: Kenntnis elementarer regelmäßiger Figuren (Kreis, Rechteck, Quadrat etc.) und Körper sowie elementarer geometrischer Beziehungen und Eigenschaften (Rechtwinkeligkeit, Parallelität etc.);
Fähigkeit zur Deutung und Anfertigung einfacher graphischer Darstellungen von Größen und Grö-
ßenverhältnissen (Schaubilder, Diagramme, Karten) sowie von Zusammenhängen zwischen Größen
mittels kartesischer Koordinatensysteme.

Man kann diese Ideen als rote Fäden sehen, die uns durch das Geometrielernen *leiten*, an denen sich konkrete Inhalte ranken. So sollen hier unter *Leitideen*[54] Gedanken (eben „Ideen" in einem wörtlichen Sinne) verstanden werden, die im Laufe der Zeit entstanden sind, die sich als nützlich erwiesen haben und die Beiträge zum Entscheidungshandeln, zur Kommunikationsfähigkeit und zum Erkenntnisfortschritt für den Einzelnen und für unsere Gesellschaft bewirkt haben, bewirken oder bewirken können. Jemand muss beispielsweise einmal die *Idee* gehabt haben, eine ebene Skizze dazu zu verwenden, um etwas Räumliches zu beschreiben. Und nun ist es selbstverständlich, über das Aussehen räumlicher Objekte mittels zweidimensionaler Aufzeichnungen zu kommunizieren – sogar über Dinge, die (noch) nicht real existieren.

Bei der Analyse des Raumgeometrieunterrichtes konnten unter Beachtung der Forderungen von HEYMANN (in der Tradition von Fritz SCHWEIGER)[55], also von Universalität, von Verdeutlichung auf unterschiedlichen Niveaus, von Durchgängigkeit vom Elementarunterricht bis zur höheren Mathematik und von der beliebig weiten Vertiefbarkeit [Heymann 1996, S.173], von uns folgende Leitideen im Rahmen der Raumgeometrie extrahiert werden [Müller/Blümel/Vilsecker 2011]:

- Idee der Rekonstruktion,

- Idee der Projektion,

- Idee der Koordinatisierung/ Messung,

- Idee der Abstraktion/des Formenschatzes,

- Idee der Dynamik.

Alle Ideen sollen von der Idee des Begründens/Beweisens/Argumentierens durchdrungen sein.

---

[54] Im durch BRUNER angestoßenen pädagogisch-didaktischen Diskurs über fundamentale Ideen werden von unterschiedlichen Autoren unterschiedliche Bezeichner mit teilweise unterschiedlichen Bedeutungen oder auf unterschiedlichen Ebenen verwendet: Fundamentale Ideen, Zentrale Ideen, Leitideen ... Eine Übersicht findet sich in [VON DER BANK 2013, insb. S.93]. In der vorliegenden Arbeit habe ich mich für den hier normativ konnotierten Bezeichner Leitidee entschieden.

[55] Neben diesem Forderungskatalog finden sich in der einschlägigen Literatur weitere, teilweise konkurrierende und teilweise konvergierende, etwa Weite, Fülle und Sinn von Peter BENDER und Alfred SCHREIBER [vgl. von der Bank 2013, S.94 f.] – den diese mit Blick insb. auf Geometrie vorschlagen – und dann auch andere, eben vom individuell eingenommenen Standpunkt abhängige Ideenlisten – auch zur Geometrie – als die hier vorgestellte [vgl. Schweiger 2010, S.17]. BENDER etwa nennt die Ideen Raum, Körper, Passen, Abbildung, Symmetrie, Messen und Repräsentation [Bender 1983]. In der vorliegenden Arbeit wird mit einem Schwerpunkt auf Raumgeometrie durch die angeführten konkreten Beispiele für die folgende unterrichtsleitende Ideenliste plädiert. An dieser Stelle danke ich gerne Marie Christine VON DER BANK für einige wertvolle Anregungen zur Überarbeitung meines Manuskripts.

7.4.1 Idee der Rekonstruktion (des Raumes aus ebenen Bildern) – das Lesen

Diese Idee meint, etwas Zweidimensionales, z. B. eine Skizze auf einem Blatt Papier, dazu zu verwenden, etwas Räumliches, Dreidimensionales, gedacht oder schon realisiert, zu beschreiben. Bilder sind unerlässlich, denn andere Möglichkeiten wie räumliche Modelle oder verbale Beschreibungen sind oft zu aufwändig oder umständlich herzustellen.

Das „Lesen" einer solchen Zeichnung, d. h. das Entnehmen der Informationen aus der zweidimensionalen Darstellung, ist ein fundamentaler Teil dieses Kommunikationsvorganges. Dazu ist auch die Kenntnis gewisser Regeln (z. B. Bemaßungsnormen, Abbildungsgesetze) notwendig.

Schon bei der Entwicklung von Kleinkindern findet das Betrachten und Erkennen von Bildern im Übrigen um einige Zeit früher als das Zeichnen selbst statt. Nicht nur deshalb scheint diese Reihenfolge auch im Unterricht methodisch sinnvoll zu sein: zunächst aus Zeichnungen Erkenntnisse ableiten, dann erst Zeichnungen herstellen; auch in den Fremdsprachen ist die Übersetzung aus der Fremdsprache meist vorgängig.

Das „Lesen-Können" von Zeichnungen und Plänen stellt im Alltag eine wichtige Kompetenz dar. Man denke nur an das Verwenden eines Stadtplanes, einer Wanderkarte (Abb. 7.10), einer digitalen Darstellung des GPS-Bildschirmes, um sich in fremder Umgebung orientieren zu können. Beschreibungen für den Zusammenbau von Geräten, Möbeln usw. werden oft nonverbal, d. h. in Form von Grafiken, geliefert. Damit sind sie unabhängig von Sprache und international verständlich.

Grafische Darstellungen, z. B. der Grundriss eines Klassenzimmers (Abb. 7.11), können Basis für Diskussionen (unterschiedliche Sitzordnungen für den Frontalunterricht, für die Gruppenarbeit, …) und Entscheidungshandeln sein. Die Zeichnung wird optisch aufgenommen und je nach Vorwissen interpretiert. In diesem Beispiel stecken weitere Leitideen, z. B. die Idee der Abstraktion (siehe Abschn. 7.4.4): Kreise/Quadrate stellen Sessel dar, die in Wirklichkeit gar nicht rund oder eckig sein müssen.

Problematisch kann für Anfänger die Gleichzeitigkeit des Sehens aller Informationselemente auf einer Zeichnung sein. Dieses synchron-optische Problem könnte durch den Einsatz digitaler Medien, die den Ablauf, die Entwicklung einer Zeichnung – vom ersten Strich weg – etwa durch ein Video zeigen oder akustisch beschreiben, reduziert werden.

Das Lesen-Können einer Serie von Bildern wird z. B. in der in Abb. 7.12 dargestellten Situation auf elementarem Niveau geübt und findet in der Computertomografie seine Krönung in der Rekonstruktion des Raumobjektes (Abb. 7.13) auf Basis der ebenen Schnittbilder.[56]

---

[56] Die vom österreichischen Mathematiker Johann RADON 1917 veröffentlichte mathematische Grundlage der heutigen Computertomographie ist übrigens mehr als ein halbes Jahrhundert älter als der erste Computertomograph.

Abb. 7.10 Rekonstruktion und Zurechtfinden im Raum beim Kartenlesen (Foto: Manfred Blümel)

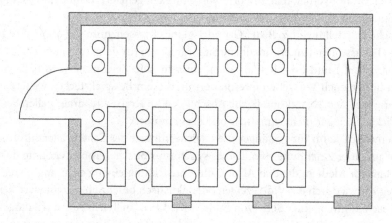

Abb. 7.11 Plan eines Klassenzimmers

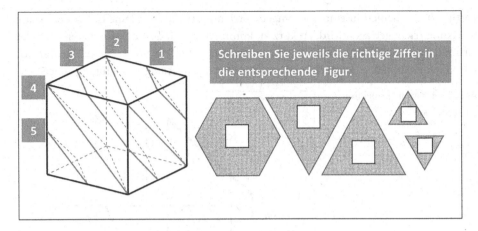

Abb. 7.12 Funktionsprinzip der Computertomografie

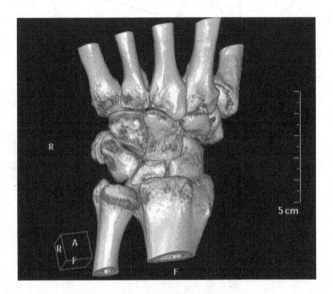

Abb. 7.13 3D-Rekonstruktion der Handwurzelknochen nach einer Computertomografie

7.4.2 Idee der Projektion – das Schreiben

Dieser Idee liegt das Herstellen einer zweidimensionalen Darstellung von einem dreidimensionalen Objekt mittels Projektion zugrunde. Sie begleitet den Unterricht auf verschiedenen Niveau- und Altersstufen: von der kleinkindmäßigen Darstellung von Objekten über den Volksschulunterricht, die Sekundarstufe bis hin zu Darstellungen z. B. im Rahmen von technischen Studien. Hier geht es sozusagen um das Kerngeschäft der Darstellenden Geometrie (Abb. 7.14).

Wichtig erscheint, im Raumgeometrieunterricht ein auf Erfahrungen fußendes Verständnis für den Projektionsvorgang (vgl. den Schatten in Abb. 7.15) zu erreichen. Die

Fertigkeiten scheinen in einem Raumgeometrieunterricht, der alleine durch den Mathematikunterricht getragen wird, zu kurz zu kommen. Zumindest die Kompetenz, einfache Grundrisse und evtl. sogar Schnittdarstellungen herzustellen, sollte vermittelt werden (Unfallskizze, Hausplan, …), um einen wichtigen Beitrag zur Alltagsbewältigung zu leisten.

Abb. 7.14 Parallelprojektion einer Strecke

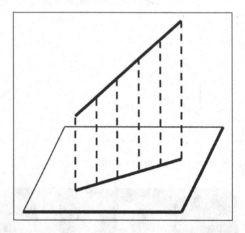

Abb. 7.15 Schatten bei Sonnenschein

7.4.3 Idee der Koordinatisierung/Messung – das Normieren

Man kann jedem Raumpunkt und jedem Raumobjekt Zahlen zuordnen. Damit wird der Raum berechenbar, die Umwelt messbar und so exakter kommunizierbar. Deutlich wird die Notwendigkeit der Koordinatisierung bereits, wenn es darum geht, den Hauptschieber für Gas (Abb. 7.5 und Abb. 7.16) oder Wasser auch im Winter bei schneebedecktem Boden auffindbar zu machen. Der geläufige Umgang mit räumlichen Koordinaten ist für das Arbeiten mit CAD-Programmen von grundlegender Bedeutung und findet in der analytischen Geometrie in der klassischen Schulmathematik seine alltägliche Schulanwendung.

Abb. 7.16 Der Weg zum
Gasschieber

7.4.4 Idee der Abstraktion – der geometrische Formenschatz

Schon kleine Kinder bauen mit einfachen Bausteinen - mit „Grundkörpern" (Würfel, Quader, Prismen, Zylinder, Pyramiden, Kegel) – reale Objekte (Häuser, ganze Städte, Fahrzeuge, Möbel, …) phantasiereich nach. Sie „modellieren". Verstärkt wird diese Verknüpfung der Kinderwelt mit der realen Welt durch kindgerechte Zeichnungen in Bilderbüchern. So kann sich ein einfacher Formenschatz entwickeln, der nach und nach erweitert wird. Auch im Raumgeometrieunterricht werden die realen Objekte in der Welt auf einfache Grundkörper (Kegel, Würfel, Prisma,…) zurückgeführt. So wird der geometrisch abstrakte „Formenschatz" entwickelt.

Dass diese mentale Brücke zwischen realen Objekten und abstrakten Grundkörpern wechselseitig wirken kann, wird beim Objekt „Vienna International Center" (vgl. Abb. 7.17) – im Volksmund „UNO-City" genannt – deutlich. Bekanntermaßen war ein „Puck" – das „Mittelding" einer früheren Schallplatte – der Anstoß, das Gebäude in dieser Form zu modellieren: vom realen Objekt „Puck" über die Abstrahierung (Zylinderformen, vgl. Abb. 7.18) wieder zum realen Objekt.

Die Idee der Abstraktion steht im Prinzip auch hinter der schon in Abschnitt 4.1 erwähnten Computertomografie, bei der ein Teil des menschlichen Körpers diskretisiert und digitalisiert wird: Zahlenwerte werden gedachten Voxel[57] zugeordnet, die der Dichte dieser Elementarkörper entsprechen. Und so kann auch von einem komplexen Objekt wie einem Menschen ein Modell aus abstrakten Grundkörpern (z.B. kleinen Würfeln) aufgebaut bzw. modelliert (vgl. Abb. 7.13) werden.

Abb. 7.17 Vienna International Center: „Uno City"(entworfen von Architekt Johann STABER, erbaut zwischen 1973 und 1979)

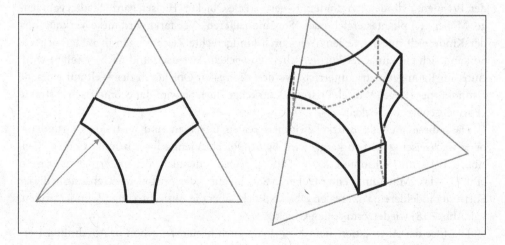

Abb. 7.18 Geometrische Abstraktion

---

[57] „Voxel" (volume element) als 3D-Analogon zum ebenen „Pixel" (picture element)

7.4.5 Idee der Dynamik – neue Formen erzeugen

Diese Leitidee kann in unterschiedlicher Weise von geometrischer Bedeutung sein:

Ein einzelnes Objekt kann bewegt werden und dabei neue Gebilde erzeugen, vgl. etwa Abb. 7.19: Wird beim Modellieren (mit CAD) ein Grundobjekt nicht nur bewegt, sondern gleichzeitig auch kopiert, entsteht ein neues Objekt. Auch die Grundkörper selbst – wie im gezeigten Beispiel ein Prisma – kann man sich durch Bewegung eines Grundelements entstanden denken.

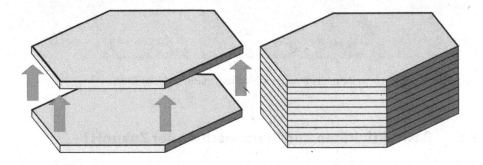

Abb. 7.19 Dynamische Entstehungsweise eines Prismas

Grundlegende Bewegungsvorgänge wie Drehung und Schiebung, speziell das Extrudieren nicht zu vergessen, bilden gemeinsam mit den BOOLEschen Operationen die Basis des Funktionierens von CAD-Programmen. Dafür wiederum ist die Koordinatisierung (vgl. Abschn. 7.4.3) Voraussetzung. Der Vollständigkeit halber soll daran erinnert sein, dass Untersuchungen von und zu Bewegungsvorgängen mit dynamischer Geometriesoftware nun bereits von Lernenden im Anfangsstadium ihrer Ausbildung zunächst in der Ebene durchgeführt werden können, um die Erzeugung vieler Kurven (z.B. Ellipsen, Radlinien, Konchoiden) nachzuvoll*ziehen* – über eine Maus oder durch direkte Berührung eines Bildschirms mit den Fingern.

Das Bewegen ist eines der Strategiewerkzeuge, um räumliche Aufgaben und Probleme (z. B. im Rahmen von Intelligenztests) zu lösen: Dabei geht es nicht nur darum, das Objekt („move object") zu bewegen, der Standpunktwechsel des Betrachters („move self") kann ebenso zu neuen Erkenntnissen beitragen. Dieser Standpunktwechsel kann auch hinter der Komposition von Illusionsdarstellungen stecken, wie dies z. B. in Abb. 7.20 zu sehen ist. Die räumlich wirkende Stufe entpuppt sich bei einem extremen Standpunktwechsel als ebene Figur. Extrem wird dies beim Siegerbeitrag 2010 des jährlich stattfindenden Illusionswettbewerbes[58] deutlich: Hier rollen Kugeln scheinbar aufwärts. Erst ein Standpunktwechsel zeigt die reale Situation und damit die Erklärung, die hinter der Illusion steckt.

---

[58] http://illusionoftheyear.com/ [2013-12-28], der Siegerbeitrag 2010 von Kokichi Sugihara (Japan) ist unter www.youtube.com/watch?v=fYa0y4ETFVo [2013-12-28] zu finden. Anmerkung der Herausgeber: Ein wunderbares Video, das eine neue Sicht auf „oben" und „unten" eröffnet.

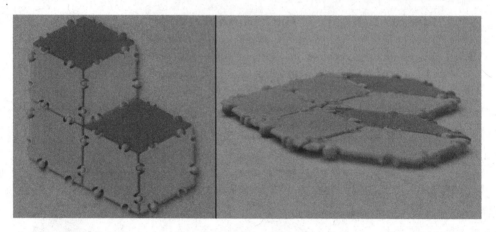

Abb. 7.20 Ansichtssache: Extremer Standpunktwechsel macht die Ansicht klar

7.5 Basisaktivitäten und Formenschatz der Zukunft?

Was ist nun der Basisinhalt eines künftigen Geometrieunterrichtes im Lichte der möglichen Beiträge zur Allgemeinbildung und unter Bedachtnahme des Einsatzes digitaler Arbeitsmittel? Welche tragfähigen Grundbegriffe und Grundvorstellungen können mit der Umsetzung der Leitideen den Geometrieunterricht der Zukunft ausmachen? Ist das Zeichnen/Konstruieren mit Bleistift und Zirkel auf Papier noch zukunftstauglich? Bleibt überhaupt die 2D-Zeichnung auf Papier/Tablet als Kommunikationsmittel erhalten? Wird sie – denken wir nur an die Entwicklung der 3D-Drucker – durch räumliche Objekte ersetzt? Welche Konstruktionen sollten die Kinder im Lichte der vorgestellten Beiträge zur Allgemeinbildung und der Leitideen beherrschen? Werden gerade durch die digitale Omnipräsenz des Internets (un?)bewusst Standards festgeschrieben, wie Geometrieunterricht aussehen muss?[59]

Der nächste Schritt nach Klärung dieser Fragen könnte die Erstellung eines kollektiv reflektiert entschiedenen, europäischen oder sogar international anerkannten Standardkatalogs für Geometrie oder für Mathematik im Allgemeinen sein – ähnlich den bestehenden Werken im Spracherwerb (z. B. Cambridge English Certificate[60]) oder für das Erlernen der Computerbasics mit unterschiedlichen Qualifikationsstufen (ECDL[61]) – der über eine implizite Normierung durch internationale Vergleichsstudien (wie z. B. PISA) hinausgeht.

Einen hoffnungsvollen Beginn dazu stellt für mich der *Europäische Referenzrahmen für das lebensbegleitende Lernen*[62] dar, in welchem die *Mathematische Kompetenz* eine der

---

[59] Vgl. dazu etwa auch die Vorschläge von Salman KHAN: https://de.khanacademy.org [Zugriff: 20.06.14], oder auch GeoGebraTube: http://www.geogebratube.org [Zugriff: 20.06.14].

[60] www.cambridgeenglish.org [Zugriff: 28.12.13]

[61] www.ecdl.org [Zugriff: 28.12.13]

[62] Empfehlung des Europäischen Parlaments und des Rates *Amtsblatt Nr. L 394 vom 30/12/2006 S.* http://eur-lex.europa.eu/LexUriServ/LexUriServ.do?uri=CELEX:32006H0962:DE:HTML 0010 - 0018

acht Schlüsselkompetenzen darstellt. Geometrische Aspekte wie „räumliches Denken" und „Konstruktionen" werden explizit hervorgehoben.

7.6   Literatur

[197] Bender, P. (1983): Zentrale Ideen der Geometrie für den Unterricht der Sek. I. In: Beiträge zum Mathematikunterricht 1983, S. 8-17.

[198] Bruner, J. (1970): Prozess der Erziehung. Schwann, Berlin, Düsseldorf.

[199] Fischer, R. (2012): Fächerorientierte Allgemeinbildung: Entscheidungskompetenz und Kommunikationsfähigkeit mit ExpertInnen. In: [Fischer, Greiner, Bastel 2012] S. 9-17.

[200] Fischer, R., Greiner, U., Bastel, H. (Hrsg.) (2012): Domänen fächerorientierter Allgemeinbildung. Schriftenreihe der Pädagogischen Hochschule Oberösterreich, Band 1. Linz.

[201] Heugl, H. (2005): Standards und Technologie. Vortragsunterlagen: www.acdca.ac.at/material/vortrag/heugl_wels0511.htm (Zugriff: 20.06.14).

[202] Heymann, H.-W. (1996): Allgemeinbildung und Mathematik. Beltz Verlag, Weinheim und Basel.

[203] Lambert A. (2014): Teilprozesse der Stoffdidaktischen Methode (in der Geometrie). Mitteilungen der GDM. Heft 96, Umschlagseite 3 (online: http://didaktik-der-mathematik.de/pdf/gdm-mitteilungen-96-U3.pdf, Zugriff: 20.06.14).

[204] Müller, T. (1989): Geometrie auf der Donau oder "Wie eine Würfelecke der Schifffahrt dient". Informationsblätter für Darstellende Geometrie. Heft 2, S. 49-53. Innsbruck.

[205] Müller, T. (2010): Der Raumgeometrieunterricht und seine Rolle im Fächerkanon. Informationsblätter der Geometrie, Teil 1, Jg. 29, Heft 2, S. 21-22. Innsbruck.

[206] Müller, T. (2011a): Der Raumgeometrieunterricht und seine Rolle im Fächerkanon. Teil 2: Reflektierte Entscheidungsfähigkeit. Informationsblätter der Geometrie. Jg. 30, Heft 1, S. 7-10. Innsbruck.

[207] Müller, T. (2011b): Der Raumgeometrieunterricht und seine Rolle im Fächerkanon. Teil 3: Kommunikation und Erkenntnisgewinn, Informationsblätter der Geometrie. Jg. 30, Heft 2, S. 14-19. Innsbruck.

[208] Müller, T. (2012): Entscheidungshandeln, Kommunizieren und Erkenntnis gewinnen. In [Fischer, Greiner, Bastel 2012], S. 211221.

[209] Müller, T., Blümel, M., Vilsecker, K. (2011): Leitideen des Raumgeometrieunterrichtes – über fundamentale Ideen unseres Raumgeometrieunterrichtes. In: Informationsblätter der Geometrie. Jg. 30. Heft 2, S. 20-24. Innsbruck.

[210] Müller, T., Blümel, M., Vilsecker, K. (2013): Auf den Punkt gebracht. In: Praxis der Mathematik in der Schule, Heft 49, S.17-26.

[211] Pamuk, O. (2006): Istanbul. Fischer, Berlin.

[212] Pillwein, G., Asperl, A., Müllner, R., Wischounig, M. (2006): Raumgeometrie – Konstruieren und Visualisieren. öbvhpt, Wien.

[213] Schweiger, F. (2010): Fundamentale Ideen. Shaker Verlag, Aachen.

[214] von der Bank, M. (2013): Fundamentale Ideen, insbesondere Optimierung. In: Filler A, Ludwig M (Hrsg.): Wege zur Begriffsbildung für den Geometrieunterricht. Vorträge auf der 29. Herbsttagung des AK Geometrie in der GDM. Franzbecker, Hildesheim.

Begriffe im Geometrieunterricht der ‚Hauptschule'

8

Katharina Gaab, Universität des Saarlandes, Saarbrücken

Zusammenfassung

Im Rahmen von Reformen in den 1960er Jahren wurde die Volksschule in die Haupt-schule überführt, die als Berufseingangsstufe auf eine Lehre vorbereiten sollte. Diese ‚Hauptschule' gibt es als solche heutzutage fast nirgends mehr, aber dennoch bleiben die Probleme dieser (ehemaligen) Schulform und ihrer Schülerschaft in der Praxis be-stehen. Daher lohnt das Wiederaufgreifen der verebbten didaktischen Diskussion von mathematischen Inhalten für diese Schülerklientel. Im Beitrag wird dieser Übergang der Volksschule zur Hauptschule skizziert, wobei ein besonderes Augenmerk auf den (Grund-)Begriffen im Raumlehre- bzw. Geometrieunterricht dieser Schulformen liegt. Dazu wird ein Blick in Lehrpläne und Schulbücher dieser Zeit geworfen, gefolgt von Anregungen für Überlegungen eines heute zeitgemäßen Geometrieunterrichts der ‚Hauptschule'.

8.1 ‚Hauptschule'

8.1.1 Kurzer Überblick über die Vorgeschichte: Die Entwicklung der Volksschule zur Hauptschule[63]

In der ständischen Gliederung der Gesellschaft des Kaiserreichs stand die Volksschule[64] im Schatten der höheren Bildung. Das öffentliche Bild der Volksschule war v. a. durch ihre Schülerschaft bestimmt, die zu zwei Dritteln aus Arbeiterkindern bestand. Diese wurden

---

[63] Der hier sehr knapp gehaltene historische Überblick, der nur als Hinführung und Grundlage der weiteren Betrachtungen dient, wird an anderer Stelle von der Autorin ausführlicher ausgearbeitet.

[64] Deren historische Vorläufer waren sog. Elementar- und Trivialschulen.

gegenüber den Schülerinnen und Schülern[65] der höheren Schulen als besonders erziehungsbedürftig angesehen. Es herrschte eine scharfe Abgrenzung zwischen den Schulformen, wodurch die Volksschule diskriminiert wurde; denn trotz Bemühungen und vielleicht guter Leistungen hatten die meisten Volksschulabsolventen keine höheren Chancen auf dem Arbeitsmarkt. In der hierarchisch geordneten Gesellschaft fungierte das Schulsystem als Distributionsinstanz sozialer Schichtungen, das geburtsständische Disparitäten unabhängig von der Schülerleistung festschrieb.

Nach dem Zusammenbruch des Kaiserreichs musste das Schulsystem in der jungen Weimarer Republik unter demokratischen Vorzeichen neugestaltet werden: die Weimarer Verfassung von 1919 lieferte den Rahmen für das deutsche Bildungswesen und das 1920 von der Deutschen Nationalversammlung verabschiedete Reichsgrundschulgesetz bestimmte dann zunächst eine gemeinsame Schulzeit für alle Kinder in den untersten vier Jahrgängen der Volksschule. Anschließend bestand neben dem Besuch der Volksschuloberstufe die Möglichkeit eines Wechsels auf eine höhere Schule. Damit musste diese vierjährige Grundschule zusätzlich zu ihrer Aufgabe als Teil der Volksschule eine ausreichende Vorbildung hierfür liefern.

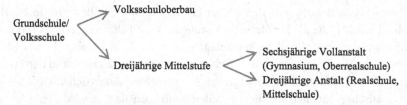

Nach der Verwirklichung der Schulgeldfreiheit versuchten viele die Chance eines weiterführenden Schulbesuchs ihrer Kinder zu verwirklichen. Dadurch kam es zu einer Abwanderung aus der untersten Stufe des Schulsystems. Die Volksschuloberstufe wurde nur noch von Schülern besucht, die keine Chance auf einen Zugang zu höherer Bildung hatten, wodurch diese bereits in den 20er Jahren den Charakter einer ‚Restschule' hatte. [224]

Nach dem Zweiten Weltkrieg wurde nach kurzen Reformbestrebungen der Alliierten das Bildungssystem in den vor dem Dritten Reich befindlichen Zustand zurückversetzt. In den darauffolgenden Jahren stagnierte das Bildungssystem dann zunächst in seiner traditionellen Dreigliedrigkeit. [216]

Von der Volksschuloberstufe zur Hauptschule – Bildungsreform(en) der 60er Jahre
Mitte des 20. Jahrhunderts war die Volksschule immer noch primär soziologisch definiert[66], als Bildungsstätte für die Jugend der handarbeitenden Schichten, die so viel Bildung liefert, wie für das überschaubare Lebensumfeld benötigt wird. Sie wurde immer mehr kritisiert. Zum einen wegen ihrer Rückständigkeit, da ihre volkstümliche Bildung, die keine Erkenntnis um ihrer selbst willen, sondern nur Praxiswissen zum unmittelbaren Vollzug beinhaltete, den modernen wirtschaftlich-technischen Erfordernissen nicht gerecht würde. Durch die rasche Entwicklung der Technik verwandelte sich die Arbeitswelt

---

[65] Im Folgenden wird der Bezeichner ‚Schüler' als Abkürzung stellvertretend für ‚Schülerinnen und Schüler' verwendet, welcher im gesamten Artikel immer für beide Geschlechter stehen soll.

[66] Das Gymnasium beispielsweise hatte hingegen das Verständnis seiner (humanistischen) Bildung als Ziel schon früh formuliert.

zu schnell. Eine weitere Bedrohung stellten zum anderen die zunehmend abwandernden Schülerströme dar, insbesondere die Abwendung der leistungsstärkeren Schüler. [224]

Der Versuch wurde unternommen, die Volksschuloberstufe in eine moderne Hauptschule zu überführen. Dazu bestand die Notwendigkeit eines modernen Profils für die neu zu schaffende Hauptschule, so u. a. die Entwicklung eines anderen Selbstverständnisses, anderer Arbeitsweisen, einer Verlängerung der Schulzeit.

Der Deutsche Ausschuss für das Erziehungs- und Bildungswesen (1953-65) sprach Empfehlungen zur Entwicklung des deutschen Bildungswesens aus. Seine Vorschläge für die Hauptschule hatten auf deren Konzeption maßgeblichen Einfluss. Ein erster Schritt war die empfohlene Einführung eines 9. Pflichtschuljahrs (1954/57). Es wurden aber keine Angaben zur curricularen Ausgestaltung gemacht. Statt zusätzliche Inhalte zu vermitteln, bestand die Funktion dieses 9. Schuljahrs in der Vorbereitung auf eine berufliche Lehre. Ein Übergang zu höheren Bildungsgängen von der Hauptschule aus wurde also (noch) nicht intendiert. Vielmehr sollte das zusätzliche Schuljahr den spezifischen Charakter der Volksschulbildung stärken. [216]

Die bis dato gültige Doktrin einer volkstümlichen Bildung, die praktisch, konkret und situationsgebunden war, sollte nun einer anschauungsnahen allgemeinen Bildung mit Anlehnung an die Inhalte einer sich anschließenden beruflichen Ausbildung weichen, welche aber nicht bis zu einer theoretischen gehen sollte. Die Hauptschule sollte als Berufseingangsstufe auf eine Lehre vorbereiten.

‚Hauptschule'

Der Bezeichner ‚Hauptschule' für die Volksschuloberstufe wurde 1964 durch das Hamburger Abkommen der Kultusministerkonferenz eingeführt. Die Hauptschule sollte weder Standes- noch Restschule sein, dafür sollte der neue Name gleichzeitig das Programm vorgeben: eine weiterführende Schule zu sein, nicht mehr nur für die unteren Schichten. Die Zielsetzung der Volksschule wurde umdefiniert.

Man bemühte sich althergebrachte Benachteiligungen zu beseitigen und folgte der Erkenntnis, dass den gesteigerten Anforderungen von Leben und Beruf allgemein durch eine verbesserte wissenschaftliche Qualifikation der Bevölkerung Rechnung getragen werden musste. Der Unterricht wurde verfachlicht (beispielsweise wurde die vorherige allgemeine Naturkunde spezifiziert und in die einzelnen Fächer Biologie, Chemie und Physik untergliedert), der Unterricht in einer Fremdsprache kam ganz neu hinzu und das bisher in keiner Schule dagewesene Fach ‚Arbeitslehre' wurde eingeführt, das eine frühzeitige Hinführung zu Wirtschaft und Arbeitswelt liefern sollte. [224]

Unterrichtsstoffe und Lehrpläne

Die nach dem Zweiten Weltkrieg bis etwa 1960 entstandenen Lehrpläne[67] (für den Rechen- und Raumlehreunterricht bzw. Mathematikunterricht) sind noch an denen von 1925 orientiert und verfolgen den Schularten entsprechende, unterschiedliche Bildungsziele. Bis zum Ende des 6. Schuljahrs sind die Unterschiede in den Lehrplänen von Volksschule und höheren Schulen noch gering. Der Stoff der Lehrpläne der Volksschule ist in denen der höheren Schulen enthalten. [216]

---

[67] Siehe zur genauen Betrachtung der Lehrpläne den folgenden Abschnitt.

Der Rechen- und Raumlehreunterricht der Volksschule diente nur lebenspraktischen Zwecken und zeigt daher eine generelle Tendenz zur Abgrenzung vom Mathematikunterricht anderer Schularten: „Im Rechen- und Raumlehreunterricht der Volksschule geht es ausschließlich um die rechnerisch zu bewältigenden Probleme *des häuslichen und des handwerklichen Alltags*, sowie um die Vermittlung einer Reihe von Arbeitstugenden für die Berufstätigkeit in abhängigen Positionen." ([216], S.180)

Durch die Umgestaltung der Volksschule zur Hauptschule sollten die Lehrpläne nun an die der höheren Schulen angelehnt werden. Für die Raumlehre bedeutete dies, dass einzelne Inhalte neu hinzukamen. DAMEROW stellt fest, dass in den unterschiedlichen Konzeptionen der Lehrpläne der einzelnen Bundesländer für die Hauptschule bis 1980 alles zwischen dem traditionellen Volksschullehrplan für den Rechen- und Raumlehreunterricht und den Mathematiklehrplänen der höheren Schulen (Klasse 5-10) vertreten war. Damit wurde aus der konzeptionellen Abgrenzung von den höheren Schulen ein stetiger Übergang, wodurch die Hauptschule im Mathematikunterricht den Anschluss an die weiterführenden Schulen gefunden hatte. ([217], S. 519)

Die immer stärkere Angleichung an die höheren Schulen führte allerdings zu der Diskrepanz zwischen dem Postulat einer allgemeinen Bildung und der Rücksichtnahme auf Lernschwierigkeiten schwacher Schüler. Dies hatte dann wiederum einen institutionellen Widerspruch zwischen Eigenständigkeit und Anpassung zur Folge.

Raumlehre

Der traditionelle Unterrichtsstoff der Volksschule lag somit in der zweiten Hälfte des vergangenen Jahrhunderts den Lehrplänen der Bundesländer (z. B. KMK: *„Richtlinien und Rahmenpläne für den Mathematikunterricht"*, 1958) stillschweigend zugrunde. Er umfasste *Rechnen, Sachrechnen* und *Raumlehre*.

Bis zum Ende der 60er Jahre hatte die Volksschule noch eine eigene Konzeption, die sogenannte ‚Raumlehre‘. Diese beinhaltete mehr als die Raumkunde der Grundschule, die auf das Konkrete beschränkt blieb, war aber dennoch weniger, vom Stoffumfang ebenso wie theoretisch, als der Geometrieunterricht des Gymnasiums. In den traditionellen Lehrplänen waren die Stoffe der Raumlehre wie folgt auf die einzelnen Schuljahre verteilt: in der Primarstufe finden sich propädeutische Ansätze, denen im 5. Schuljahr Formenkunde und geometrische (Grund-)begriffe folgten. Unmittelbar anschließend wurde die Berechnung einfacher Flächen behandelt, bevor in den nächsten Schuljahren weitere Flächen sowie Körper berechnet wurden. Den Abschluss der Raumlehre bildete im 8. Schuljahr die Berechnung der Kugel. Für die Volksschule war z. B. keine Behandlung von Konstruktionen, Abbildungen oder Symmetrie als Lerninhalt vorgesehen.[68][69]

Gegenstand der Raumlehre war also lediglich die Berechnung einfacher (insbesondere regelmäßiger) Flächen und Körper als ‚Anwendung des Rechnens‘. Damit wurde die Raumlehre, im Gegensatz zur Geometrie, nicht als eigene Disziplin gesehen. Aber die Grenze zwischen beiden ‚Fächern‘ verlief fließend, da zur Berechnung von Größen von Objekten auch geometrische Grundkenntnisse notwendig sind. Die Raumlehre gliederte sich also in einen qualitativ geometrischen Teil, die Formenkunde, und einen quantitati-

---

[68] Zur genaueren Behandlung der einzelnen Inhalte im Unterricht siehe Abschnitt 8.2.2.

[69] Siehe auch die entsprechende Fußnote am Ende von Abschn. 8.2.2 (Zusammenfassung).

ven Teil, der die Berechnung der jeweils thematisierten Formen beinhaltete. Die formen-
kundlichen Betrachtungen, die der Berechnung vorausgingen, schlossen die Vermittlung
elementarer geometrischer Begriffe sowie Fertigkeiten im geometrischen Zeichnen mit
ein. Dennoch blieb der eigentliche Inhalt des Unterrichts die Berechnung, sodass den vermittelten geometrischen Inhalten wenig eigenes Gewicht zukam. ([216], S.169ff)

Diese Unterrichtsstoffe finden sich alle bereits in der „Allgemeinen Verfügung über Einrichtung, Aufgabe und Ziel der preußischen Volksschule" von 1872, wonach der Bildungska-
non des Faches (Rechnen/Raumlehre) so alt ist, wie die Volksschule selbst. ([216], S.171)

Weiterentwicklung

Nach einem Beschluss der Kultusministerkonferenz von 1968 gab es dann keine konzeptionellen Unterschiede zwischen Hauptschule und anderen Schulformen mehr, sondern der
Unterricht der Hauptschule war vielmehr durch ein Weglassen von Inhalten der höheren
Schulen geprägt. Diese ‚subtraktiven' Unterschiede zeigen sich in den Richtlinien der Bundesländer. Die Lernziele wurden starr den Jahrgangsstufen zugeordnet, ohne dass unterschiedliche Konzepte in der Praxis oder in Schulbüchern verwirklichbar gewesen wären.

Aber in den 1980er Jahren kehrte man sich vom Ziel der 70er Jahre, einer Annäherung an andere Schulformen, ab. Es gab Lehrplanrevisionen, die mehr Praxisbezug im
Unterricht forderten, die wieder mehr die Grundkenntnisse in Deutsch und Mathematik
hervorhoben und den fremdsprachlichen Unterricht herabstuften. Weiterhin wurden soziale und praktische Aktivitäten betont z. B. durch die Einführung von Betriebspraktika.
In der Folgezeit gab es ein wachsendes Interesse an einer spezifischen Konzeption für die
Hauptschule (für Geometrie z. B. VOLLRATH [229]). Diese Rückentwicklung zu einer eigenen Profilierung war eine Antwort auf die Veränderung der Schülerklientel. Hauptschüler
waren nun quantitativ nicht mehr die Majorität.[70] Die Kehrseite der Bildungsexpansion ist
der Bedeutungsverlust des unteren Niveautyps. Meist besuchten nur die Schüler noch die
Hauptschule, die den Übertritt in andere Sekundarstufenschulen nicht geschafft hatten,
oder diese verlassen mussten (siehe Folgeabschnitt). Der Besuch der Hauptschule vieler
Schüler war nicht freiwillig, sondern lediglich die Schulpflichterfüllung auf dem untersten Niveau. Durch die soziale Abwertung des Einzelnen und der Institution verminderte
sich die Anziehungskraft dieser Schulform stark. Das bereits ungünstige Lernklima wurde
durch hohe Fehlquoten und Disziplinprobleme zunehmend verschärft. [224]

Resümee

Den Charakter einer ausgesprochen schichtenspezifischen Schule konnte die Hauptschule
nicht ablegen, sondern es gab eher eine Zunahme der sozialen Einseitigkeit der Schüler-
strukturierung: v. a. Kinder von (ungelernten) Arbeitern. Diese Familien konnten (oft)
weder kulturelle Voraussetzungen noch Unterstützung für den Schulerfolg ihrer Kinder
bieten. Es festigte sich die Etikettierung einer Schulform besonders bildungsabstinenter
Bevölkerungsschichten.

---

[70] Im Jahre 1931 besuchten 73% der männlichen Schüler und 76% der weiblichen die Volksschule
und nur 13% bzw. 8% höhere Schulen, 1975 immerhin noch 51% bzw. 49% Volks-/Hauptschule und
jeweils 25% höhere Schulen. ([221], S. 112)

8.1.2 Heutige Situation

In Deutschland gibt es derzeit (nur) noch fünf Bundesländer (Baden-Württemberg, Bayern, Hessen, Niedersachsen, Nordrhein-Westfahlen) mit der Hauptschule als eigenständiger Schulform. In den übrigen Ländern wurde die (wenn) ehemals bestehende Hauptschule nach und nach in andere Schulformen (z. B. Erweiterte Realschule, Realschule plus) überführt. So wollen alle Bundesländer den Hauptschul-*Abschluss*, im Sinne einer Berufsreife, grundsätzlich erhalten und aufwerten, auch wenn dieser nicht mehr an die Schulform geknüpft ist. Bei gleichzeitigem Anstreben einer größeren Durchlässigkeit zum Mittleren Bildungsabschluss im Anschluss an den Hauptschulabschluss, soll durch eine Stärkung der Berufsorientierung ein besserer Anschluss an den Arbeitsmarkt gelingen. Das bedeutet aber, dass die Berufsaussichten auch ohne einen weiteren Abschluss wie Mittlere Reife oder Abitur besser werden müssen. (vgl. [226])

Erschwert werden Reformversuche durch ungünstige Ausgangssituationen vor Ort. Während in den südlichen Ländern, in Bayern und Baden-Württemberg, die Einzugsmilieus der Hauptschule tendenziell günstiger sind, herrscht zum Beispiel in Hessen eine eher schwierige Schülerschaft vor. Hier sind hohe Anteile an (Klassen-)Wiederholern zu verzeichnen. Viele Elternhäuser haben selbst ein (teilweise sogar sehr) geringes Bildungsniveau. Durch zusätzlich hohe Anteile von Schülern aus Migrantenfamilien, in denen nicht deutsch gesprochen wird und andere kulturelle Werte vorherrschen, wird die Situation weiterhin erschwert. (siehe [224]) Als unterste Schulform werden der Hauptschule auch immer Schüler durch ‚Abschulung' zugeführt. Nur sehr wenige Eltern der Grundschulkinder halten den Hauptschulabschluss für wünschenswert.

Die Leistungen der Hauptschüler nach ihrem Abschluss reichen heute für eine erfolgreiche Ausbildung i. Allg. nicht mehr aus und damit fehlen gleichzeitig dem Handwerk leistungsstarke Nachwuchskräfte.

Die Daten der Tabelle des STATISTISCHEN BUNDESAMTES aus *„Bildungsstand der Bevölkerung 2013 "* [228] zeigen den Schulbesuch in Deutschland nach ausgewählten Schularten und Bildungsabschlüssen der Eltern im Jahr 2012.[71] Hier sieht man u. a., dass die Hauptschule unter den allgemeinbildenden Schulen den mit Abstand schmalsten Bereich darstellt, und dass selbst Hauptschulen und sonstige allgemeinbildende Schulen (auf denen auch ein Hauptschulabschluss erworben werden kann, z. B. Gesamtschulen) zusammen schülermäßig hinter dem Anteil der Gymnasiasten liegen. Vor allem fällt aber auch die schichtenspezifische Verteilung der Schüler auf die Schulformen ins Auge: während nur ein sehr geringer Anteil (13%) der Hauptschüler zumindest ein Elternteil mit (Fach-) Abitur hat, sind fast die Hälfte der Schüler (44,5%), die eine Hauptschule besuchen, aus einem eher bildungsfernen Elternhaus, bei dem der höchste (!) allgemeine Schulabschluss (zumindest) eines Elternteils der Volks- oder Hauptschulabschluss ist.[72]

---

[71] Der Zusammenhang von Bildungsstand des Elternhauses und Schulart der Kinder wird erst seit 2009 in der jährlichen Veröffentlichung dokumentiert.

[72] Zusammen mit den Schülern, die aus einem Elternhaus ohne überhaupt einen Schulabschluss kommen, macht das weit mehr als die Hälfte der Schülerschaft der Hauptschule aus.

Tab. 8.1 Schulbesuch 2012 nach ausgewählten Schularten und Bildungsabschluss der Eltern (Quelle: eigene Darstellung nach „*Bildungsstand der Bevölkerung 2013* " [228])

Schulart	Insge-samt	Davon nach höchstem allgemeinem Schulabschluss der Eltern					ohne allg. Schulab-schluss
		mit allgemeinem Schulabschluss					
		Haupt-(Volks-)schulab-schluss	Abschluss der poly-techn. Ober-schule	Real-schul-abschluss	(Fach-)Hoch-schul-reife	ohne Anga-be	
	1000			%			
Grundschule	2809	18,1	5,6	29,6	42,7	/	3,8
Hauptschule	**561**	**44,5**	2,8	28,2	**13,0**	/	**11,2**
Realschule	1525	23,7	8,2	38,6	26,0	/	3,3
Gymnasium	2651	7,8	5,1	24,1	61,3	/	1,4
Sonstige allg. bildende Schulen	1280	24,0	9,5	29,6	30,3	/	6,2
Berufliche Schulen	1918	30,8	8,8	33,0	22,6	/	4,4
Insgesamt	**10 743**	20,7	6,8	30,1	38,3	0,1	3,9

Fragen an einen Geometrieunterricht in der „Hauptschule"

Der ‚Hauptschulunterricht' insgesamt, und somit auch der in Geometrie, muss sowohl Allgemeinbildung als auch Berufsvorbereitung sichern. Zu letzterer gehört u. a. auch die Schulung motorischer Fähigkeiten, z. B. durch den sauberen Umgang mit Zirkel und Lineal oder durch die Erstellung realer Modelle aus unterschiedlichen Materialien. Viele (handwerkliche) Berufe erfordern Feinmotorik und genaues Arbeiten. Aber auch weitere Grundfähigkeiten können im Geometrieunterricht ausgebildet werden. Sowohl für das berufliche Leben als auch insgesamt ist die Entwicklung eines Anschauungsraumes (nach HOLLAND [219]) von zentraler Bedeutung. Sich in jeglicher Hinsicht in unserer dreidimensionalem Umwelt orientieren und zurecht finden zu können, sollte jedem Menschen gelingen. Die große Heterogenität der Schülerschaft muss bei allen Überlegungen bedacht werden.

8.2 Begriffsentwicklung in Raumlehre und Geometrieunterricht

Um (mögliche) Begriffe des Geometrieunterrichts festschreiben zu können, ist es sinnvoll zunächst einen Überblick zu schaffen über die Begriffe, die im Unterricht tatsächlich verwendet oder aufgebaut werden. Das wird im Folgenden für die Schulformen Volksschule und Hauptschule versucht.

8.2.1 Kriterienorientierte Klassifikation geometrischer Begriffe

Geometrische Begriffe, insbesondere die der Schulgeometrie, lassen sich nach unterschiedlichen Aspekten klassifizieren. Zum Beispiel unterteilt sie HOLLAND ([219], S. 153 f) nach *inhaltlichen, logischen, axiomatischen* und *strukturellen* Gesichtspunkten. Dabei untergliedert er die ersten beiden Kategorien weiter: zu der Betrachtung nach inhaltlichen Aspekten gehören für ihn *Figuren- [und Eigenschafts-] begriffe, Abbildungsbegriffe* und *Maßbegriffe*. Nach logischen Aspekten unterteilt er *Objekt-[/Eigenschafts-]begriffe, Relationsbegriffe* und *Funktionsbegriffe*. Die letzten beiden Kategorien werden ebenfalls weiter untergliedert, allerdings ist diese Einteilung für die hiesige Betrachtung zu weitführend.

Diese Einteilung, die alles andere als trennscharf ist, macht das Sprechen über die hier relevanten Gruppen gleichartiger Begriffe schwierig. So ist für ihn z. B. *achsensymmetrisch* oder *parallel* ebenso ein Figurenbegriff wie *Gerade*, da er inhaltlich **Objekte**, ihre **Eigenschaften** und Eigenschaften einer **Beziehung** zwischen den Objekten in dieselbe Kategorie einordnet. Ebenso wenig unterscheidet er *achsensymmetrisch* und *Gerade* nach logischen Gesichtspunkten: beide sind für ihn Objektbegriffe, da es „eine Eigenschaft einer Figur ist, eine Gerade zu sein".

Für meine Betrachtung ist es dienlich eine andere Klassifizierung nach Begriffsaspekten vorzunehmen. Ich möchte

Objektbegriffe, Eigenschaftsbegriffe und Relationsbegriffe

voneinander abgrenzen. Wenn ich von Objektbegriffen spreche, dann sollen tatsächlich nur Objekte in der Menge der ebenen und räumlichen geometrischen Figuren gemeint sein, ohne (zusätzliche) Eigenschaften. (Nur) die Eigenschaften solcher Figuren werden im Folgenden als Eigenschaftsbegriffe beschrieben. Wenn sich die Eigenschaft auf die Beziehung zwischen zwei (oder mehreren) solchen Objekten bezieht, dann nenne ich diese Art Relationsbegriffe.

Demnach sind in dem betrachteten Beispiel *achsensymmetrisch* als Eigenschaftsbegriff, *Gerade* als Objektbegriff und *parallel* als Relationsbegriff inhaltlich klar voneinander getrennt zu sehen.

Ergänzend übernehme ich von HOLLAND unverändert seine Kategorie

Maßbegriffe,

in die unzweifelhaft z. B. Länge, Winkelgröße, Flächeninhalt und Volumen gehören.

8.2.2 Begriffe in der Raumlehre

Lehrplan
Exemplarisch betrachte ich den Übergang von der Volksschuloberstufe zur neuen Hauptschule, wie er sich im Bundesland Rheinland-Pfalz vollzogen hat. Für die übrigen (alten) Bundesländer der Bundesrepublik Deutschland fand die Umwandlung in ähnlichem Zeitrahmen und vergleichbarem Umfang statt.

Die folgenden Ausführungen beziehen sich auf die *„Richtlinien für die Volksschulen in Rheinland-Pfalz"* herausgegeben 1957 vom MINISTERIUM FÜR UNTERRICHT UND KULTUS.[73]

Tabelle 8.2 Richtlinien für die Volksschulen in Rheinland-Pfalz, Ministerium für Unterricht und Kultus 1957 (Quelle: eigene Darstellung nach [222])

---

5. Schuljahr
- Aufsuchen *raumkundlicher Grundformen* in der Umwelt des Kindes: **Würfel, Säule, Pyramide, Kegel, Kugel**
- Erkennen von Flächen an Gegenständen: **Quadrat, Rechteck, Dreieck, Kreis, Oval**
- Gewinnung der **Grundbegriffe** *raumkundlicher Art*
- Längenmaße und Umfangsberechnung
- Flächenberechnung
- Die Flächenmaße, ihre dezimale Schreibweise
- Betrachten, Darstellen, Schätzen und Berechnen von **Quadrat** und **Rechteck**
- Alte Flächenmaße

---

6. Schuljahr
Schätzen, Messen und Berechnen:
- **Raute (Rhombus), Parallelogramm, Trapez**
- **Dreieck, Winkel**
- **Regelmäßiges Sechseck**
- **Kreis, Kreisring, Kreisausschnitt**

---

7. Schuljahr
- Flächenberechnung: **Unregelmäßiges Viereck, regelmäßige** und **unregelmäßige Vielecke**
- Körpermaße und Körperberechnung: **Würfel, quadratische Säule, Rechtecksäule, Dreiecksäule, Trapezsäule, Vielecksäule, Rundsäule**
- **Kegel** und **Pyramide**

---

8. Schuljahr
- Körperberechnung: **Kegelstumpf** und **Pyramidenstumpf**, **Faß**berechnung, **Kugel**
- Übersichtliche Wiederholung der Flächen und Körper
- Das **Artgewicht**; Berechnen unregelmäßiger Körper

Dieser Lehrplan beinhaltet fast ausschließlich solche Objektbegriffe, die tatsächliche Objekte der Ebene (wie z. B. Dreieck oder Kreis) und des Raumes (z. B. Säule, Pyramide) meinen. Ergänzt werden diese nur noch durch die einfachsten Maßbegriffe. Eigenschafts- und Relationsbegriffe tauchen nicht explizit auf.

Die Raumlehre bezieht sich also stets auf konkrete Objekte an sich, ohne diese weitergehend zu untersuchen (z. B. auf Symmetrie) oder diese zueinander in Beziehung zu setzen (z. B. Kongruenz).

Schulbuch
Die Bedeutung der im Lehrplan auftauchenden Bezeichner[74] zu klären, verlangt nach einem Blick ins Schulbuch als dem zentralen Unterrichtsmedium. Das Wort im Lehrplan

---

[73] Der vorausgehende Lehrplan war der gemeinsame für die Länder Baden, Rheinland-Pfalz und Württemberg-Hohenzollern von 1949.

[74] Genauere Ausführungen zur Relation Bezeichner – Begriff enthält folgender Beitrag in diesem Tagungsband: REMBOWSKI [225] „Die Relation zwischen Begriff und Bezeichner wird durch Bezeichnung und Bedeutung beschrieben. [...] Ist [...]ein Bezeichner gegeben und wird diesem ein Begriff zugeordnet, so wird dies Bedeutung genannt."

Abb. 8.1 Aus Wir rechnen 6. Ein Rechenbuch für Volksschulen. 1962. S. 76; mit freundlicher Genehmigung von © C. C. Buchners Verlag, Bamberg. All Rights Reserved

sagt noch nichts über die Behandlung im Unterricht aus. Welche Aspekte eines Begriffs tatsächlich fokussiert und umgesetzt werden, lässt sich wenn nur dann konkreter beantworten. So soll folgendes Beispiel diesen teils doch grundlegenden Bedeutungsunterschied verdeutlichen.

In einem Volksschulbuch[75] aus dieser Zeit „Wir rechnen" [233] wird im 6. Schuljahr, nach einer Wiederholung von Rechteck und Quadrat als neues Thema des 5. Schuljahrs, das Dreieck (Arten[76], Schenkel, Höhe, Flächeninhalt) ausführlich behandelt. Anschließend wird dann, vor dem Trapez, als weitere geometrische Flächenform das Parallelogramm (wie in Abb. 8.1 zu sehen) eingeführt.

Das Parallelogramm wird hier auch ‚Schiefeck' genannt und als solches ‚verschobenes Rechteck' phänomenologisch eingeführt. Der Begriff wird also von einem vorhergegangenen Begriff Rechteck abgeleitet. Eine exakte Definition, beispielsweise über die mathematischen Eigenschaften des Objekts, wird nicht gebracht. Das einzige Eigenschaftswort, das auftaucht, nämlich ‚verschoben' (bzw. schief), ist hier alltagssprachlich zu verstehen. Durch das Nicht-

---

[75] Dieses Schulbuch wurde für den Unterricht an Volksschulen im Bundesland Bayern freigegeben. Der entsprechende zugrundeliegende Lehrplan „Richtlinien für die Oberstufe der bayrischen Volksschule" (1955, Neufassung 1963) weist nur Unterschiede in der Reihenfolge der Behandlung der Themen zu dem oben vorgestellten Lehrplan aus Rheinland-Pfalz auf. Daher ist hier der Vergleich legitim.

[76] Beim gleichseitigen Dreieck wird kein Wort über die Winkel verloren, siehe dazu die Zusammenfassung am Ende dieses Abschnitts.

aufklären[77] des Wortes parallel bleibt sowohl die mathematische Relation unbekannt, also ohne Bedeutung, als auch der Bezeichner Parallelogramm ein reiner Name.

Bei allen Themengebieten werden Alltags- und Umweltbezüge hergestellt. In der Geometrie sind es überwiegend Beispiele aus handwerklichen Tätigkeiten, so wie hier das Verkleiden eines Treppengeländers, welches eine parallelogrammförmige Fläche bildet, mit einem Rupfen[78].

Nur fünfzehn Jahre später sehen einführendes Beispiel und Definition desselben geometrischen Objekts anders aus (siehe Abb. 8.2): Der allgemeinere Begriff Viereck wird über eine spezielle (schon aus dem vorherigen Schuljahr bekannte) Eigenschaft gegenüberliegender Seiten, nämlich deren (paarweise) Parallelität, spezifiziert. Dieser logischen Erklärung werden einige Prototypen an die Seite gestellt, die als real zu erfahrende Formen in einer Aufgabe materiell hergestellt werden sollen und hier graphisch dargestellt sind. Einführend wird nach wie vor die Alltagswelt mit einbezogen und eine ebenfalls reale handwerkliche Situation beschrieben.

Abb. 8.2 Aus Gamma 6. Mathematik für Hauptschulen. 1977. S. 69; mit freundlicher Genehmigung von Hans-Joachim Vollrath und Ingo Weidig. All Rights Reserved

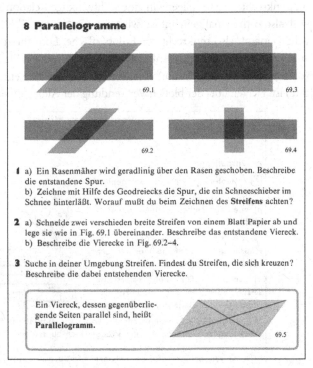

Dieses Schulbuch „*Gamma*" [232] ist ein Werk für Hauptschulen[79] und nach dem neuen Lehrplan von 1968 für Rheinland-Pfalz dort zugelassen.

Zusammenfassend lassen sich die in den vier Bänden des Volksschuloberstufenbuchs „*Wir rechnen*" auftauchenden Begriffe wie folgt gruppieren:

---

[77] Im Folgenden wird parallel bzw. ‚gleichlaufend' ohne weitere Erklärung intuitiv verwendet.

[78] Rupfen nennt man ein derbes, relativ lockeres Leinwandbindiges Gewebe aus ungewaschenen Jute- oder Flachsgarnen. Gebleicht oder uni eingefärbt wird es als Wandbespannung oder als Stoff für Dekorationen, ungebleicht auch in der Polsterei verwendet. http://www.die-leinenweber.de/lexikon_der_leinengewebe_rupfen_46.html (30.12.13)

[79] Näheres zum Lehrplan der Hauptschule in Abschnitt 8.2.3.

- Objekte der ebenen Geometrie (Flächenformen): Quadrat, Rechteck, Dreieck, Winkelfeld, Kreis, Kreisring, Kreisausschnitt, Oval, Raute (Rhombus), Rhomboid, Trapez, regelmäßige und unregelmäßige Vielecke

- Objekte der räumlichen Geometrie (Körper): Würfel, Säule (quadratische Säule, Rechteck- und Dreiecksäule, Trapezsäule, Vielecksäule, Rundsäule), Pyramide, Kegel, Kugel, Kegelstumpf, Pyramidenstumpf, unregelmäßige Körper

- Eigenschafts- und Relationsbegriffe: senkrecht (zu), waagerecht, [rechtwinklig](rechter Winkel)

- Maße: Länge, Umfang, Fläche, Winkel

Ein weiteres Beispiel dafür, dass ein im Lehrplan auftauchender Bezeichner einen Begriff inhaltlich unterschiedlich fasst, ist ‚senkrecht'. Während heutzutage im Mathematikunterricht mit ‚senkrecht zu' ganz allgemein eine rechtwinklige Relation zwischen Objekten beschrieben wird, also orthogonal gemeint ist, wird in „*Wir rechnen 5*" [233] mit senkrecht lediglich ‚lotrecht' gemeint, also senkrecht zur Erdoberfläche. Lotrecht zu sein ist eine Eigenschaft eines einzelnen Objekts, daher ist senkrecht in diesem Sinne ein Eigenschaftsbegriff (eines Objekts), wohingegen das senkrecht (zu) als allgemein rechtwinklig ein Relationsbegriff (mehrerer Objekte) ist. Es bleibt bei der bloßen Verwendung der Alltagssprache auch in neuen Kontexten.

Abb. 8.3 Aus Wir rechnen 5. Ein Rechenbuch für Volksschulen. 1962. S. 104; mit freundlicher Genehmigung von © C. C. Buchners Verlag, Bamberg. All Rights Reserved. (Hervorhebungen KG)

Außerdem findet sich dort zusätzlich der umgangssprachliche Eigenschaftsbegriff ‚waagerecht', der im allgemeinen Sprachgebrauch das Pendant zu senkrecht (im Sinne von lotrecht) ist. Der hier verwendete Begriff wird nicht zu einem mathematischen Begriff mit neuer/zusätzlicher Bedeutung.[80]

Das Dominierende des Alltagsbezuges wird auch im Folgenden deutlich. In der Aufgabe 3 (Abb. 8.4) wird abermals auf das Handwerk verwiesen, hier auf den Einsatz der Wasserwaage beim Türen- und Fenstereinbau.

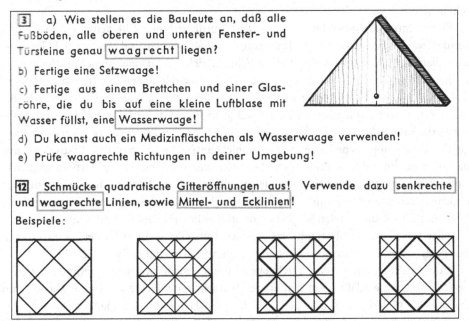

3 a) Wie stellen es die Bauleute an, daß alle Fußböden, alle oberen und unteren Fenster- und Türsteine genau waagrecht liegen?

b) Fertige eine Setzwaage!

c) Fertige aus einem Brettchen und einer Glasröhre, die du bis auf eine kleine Luftblase mit Wasser füllst, eine Wasserwaage!

d) Du kannst auch ein Medizinfläschchen als Wasserwaage verwenden!

e) Prüfe waagrechte Richtungen in deiner Umgebung!

12 Schmücke quadratische Gitteröffnungen aus! Verwende dazu senkrechte und waagrechte Linien, sowie Mittel- und Ecklinien!

Beispiele:

Abb. 8.4 Aus Wir rechnen 6. Ein Rechenbuch für Volksschulen. 1962. S. 105; mit freundlicher Genehmigung von © C. C. Buchners Verlag, Bamberg. All Rights Reserved. (Hervorhebungen KG)

In Aufgabe 12 tauchen ‚Mittel- und Ecklinien‘ auf. Die Betrachtung dieser ist rein prototypisch, sie werden nicht mathematisch systematisiert.[81] Diese Linien werden lediglich umgangssprachlich benannt und nicht zu einem mathematischen Begriff mit neuem Bezeichner (Diagonale). Bemerkenswert ist, obwohl nicht alle der geforderten Linien tatsächlich **Mittel**- oder **Ecken**linien sind, geht der Steller der Aufgabe davon aus, dass der Schüler mit Hilfe der Abbildung ganz selbstverständlich auch die anderen Linien als solche versteht, auch wenn sie das nach dem wörtlichen Sinn nicht sind. Dass diese besonderen Linien auch eine besondere Relation zueinander aufweisen, nämlich zueinander orthogonal zu sein, wird hier erneut nicht thematisiert.[82]

Zusammenfassung

Jeder zu behandelnde Begriff wird immer mit Bezug zur Umwelt betrachtet: Zunächst wird danach geschaut, wo entsprechende Formen in der Wirklichkeit vorkommen, im unmittelbaren Umfeld der Schüler. Dazu passt die phänomenologische Behandlung der Objekte,

---

[80] Ebenso die beiden Wörter ‚rund‘ und ‚eckig‘.

[81] Parallel taucht nicht auf. Die ‚Diagonalen‘ werden nicht als orthogonal (siehe oben in diesem Abschnitt) zueinander gesehen.

[82] Siehe vorherige Fußnote: ‚Parallel‘ taucht insgesamt nirgends explizit auf.

der eine Definition des entsprechenden Objekts fehlt. Ebenso werden Eigenschafts- und Relationsbegriffe alltagssprachlich verwendet, ohne dass eine neue (rein mathematische) Bedeutung hinzukommt.

Insgesamt werden in allen Schuljahren ausschließlich Objekt- und Maßbegriffe betrachtet, ergänzt von nur wenigen Eigenschaftsbegriffen. Abbildungsbegriffe jeglicher Art fehlen ganz.[83]

Eine wichtige Rolle bei der Erfassung der Begriffe nehmen Tätigkeiten ein. Auch hier werden wieder Beispiele aus der Erfahrungswelt der Schüler und aus den Schülern unmittelbar zugänglichen Berufen gewählt (Falten, Zeichnen, Suchen, Ausschneiden, Bauen, Ordnen). Alle Objekte werden selbst real erzeugt, die der Ebene z. B. durch ausschneiden/falten und auch alle Körper durch ausschneiden/schnitzen aus z. B. ‚Rüben' (die die Schüler aus ihrem Alltag kennen) oder durch formen aus Ton/Plastilin. Diese Aufgabe schult das räumliche Vorstellungsvermögen: Die Schüler müssen vor der Erzeugung eine genaue Vorstellung davon haben, wie das Objekt aussieht und wo welche Ecke oder Kante liegen muss, obwohl ihnen nur ebene Darstellungen der Objekte zur Verfügung stehen. Außerdem können die Schüler durch das möglichst genaue Arbeiten ihre händischen Fähigkeiten trainieren. Die räumlichen Objekte in ebener Darstellung treten als vorgegebene Abbildungen auf, die von den Schülern (intuitiv) richtig erkannt und gelesen werden müssen. Die umgekehrte Anfertigung von ebenen Darstellungen räumlicher Objekte durch perspektivisches Zeichnen wird ohne Erklärung von den Schülern verlangt.

Zu ebenen Figuren werden durchgehend immer wieder kreative Betätigungen gefordert. So sollen die Schüler mit den aktuell betrachteten Objekten „„schöne Muster' und ‚Zierbänder' bilden" ([233], z. B. Schuljahr 6, S. 71). Hier kommt es wieder auf exaktes Arbeiten an, wodurch die Feinmotorik geschult wird. Bei diesen Aufgaben spielt Symmetrie eine große Rolle, die aber nicht explizit oder vertieft angesprochen oder thematisiert wird. Ebenso wenig wird auf die Entstehung eines Musters durch Bewegungen (wie Spiegelung oder Verschiebung) eingegangen.[84]

Im Anschluss an die phänomenologische Betrachtung der Objekte werden alle entsprechenden Maße der Objekte (Flächeninhalt, Volumen) berechnet mit eingehender Thematisierung der Einheiten. Bei allen Flächendarstellungen wird der Maßstab durchgehend betont und explizit hervorgehoben, womit die reale Situation (sehr oft ein Acker/Feld oder Grundstück), die hinter einer Aufgabe steht, herausgestellt wird. Die Anwendung des Rechnens mit Größen steht hier im Vordergrund.

---

[83] Sehr bemerkenswert ist die Tatsache, dass Themenbereiche wie die Abbildungsgeometrie mit Bewegungen, Symmetrie etc. sehr wohl in den entsprechenden Methodiken und Handbüchern für Volksschullehrer dieser Zeit und auch schon früher auftauchen und dort ausführlich behandelt werden. Allerdings haben solche Themen trotzdem keinen Niederschlag in den Lehrplänen und –werken für diese Schulform gefunden. So schreibt z. B. BREIDENBACH [215] in dem Vorwort zu seiner Methodik: „[Diese zweite Auflage gibt] einen einzigen durchlaufenden Gang durch alle Teile der Geometrie, die für den Raumlehreunterricht in Frage kommen können." Also gab es zwar den Vorschlag für weitere Inhalte, aber keine Diskussion darüber, ob und warum diese für die Volksschule in Betracht kämen.

[84] vgl. vorherige Fußnote.

Zum Thema Winkel findet sich anfänglich im 5. Schuljahr nur eine prototypische Betrachtung des rechten Winkels, bei der wieder die alltagssprachliche Verwendung zum Vorschein kommt. Erst zwei Jahre später im 7. Schülerjahrgang werden dann Winkel gemessen, gezeichnet und mit Zirkel und Lineal geteilt. Das Auftreten von Winkelmaßen oder -arten bei Objekten, z. B. Dreiecken, wird nicht thematisiert.

8.2.3 Begriffe im Geometrieunterricht

Lehrplan
Nach dem Übergang von der Volksschuloberstufe zur neuen Hauptschule wurden dann nach und nach in den einzelnen Bundesländern neue Lehrpläne herausgegeben. Die Raumlehre wurde nun als *Geometrie* in den Mathematikunterricht integriert. In Rheinland-Pfalz umfasste der 1968 vom Ministerium für Unterricht und Kultus herausgegeben Lehrplan für die Hauptschule die Inhalte in Tabelle 8.3. Dieser Lehrplan war der erste für die Hauptschule, der alle Klassenstufen umfasste und löste daher den vorherigen Lehrplan für die Volksschule von 1957 ab. Durch die Aufteilung der Schüler in A- und B-Kurse[85] beinhaltet der Lehrplan einmal die gemeinsamen Themen und gegebenenfalls in der rechten Spalte die zusätzlichen für den weiterführenden Kurs.

Fett hervorgehoben sind die neuen Themen, die in den Lehrplänen der Volksschule noch nicht enthalten waren. Besonders ins Auge fällt, dass hier neben den vorher fehlenden Inhalten *ebene* ,Abbildungen' und ,Symmetrie' ein ganz neuer Bereich im neu eingeführten 9. Schuljahr hinzukommt: Darstellende Geometrie. Auch wenn die geometrischen Grundformen (bis auf das Drachenviereck) vorher schon da waren, erfahren viele Begriffe eine Erweiterung: sie werden jetzt (auch) logisch eingeführt, im Sinne der Betrachtung einer expliziten Definition. Oder es kommen, z. B. durch die Behandlung von Dreieckskonstruktionen, neue Aspekte eines vorher schon bekannten Begriffs (Dreieck) hinzu.

Gruppiert werden können die auftauchenden Begriffe[86] wie folgt:

- Geometrische (ebene und räumliche) Grundformen: Rechteck, Quadrat, Parallelogramm (Rhomboid, Rhombus), Dreieck, Trapez, **Drachenviereck**, Vielecke, Kreis und Kreisteile, Quader, Quadratsäule und Würfel, senkrechte Prismen, Pyramide und Kegel, Pyramiden- und Kegelstumpf, Kugel, Zylinder

- Geometrische Objektbegriffe: Fläche, Strecke, Winkel, **Punkt; Strahl, Gerade, Parallele;**

- Eigenschafts- oder Relationsbegriffe: waagerecht, senkrecht (zu)

- Maßbegriffe: Längen-, Flächen- und Raummaße, Winkelmaße

- **Grundformen ebener Abbildungen: Spiegelung, Verschiebung, Drehung**

---

[85] Der A-Kurs eines Faches soll den Anschluss an weiterführende Schulen ermöglichen, wohingegen im B-Kurs Schüler unterrichtet werden, deren Leistungen in diesem Fach schlechter als befriedigend sind. ([223], S. 16)

[86] Für den B-Kurs.

Tabelle 8.3 Nach: Lehrplan für die Hauptschule in Rheinland-Pfalz. Ministerium für Unterricht und Kultus 1968 (Quelle: eigene Darstellung nach [223])

5. und 6. Schuljahr: Grundlegung der Geometrie
- Geometrische **Grundformen**; Formerfassung und Erkennen struktureller Merkmale, Darstellung, Benennung
- Geometrische **Grundbegriffe: Fläche, Strecke, Punkt; Strahl, Gerade, Parallele; waagerecht, senkrecht**; *Flächenformen*
- Geometrische Grundkonstruktionen mit Zeichengeräten (Lineal, Dreieck, Zirkel, Winkelmesser)

• Der **Winkel**: Winkelarten und Winkelmessung	• **Drehung** und **Winkel** • Der **Winkel**: Messung und Konstruktion • Grundformen ebener **Abbildung**en in empirisch-konstruktiver Behandlung: Abbildung durch **Spiegelung, Verschiebung, Drehung**

Größen (Zahl und Maß)
- Einführung des Messens am Beispiel der Längenmessung; Anwendung in **Umfangs**berechnungen geradlinig begrenzter Flächen; der verjüngte Maßstab
- Zeit-, Inhalts- (Hohlmaße) und Gewichtsmessungen, Winkelmessungen (s.o.)
- **Flächeninhalt**: Flächenmessungen (direkter und indirekter Vergleich); die Flächenmaße (Maßeinheiten)
- Flächenberechnungen: **Rechteck, Quadrat, Parallelogramm (Rhomboid, Rhombus)**
- **Körperinhalt (Rauminhalt)**: Körpermessungen und –berechnungen von **Quader, Quadratsäule, Würfel**

7. und 8. Schuljahr: Geometrie

• **Dreiecke** und ihre Eigenschaften; einfache Dreieckskonstruktionen; die **Spiegelgleichheit (Symmetrie)**; symmetrische Dreiecke und Vierecke	• **Dreiecke** und ihre Eigenschaften: allg. Dreieck und Sonderfälle; **Winkelsumme, Außenwinkelsatz**, besondere Linien am Dreieck (**Mittelsenkrechten** und der **Umkreis**, die **Winkelhalbierenden** und der **Inkreis**, die **Höhen**, die **Seitenhalbierenden**, Satz des Thales); **symmetrische Dreiecke** und **Vierecke**, Winkelsätze an geschnittenen **Parallelen**

- Flächeninhalt: **Dreieck, Trapez, Drachenviereck, Vielecke**
- **Kreis und Kreisteile:** geometrische Eigenschaften und Berechnung
- Berechnung regelmäßiger Vielecke
- **Oberfläche** und **Rauminhalt senkrechter Prismen** einschließlich **Zylinder**
- **Pyramide** und **Kegel:** geometrische Eigenschaften und Berechnungen

9. Schuljahr
- **Kugel:** geom. Eigenschaften und Berechnung
- **Pyramiden-** und **Kegelstumpf:** geom. Eigenschaften und Berechnung
- Darstellende Geometrie: **Zwei-** u. **Dreitafelzeichnung**, Schrägbilder, Skizzieren baulicher Motive

	• Zentrische Streckung, Ähnlichkeit und Strahlensätze • Flächen und Rauminhalt ähnlicher Gegenstände • Lehrsätze am rechtwinkligen Dreieck; Kathetensatz, Satz des Pythagoras, Höhensatz • Elementare Behandlung der Ellipse

- Dreiecke und ihre Eigenschaften: **einfache Konstruktionen, die Spiegelgleichheit (Symmetrie)**

- **Darstellende Geometrie: Zwei- und Dreitafelzeichnung, Schrägbildverfahren, Skizzieren baulicher Motive.**

Die A-Kurse waren inhaltlich schon sehr an den Plänen für die höheren Schulen orientiert, um einen Wechsel auf eine weiterführende Schule nach dem 9. Schuljahr (oder auch schon vorher) zu erleichtern. Der Plan in Tabelle 8.3 für A-Kurse kam an das Niveau der Realschule heran und das Hauptschulbuch *Gamma* [232] war im Grunde keine eigene Konzeption, sondern ein reduziertes Gymnasialwerk. Heute sind einige dieser neu hinzugekommenen Themen wieder auf dem Rückzug.

8.3 Aktuelle Diskussion

Derzeit reicht die Leistung der Schüler mit lediglich einem Hauptschulabschluss für eine erfolgreiche (Beruf-)Ausbildung oft nicht mehr aus. Demzufolge fehlen v. a. dem Handwerk leistungsstarke Nachwuchskräfte.

Für die heutige Situation muss die Frage neu beantwortet werden, welche Inhalte und Begriffe ein zeitgemäßer Geometrieunterricht braucht, um einen Schüler bis zum Hauptschulabschluss (Berufsreife) sowohl allgemein als auch berufsvorbereitend zu bilden. Dazu ist es auch wichtig, die zukünftigen Berufsanforderungen in den Blick zu nehmen und die Ausbilder in den Betrieben und Unternehmen zu befragen. Aktuell gibt es z. B. Bestrebungen des Westdeutschen Handwerkskammertags durch eine Zusammenstellung von an den Bildungsstandards orientierten Aufgaben [231] berufsbezogene Beispiele in den Fachunterricht der Sekundarstufe I zu integrieren.

Um die Diskussionsgrundlage für einen entsprechenden Katalog von Begriffen für den Unterricht zu ergänzen, sollen noch einige aktuelle Beispiele hinzugezogen werden, um eine heutige Auswahl zu überdenken oder eine neue zeitgemäße Auswahl zu treffen. Die Vorschläge aus den drei Perspektiven von Politik, Schulpraktikern und Arbeitgebern zeigen einige Unterschiede in der Behandlung der Inhalte auf.

Alle diese Aspekte müssen in die Diskussion einfließen, um die Frage nach einem zeitgemäßen Geometrieunterricht für den Bildungsgang zur Erreichung der Berufsreife bzw. des Hauptschulabschluss zu beantworten.

8.3.1 Bildungsstandards und Mindestkompetenzen

Kompetenzen und Leitideen

Den heutigen Schulformen, auf denen ein Hauptschulabschluss erworben werden kann, liegen die *Bildungsstandards* der Kultusministerkonferenz [220] als Bildungsziele zugrunde. Diese untergliedern sich in die sechs allgemeinen Kompetenzen und die inhaltlichen Kompetenzen, die fünf sogenannten Leitideen. Für den Geometrieunterricht ist von diesen Leitideen ‚Raum und Form' sowie zusätzlich ‚Messen' von besonderer Bedeutung.

Die folgenden Begriffe sollen also die Grundlage des Teils Geometrie des Bildungsziels Hauptschulabschluss bilden:

Tabelle 8.4 (L3) Raum und Form (Quelle: eigene Darstellung nach KMK [220])

Die Schülerinnen und Schüler
- erkennen und beschreiben geometrische **Objekte** und **Beziehungen** der Umwelt,
- operieren gedanklich mit **Strecken, Flächen** und **Körpern**,
- stellen geometrische **Figuren** und elementare geometrische **Abbildungen** im ebenen kartesischen Koordinatensystem dar,
- fertigen Netze, Schrägbilder und Modelle von ausgewählten **Körper**n an und erkennen Körper aus ihren entsprechenden Darstellungen,
- klassifizieren **Winkel, Dreiecke, Vierecke** und **Körper**,
- erkennen und erzeugen **Symmetrien**,
- wenden Sätze der ebenen Geometrie bei **Konstruktionen** und Berechnungen an, insbesondere den Satz des Pythagoras,
- zeichnen und konstruieren geometrische Figuren unter Verwendung angemessener Hilfsmittel, wie Zirkel, Lineal, Geodreieck oder dynamische Geometriesoftware.

Tabelle 8.5 (L2) Messen (Quelle: eigene Darstellung nach KMK [220])

Die Schülerinnen und Schüler
- nutzen das Grundprinzip des Messens, insbesondere bei der **Längen-, Flächen-** und **Volumen**messung, auch in Naturwissenschaften und in anderen Bereichen,
- wählen Einheiten von Größen situationsgerecht aus (insbesondere für Zeit, **Masse**, Geld, **Länge, Fläche, Volumen** und **Winkel**) und wandeln sie ggf. um,
- schätzen Größen mit Hilfe von Vorstellungen über alltagsbezogene Repräsentanten,
- ermitteln Flächeninhalt und Umfang von **Rechteck, Dreieck** und **Kreis**, sowie daraus **zusammengesetzten Figuren**,
- ermitteln **Volumen** und **Oberflächeninhalt** von **Prisma, Pyramide** und **Zylinder**, sowie daraus **zusammengesetzten Körpern**
- nehmen in ihrer Umwelt gezielt Messungen vor oder entnehmen Maßangaben aus Quellenmaterial, führen damit Berechnungen durch und bewerten ihre Ergebnisse sowie den gewählten Weg in Bezug auf die Sachsituation.

Basiskompetenzen

„Basiskompetenzen Mathematik für Alltag und Berufseinstieg am Ende der allgemeinen Schulpflicht" [218] ist eine Publikation der Arbeitsgruppe Basiskompetenzen, die 2011 von DRÜKE-NOE, MÖLLER, PALLACK ET AL. herausgegeben wurde. Ausgangspunkt des Arbeitsprozesses dieser Gruppe, der als Ergebnis diese Zusammenstellung von Aufgaben hat, war

> [die häufige Sorge vieler Lehrerinnen und Lehrer, aber auch Ausbildender in Betrieben] über den großen Anteil Jugendlicher, die am Ende ihrer Schulzeit nicht über notwendige Basiskompetenzen in Mathematik verfügen.

Als Basiskompetenzen in Mathematik werden die mathematischen Kompetenzen bezeichnet,

> über die alle Schülerinnen und Schüler aller Bildungsgänge am Ende der allgemeinen Schulpflicht mindestens und dauerhaft verfügen müssen. Sie sind Voraussetzung für eine eigenständige Bewältigung von Alltagssituationen [...]. Sie sind ebenso Voraussetzung für

einen Erfolg versprechenden Beginn einer Berufsausbildung und die Ausübung beruflicher Tätigkeiten.

Die hier auftauchenden Begriffe sind:

- Objekte (Flächen, Körper): Quadrate, Rechtecke, Dreiecke, Kreise, Würfel, Quader, Zylinder,

- Eigenschaften: rechtwinklig, gleichseitig und gleichschenklig, [symmetrisch],

- Relationen: zueinander senkrecht und parallel, zueinander kongruent,

- Maße: Länge, Flächeninhalt, Volumen, Winkel, Masse,

- Netze, Pläne, Schrägbilder, Maßstab, Koordinatensystem, Spiegeln, Drehen, Verschieben, Symmetrien, Muster.

Unterrichtsmodule der Handwerkskammer

Als drittes Beispiel werden die „*Unterrichtsmodule - Mathematik und Physik*" des WESTDEUTSCHEN HANDWERKSKAMMERTAGS [231] betrachtet. Sie wurden mit folgender Motivation erarbeitet:

> [Das Handwerk bildet] einen der wichtigsten Wirtschaftszweige [...] und [...] nimmt einen großen Teil des gesellschaftlichen Lebens ein, das die Schülerinnen und Schüler teilweise aus ihrer Umgebung und ihrem Erfahrungsbereich kennen. [Mit den Aufgabenvorschlägen wird versucht] an diese Kenntnisse anzuknüpfen und die Relevanz des allgemeinbildenden Unterrichts für das tägliche Leben durch den Bezug zu verschiedenen Handwerksberufen zu verdeutlichen. [Des Weiteren soll mit den Unterrichtsmodulen] der Einblick in das Leben von Handwerkerinnen und Handwerkern gewonnen werden können. Die Schülerinnen und Schüler sollen dadurch [leichter] erkennen, dass viele Themenbereiche aus dem »normalen« Schulunterricht die Grundlagen für das tägliche Berufsleben bilden [und dadurch motivieren]. Schulisches Wissen will angewendet werden – und zwar nicht erst mit großer Zeitversetzung, [d.h. im Zusammenhang mit einer sich an die Schule anschließenden Ausbildung]. Die Aufgaben [sollen] zeigen, dass allgemeinbildender, oftmals sehr abstrakter, Unterricht sein praktisches Pendant hat und durch ihren hohen Praxisbezug Lust auf Lernen machen und den Unterrichtsstoff durch Verweise in die »große weite Welt« der Berufstätigkeit auflockern.

Umgekehrt ist das Handwerk als arbeitsintensiver Wirtschaftsbereich auf qualifizierte Mitarbeiterinnen und Mitarbeiter angewiesen.

> Durch die Anwendung der Unterrichtsinhalte auf Bereiche des Handwerks soll ein Einblick in die Tätigkeit von Handwerkerinnen und Handwerkern gegeben und gleichzeitig gezeigt werden, dass der Handwerksberuf interessant und anspruchsvoll ist.

Die Unterrichtsmodule sind an ministerialen Vorgaben ausgerichtet. Zu den dort festgeschriebenen verschiedenen Unterrichtsthemen (Mathematik: Algebra und Geometrie), die in den entsprechenden Fächern und Klassenstufen im Laufe der Schuljahre erarbeitet werden sollen, gibt es (ergänzend) entsprechende Aufgaben aus dem Handwerk, so z. B. die folgenden beiden Aufgaben für den Beruf des Mechanikers, bei dem Schnitte bzw. Abwicklungen von Werkstücken richtig gelesen und erkannt werden müssen. Die zugrunde liegenden Körper sind komplexer als die in den Vorgaben explizit genannten. Aufgaben

dieser Art sollen v. a. das räumliche Denken trainieren, um dadurch dieses mit technischen Zusammenhängen verbinden zu können ([231], S. 21 ff).

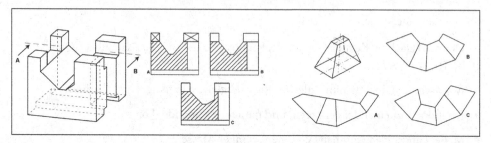

Abb. 8.5 Aus Unterrichtsmodul Mathematik und Physik 2009; mit freundlicher Genehmigung von
© Westdeutscher Handwerkskammertag, Düsseldorf. All Rights Reserved. „Welche Abbildung zeigt
den Schnitt A-B; welche Abwicklung gehört zu dem abgebildeten Pyramidenstumpf?".

8.4   Literatur

[215] Breidenbach, W.: Raumlehre in der Volkschule. Eine Methodik. Hannover: Schroedel 1953 (2.
       vollst. umgearbeitete Auflage).

[216] Damerow, P.: Die Reform des Mathematikunterrichts in der Sekundarstufe I. Stuttgart:
       Klett-Cotta 1977.

[217] Damerow, P: Wie viel Mathematik braucht ein Hauptschüler? In: Neue Sammlung (20), 1980.

[218] Drüke-Noe, C. & Möller, G. & Pallack, A. et. al.: Basiskompetenzen Mathematik. Für Alltag
       und Berufseinstieg am Ende der allgemeinen Schulpflicht. Berlin: Cornelsen 2011.

[219] Holland, G.: Geometrie in der Sekundarstufe. Lehrbücher und Monographien zur Didaktik
       der Mathematik. Band 9. Mannheim, Wien, Zürich: BI Wissenschaftsverlag 1988.

[220] Kultusministerkonferenz: Bildungsstandards im Fach Mathematik für den Hauptschulab-
       schluss (Jahrgangsstufe 9). In: Beschlüsse der Kultusministerkonferenz 2003.

[221] Lundgreen, P.: Sozialgeschichte der deutschen Schule im Überblick. Teil II: 1918-1980. Göt-
       tingen: Vandenhoeck & Ruprecht 1981.

[222] Minister für Unterricht und Kultus: Richtlinien für die Volksschulen in Rheinland-Pfalz.
       Rechnen und Raumlehre. In: Amtsblatt 1957.

[223] Minister für Unterricht und Kultus: Lehrplan für die Hauptschule in Rheinland-Pfalz. Grün-
       stadt: Verlag für das Schulwesen Emil Sommer 1968.

[224] Rekus, J. & Hintz, D. & Ladenthin, V.: Die Hauptschule: Alltag, Reform, Geschichte, Theorie.
       Weinheim, München: Juventa-Verlag 1998.

[225] Rembowski, V.: Begriffsbilder und -konventionen in Begriffsfeldern: Was ist ein Würfel? In
       diesem Tagungsband.

[226] Ridderbusch, J.: „Auslaufmodell Hauptschule"? – Zur Situation der Hauptschulen in
       Deutschland. In: Statistisches Monatsheft Baden-Württemberg 11, 2009. S. 18-28. Online
       (31.08.13): http://www.statistik.baden-wuerttemberg.de/ Veroeffentl/ Monatshefte/PDF/Be-
       itrag09_11_04.pdf.

[227] Schubring, G. et al.: Dokumentation der Mathematik-Lehrpläne in Deutschland. Ergebnisse
       der Pilotphase zum KID-Projekt, Heft 4. In: Bauersfeld, H. et al.(Hrsg.): Schriftenreihe des
       IDM (12). Bielefeld1977.

[228] Statistisches Bundesamt: Bildungsstand der Bevölkerung 2013. Wiesbaden 2013. Online (31.12.13) : https://www.destatis.de.

[229] Vollrath, H.-J.: Geometrielernen in der Hauptschule. In: Vollrath, H.-J. (Hrsg.): Geometrie: didaktische Materialien für die Hauptschule. Stuttgart: Klett 1982.

[230] Wehle, G.: Zur Struktur der Hauptschule. In: Scheibe, W. (Hrsg.): Zur Geschichte der Volksschule – Pädagogische Quellentexte. Band 2. Bad Heilbrunn: Klinkhardt 1965.

[231] Westdeutscher Handwerkskammertag: Unterrichtsmodul Mathematik und Physik. Eine Aufgabenzusammenstellung aus dem Handwerk für den allgemeinbildenden Unterricht. Düsseldorf 2009. Online: (31.8.13) http://www.handfest-online.de/fileadmin/user_upload/downloads/module/mathe-physik.pdf.

Schulbücher:
[232] Gamma 5-9. Mathematik für Hauptschulen. Stuttgart: Klett 1976-1980.

[233] Wir rechnen 5-8. Ein Rechenbuch für Volksschulen. Bamberg: Buchner 1962-1963.

Begriffsbilder und -konventionen in Begriffsfeldern: Was ist ein Würfel?

9

Verena Rembowski, Universität des Saarlandes, Saarbrücken

Zusammenfassung

(Grund-) Begriffe werden durch Bezeichner bezeichnet und sind in Objekten konkretisiert – diese Beziehungen sind nicht eindeutig, sondern konstituieren Begriffsfelder. Mit Rückgriff auf Philosophie, Psychologie und Fachmathematik wird ein strukturiertes und strukturierendes Modell von Begriffsbildung entwickelt. Vor dem Hintergrund dessen wird die Frage, was Grundvorstellungen sind/sein sollen, diskutiert. Exemplarisch wird auf den Begriff des Würfels zurückgegriffen.

9.1 Einleitung

Diskussionen um Begriffsbildung verwenden häufig ein sehr vages, rein intuitives Vokabular, welches diese Diskussionen ebenso häufig ebenso vage und zu intuitiv erscheinen lässt. In vorliegendem Beitrag wird zunächst ein grundlegendes, Vagheit vermeidendes, Vokabular als Teil eines theoretischen Konstrukts bereitgestellt. Zudem werden Beziehungen zwischen den Vokabeln, wie sie durch aufeinander bezogene Begriffe in dem theoretischen Konstrukt gegeben sind, geklärt. Dies führt, anhand der exemplarischen Betrachtung des Begriffs Würfel, zur Entwicklung eines Modells, in welchem sich Begriffsbildung transparent darstellen lässt – des *Begriffsfeldes* in Form eines semiotischen Dreiecksprismas als Erweiterung des semiotischen Dreiecks (Abb. 9.1).

Abb. 9.1 Semiotisches Dreieck nach Bromme & Steinbring

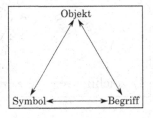

Eine deskriptive Betrachtung von Begriffen kann exemplarisch, in Form von Umfrageergebnissen zu Würfel, das entwickelte Modell legitimieren. Sie kann außerdem aus der globalen Sicht der Fachdidaktik *Begriffsbild* und *Begriffskonvention* – die Wahl dieser Vokabeln wird im weiteren Verlauf motiviert – in Beziehung zueinander setzen und im Begriffsfeld lokalisieren. Eine normative Betrachtung von Begriffen greift schließlich auf Arbeiten zu Grundvorstellungen zurück, die eine vermittelnde Rolle im Begriffsfeld einnehmen.

9.2   Begriffe, Bezeichner und Objekte

Ein Beitrag zur Begriffsbildung bedarf eines Vokabulars zum Thema, das es ermöglicht, darüber sinnhaltig zu kommunizieren. Dieses Vokabular bezieht sich hier auf Objektbegriffe, wobei noch auszuloten bleibt, inwieweit es auf andere Begriffe verallgemeinerbar ist. Es folgt zunächst LAMBERT (2012) [241], wo *Begriff* von *Bezeichner* und *Objekt* unterschieden wird. Bezeichner meint den Begriffsnamen oder das Begriffswort, Objekt ist eine konkrete Darstellung des Begriffs in (s)einem Anwendungskontext – im Falle eines Objektbegriffs ist dies ein konkreter Repräsentant des Begriffs bzw. eine ikonische Darstellung des Repräsentanten. Die Relation zwischen Begriff und Bezeichner wird durch *Bezeichnung* und *Bedeutung* beschrieben (siehe Abb. 9.2). Ist ein Begriff gegeben und wird diesem ein Bezeichner zugeordnet, so wird dies Bezeichnung genannt. Ist umgekehrt ein Bezeichner gegeben und wird diesem ein Begriff zugeordnet, so wird dies Bedeutung genannt. Analog soll die Relation zwischen Begriff und Objekt durch *Konkretisierung* und *Abstrahierung* beschrieben werden. Ist ein Begriff gegeben und wird diesem ein Objekt zugeordnet, so soll dies Konkretisierung genannt werden. Ist umgekehrt ein Objekt gegeben und wird diesem (mittels Klassenbildung) ein Begriff zugeordnet, so soll dies Abstrahierung genannt werden. Die Relationen zwischen Begriff und Bezeichner liegen im sprachlichen Bereich der Begriffsbildung (welcher stark von der Ungenauigkeit der Umgangssprache beeinflusst ist), wohingegen jene zwischen Begriff und Objekt im gegenständlichen Bereich der Begriffsbildung liegen. Nur der Begriff gehört damit sowohl dem sprachlichen als auch dem gegenständlichen Bereich an, ergibt sich als Abstraktum im Wechselspiel dieser Bereiche, und setzt Bezeichner und Objekte in eine mittelbare Relation zueinander.

Abb. 9.2 Hier verwendetes semiotisches Dreieck

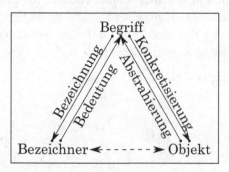

Zwischen Begriff, Bezeichner und Objekt besteht insgesamt eine grundsätzliche Beziehung, wie sie traditionell durch ein semiotisches Dreieck ausgedrückt wird. Die dort vorzufindende Dreiteilung wurde von verschiedenen Philosophen und Sprachwissenschaftlern formuliert, die Bezeichner an den Ecken unterscheiden sich allerdings teilweise.[87] Das Dreieck wurde von BROMME & STEINBRING (1990) [235] in der Form, die Abb. 9.1 zeigt, für die Mathematikdidaktik instrumentalisiert. Das hier verwendete Dreieck, welches in Abb. 9.2 zu sehen ist, folgt der in der Semiotik üblichen Anordnung von Begriff, Bezeichner und Objekt. Die oben genannten Relationen zwischen Begriff und Bezeichner sowie Begriff und Objekt sind durch Pfeile dargestellt, die durch den Begriff vermittelte Beziehung zwischen Bezeichner und Objekt ist durch einen gestrichelten Doppelpfeil angedeutet.

9.3 Mehrdeutigkeiten im semiotischen Dreieck – der Würfel

Der als Würfel bezeichnete elementargeometrische Begriff liegt hier definitorisch durch Angabe seiner Oberklasse und kritischen Attribute – *Platonischer Körper mit 6 Seitenflächen, 12 Kanten und 8 Ecken* – vor.[88] Er ist konkretisiert in dreidimensionalen Objekten, sowohl in Vollkörpern und Hohlkörpern als auch in Kantengerüsten, wie das semiotische Dreieck in Abb. 9.3 zeigt. Vollkörper konkretisieren dabei den gesamten Körper, wohingegen Hohlkörper vor allem die Seitenflächen (und Kanten und Ecken häufig nur sehr unsauber) und Kantengerüste vor allem die Kanten (und Ecken häufig nur sehr unsauber) konkretisieren. Häufig werden somit nur einige Eigenschaften des Begriffs konkretisiert und die anderen der Ideation überlassen. Da der elementargeometrische Begriff beispielsweise auch in Objekten aus der Stochastik oder dem Alltag konkretisiert ist, können die konkretisierenden Objekte zunächst verschiedenen Anwendungskontexten entstammen. Auch dies macht deutlich, dass geometrische Begriffe im Allgemeinen nicht in idealen Objekten konkretisiert sind, sondern dass die idealen Eigenschaften erst in die Objekte hineingesehen werden müssen.

Abb. 9.3 Das semiotische Ausgangsdreieck

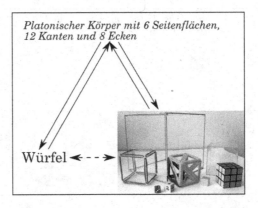

Platonischer Körper mit 6 Seitenflächen, 12 Kanten und 8 Ecken

Würfel

---

[87] Die semiotischen Dreiecke mit den verschiedenen Bezeichnern an den Ecken finden sich bei ECO (1973, S. 30) [236].

[88] Dies soll vermitteln, welcher Begriff gemeint ist. Der Begriff an sich kann in seiner abstrakten Natur nicht sprachlich repräsentiert sein.

Die Beziehungen zwischen Begriff, Bezeichner und Objekt sind allerdings nicht so einein-deutig, wie obiges semiotisches Dreieck suggeriert. Es gibt vielmehr Triangulationsbrüche. So kann der elementargeometrische Begriff sowohl als Würfel als auch als Kubus und re-gelmäßiger Hexaeder bezeichnet werden, bzw. diese drei Bezeichner können gleicherma-ßen den elementargeometrischen Begriff bedeuten (Fall 1, Abb. 9.4) – analog können alle Fälle beidseitig betrachtet werden. Solche unterschiedlichen Bezeichner können sowohl auf verschiedene bezeichnende Personen zurückgehenden, als auch von demselben Be-zeichnenden mehr oder weniger willkürlich variiert werden. Weiterhin ist es möglich, dass der elementargeometrische Begriff als Würfel bezeichnet wird, wenn er in Objekten, die einem alltäglichen Kontext[89] entstammen, konkretisiert gesehen wird, und dass er demge-genüber als Kubus oder regelmäßiger Hexaeder bezeichnet wird, wenn er in Objekten, die dem rein schulischen Kontext der Elementargeometrie entstammen, konkretisiert gesehen wird (Fall 2, Abb. 9.5). Eine solche Trennung von Bezeichnern nach Anwendungskontext kann vor allem zu Beginn der unterrichtlichen Arbeit mit dem Begriff, während des Be-griffsaufbaus, auftreten, sollte allerdings verhindert werden.

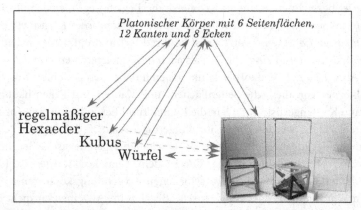

Abb. 9.4 Mehrdeutigkeiten – Fall 1

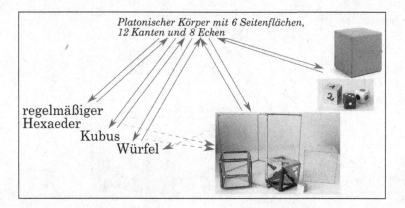

Abb. 9.5 Mehrdeutigkeiten – Fall 2

---

[89] Auch alltägliche Kontexte sind teilweise zu unterscheiden, wie im Folgenden deutlich wird.

Darüber hinaus können Spielwürfel unterschiedlicher Art, die gleichzeitig den Kontexten der Elementargeometrie, der Stochastik und des Alltags zuzuordnen sind, je nach Verwendungszusammenhang und Blickwinkel zum elementargeometrischen Begriff und ebenso zu einem stochastischen Begriff – *Zufallsgenerator mit sechs möglichen, gleichwahrscheinlichen, stochastisch unabhängigen Ereignissen* – und einem alltäglichen Begriff – *Spielinstrument mit sechs Seiten* – abstrahiert werden. Dabei ist es sowohl möglich, dass die unterschiedlichen Begriffe ausschließlich als Würfel bezeichnet werden (Fall 3, Abb. 9.6), als auch dass die Begriffe den Bezeichner Würfel teilen, dass der elementargeometrische Begriff aber zudem als Kubus und regelmäßiger Hexaeder bezeichnet wird, der stochastische Begriff als Zufallsgenerator und der alltägliche Begriff zumindest als Spielwürfel (Fall 4, Abb. 9.7).

Abb. 9.6 Mehrdeutigkeiten – Fall 3

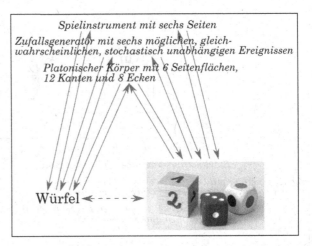

Abb. 9.7 Mehrdeutigkeiten – Fall 4

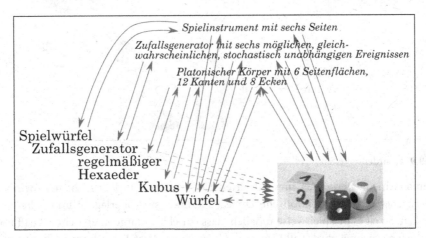

Des Weiteren kann der Bezeichner Würfel, auch wenn er ausschließlich den elementargeometrischen Begriff bedeutet, konkretisiert gesehen werden in Objekten, für welche die Elementargeometrie, die Stochastik und der Alltag als Anwendungskontexte deutlich hervorgehoben und dabei auch unterschieden werden (Fall 5, Abb. 9.8). Letztlich besteht die Möglichkeit, dass der Bezeichner Würfel neben dem elementargeometrischen Begriff schon einen stochastischen Begriff – *Zufallsgenerator mit **beliebig vielen** möglichen, gleichwahrscheinlichen, stochastisch unabhängigen Ereignissen* – und alltägliche Begriffe – *Spielinstrument mit **beliebig vielen** Seiten, Sitzmöbel mit **beliebiger** Grundfläche* – bedeutet, und dabei konkretisiert ist in Objekten aus den entsprechenden Kontexten (Fall 6, Abb. 9.9).

Abb. 9.8 Mehrdeutigkeiten –
Fall 5

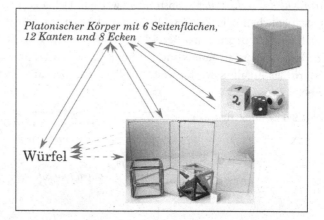

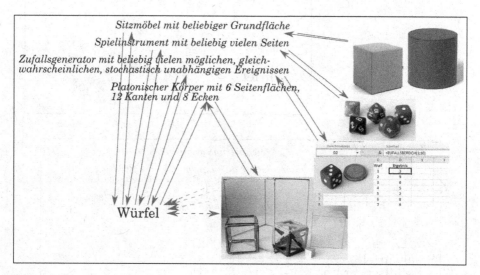

Abb. 9.9 Mehrdeutigkeiten – Fall 6

Die unterschiedlichen, oben thematisierten Fälle stehen natürlich nicht nebeneinander, sondern entsprechende semiotische Dreiecke können sich überlagern und dabei wechselwirken. So ist es beispielsweise möglich, dass der elementargeometrische Begriff unterschiedlich bezeichnet wird (Fall 1), dass der Bezeichner Würfel allerdings noch weitere Begriffe bedeutet (Fall 3 oder Fall 6), und dass die Begriffe in Objekten konkretisiert gesehen werden, deren Anwendungskontexte explizit unterschieden werden (Fall 5), oder die sich schon aufgrund der unterschiedlichen Begriffe unterscheiden (Fall 6).

9.4 Mehrdeutigkeiten im semiotischen Dreieck – allgemein

Insgesamt fällt auf, dass die genannten Mehrdeutigkeiten daraus resultieren, dass jeweils derselbe Bezeichner, Begriff oder dasselbe Objekt, beziehungsweise zwei dieser Komponenten, Bestandteil zweier (oder mehrerer) semiotischer Dreiecke sind, die sich überlagern. Wird (aus Gründen der Übersichtlichkeit) von zwei sich überlagernden semiotischen Dreiecken ausgegangen, so folgen schon insgesamt $2^3 = 8$ Fälle, wie die Dreiecke verknüpft sein können. Zwei dieser Fälle sind trivial: Es liegt nur ein semiotisches Dreieck vor bzw. es liegen zwei komplett voneinander getrennte Dreiecke vor. In dem ersten, schon mit Bezug auf den Würfel thematisierten obigen Fall, wird ein Begriff durch zwei verschiedene Bezeichner bezeichnet, bzw. zwei Bezeichner bedeuten denselben Begriff (Abb. 9.10). Im zweiten Fall wird der Begriff durch zwei verschiedene Bezeichner bezeichnet, die sich allerdings auf zwei verschiedene Anwendungskontexte beziehen (Abb. 9.11).

Abb. 9.10 Mehrdeutigkeiten allgemein – Fall 1

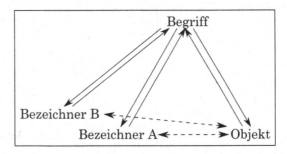

Abb. 9.11 Mehrdeutigkeiten allgemein – Fall 2

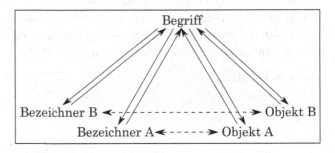

Im dritten und vierten Fall werden Objekte aus der Schnittmenge verschiedener Kontexte zu zwei verschiedenen Begriffen abstrahiert, die im dritten Fall durch denselben Bezeichner bezeichnet werden (Abb. 9.12), im vierten Fall hingegen zwei verschiedene Bezeichner haben (Abb. 9.13).

Abb. 9.12 Mehrdeutigkeiten allgemein – Fall 3

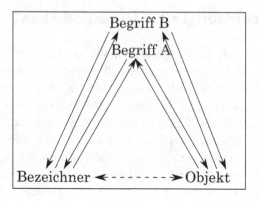

Abb. 9.13 Mehrdeutigkeiten allgemein – Fall 4

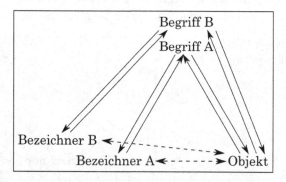

Im fünften Fall bedeutet ein Bezeichner einen Begriff, der in Objekten, deren beide Anwendungskontexte explizit unterschieden werden, konkretisiert ist (Abb. 9.14). Im sechsten Fall letztlich bedeutet ein Bezeichner verschiedene Begriffe, die in Objekten aus den entsprechenden Kontexten konkretisiert sind (Abb. 9.15).

Abb. 9.14 Mehrdeutigkeiten allgemein – Fall 5

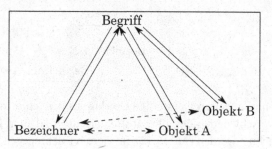

Abb. 9.15 Mehrdeutigkeiten allgemein – Fall 6

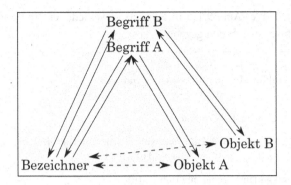

Die sich gegebenenfalls überlagernden und dabei wechselwirkenden semiotischen Dreiecke sollen als *Begriffsfeld* bezeichnet werden. Das Begriffsfeld kann in Form des semiotischen Dreiecksprismas, an dessen Kanten mehrere, hier (wieder der Übersichtlichkeit wegen) jeweils zwei Begriffe, Bezeichner oder Objekte stehen, modelliert und visualisiert werden (Abb. 9.16). Entgegengesetzte Pfeile werden dabei zu einem bidirektionalen Pfeil verschmolzen, Bezeichner sollen von nun an in spitzen Klammern, Objekte in Mengenklammern stehen. Sowohl verschiedene Begriffe als auch verschiedene Objekte in diesem semiotischen Dreiecksprisma können sich mehr oder weniger überlappen.[90]

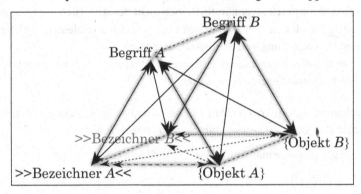

Abb. 9.16 Begriffsfeld als semiotisches Dreiecksprisma

9.5 Begriffe deskriptiv betrachtet – der Würfel

Um einen Überblick über das Verständnis des Begriffs Würfel, geprägt sowohl durch die Begriffsverwendung im Alltag als auch in schulischem Kontext, von Schülern[91] zu bekommen, wurden diese anonym zu dem Begriff befragt. Dazu wurden Fragebögen mit einer

---

[90] Inwieweit verschiedene Bezeichner sich überlappen können, ist eine Frage, welche die Linguistik zu beantworten hat, und die daher hier außen vor bleibt

[91] Im Rahmen dieses Beitrags wird zur besseren Lesbarkeit im Sinne des generischen Maskulinum stets nur ein Geschlecht genannt. Die Autorin weist darauf hin, dass an den jeweiligen Stellen stets an beide Geschlechter gedacht wurde.

offenen Frage (Abb. 9.17) in Klassen verschiedener Jahrgangsstufen an Gesamtschulen/
Gemeinschaftsschulen gegeben.

Universität des Saarlandes Lehrstuhl für Mathematik und ihre Didaktik	

Liebe Schülerin, lieber Schüler,

mit dieser anonymen Umfrage wollen wir von Dir erfahren, was Dir zu „Würfel" einfällt.
Schreibe auf dieses Blatt – soviel Du willst.

Wir danken Dir herzlich für Deine Mitarbeit.

Abb. 9.17 Umfrage zu Würfel

Die Antworten wurden durch die semiotische Brille des Begriffsfeldes betrachtet und somit analysiert. Die folgenden exemplarischen Antworten stammen sämtlich aus sechsten
Klassen, und wurden zu Beginn des Schuljahres 2013/14 verfasst. Ein solcher Zeitpunkt
eignet sich dabei besonders zur Untersuchung des Begriffsverständnisses, da im zurück-
liegenden Schuljahr Körper thematisiert wurden, das Wissen über dieses Thema nach den
Sommerferien aber nicht mehr unmittelbar an die Unterrichtseinheit gebunden ist. Für die
Umfrageergebnisse kann selbstverständlich noch nicht der Anspruch der Repräsentativität
erhoben werden. Sie eignen sich jedoch um exemplarisch anzudeuten, welche Form ein
Begriffsfeld in der Vorstellung von Schülern haben kann.

Aus einer ersten hier betrachteten Schülerantwort (Abb. 9.18) lassen sich jeweils zwei
Begriffe, Bezeichner und Objekte herauslesen:

- Begriffe: elementargeometrisch („*Mit 12 Kanten und 8 Ecken: 6 Quadrate. Und ein schön
  symetrischer Würfel.*"), alltäglich („*für Menschergere dich nicht*")

- Bezeichner: >>(ganz normahler) Würfel<<, >>Spielwürfel<<

- Objekte[92]: {⬜}, {⚃}

Es fällt auf, dass das elementargeometrische Objekt vor dem alltäglichen visualisiert ist, der
alltägliche Begriff aber vor dem elementargeometrischen genannt wird, was eine Abstraktion eines Begriffs aus dem anderen bzw. eine Konkretisierung eines Begriffs in dem anderen nicht nahelegt. Die Schülerantwort lässt sich damit insgesamt so interpretieren, dass
aus genannten Begriffen, Bezeichnern und Objekten zwei getrennte semiotische Dreiecke
folgen, eine Wechselwirkung derer hier nicht zu erkennen ist – was nicht bedeutet, dass sie
nicht vorhanden ist. (Begriff und Objekt wechselwirken allerdings durchaus, was vor allem
mit Bezug zu alltäglichem Begriff und entsprechendem Objekt deutlich wird).

---

[92]   Die Objekte können hier natürlich nur visuell dargestellt (oder in Textform beschrieben) sein.

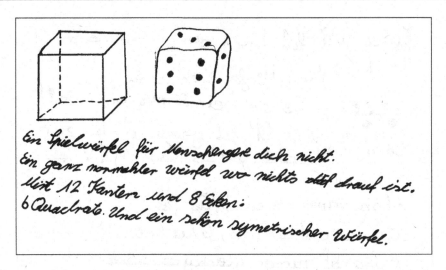

Ein Spielwürfel für Menschenærgre dich nicht.
Ein ganz normahler würfel wo nichts dof drauf ist.
Mit 12 Kanten und 8 Ecken:
6 Quadrate. Und ein schön symetrischer Würfel.

Abb. 9.18 Schülerantwort 1

Aus einer zweiten Schülerantwort (Abb. 9.19) lassen sich mindestens jeweils zwei Begriffe, Bezeichner und Objekte herauslesen, die jedoch weniger deutlich abgegrenzt vorliegen, als jene in obiger Antwort:

- Begriffe: elementargeometrisch *(„gleich große Seiten")*, alltäglich (*„kann man zum Spielen benutzen", „geht nur bis zur Zahl Sechs (von 1-6)"*)

- Bezeichner: >>Würfel<<, >>Spielwürfel<<

- Objekte: {⬚}, {⬚}

Mittels Interpretation kann, auf Grund der Verwendung des Bezeichners >>Würfel<< auch für den alltäglichen Begriff und das alltägliche Objekt sowie der Assoziation des mathematischen Objekts mit einem Gebrauch „zum Malen, Spielen, Lernen", folgen, dass entstehende semiotische Dreiecke sich stark überlagern und dabei wechselwirken. Es ist nicht zu ersehen, inwieweit die Begriffe, Bezeichner und Objekte wirklich voneinander unterschieden werden (was sich in folgenden Schülerantworten wiederholt zeigt).

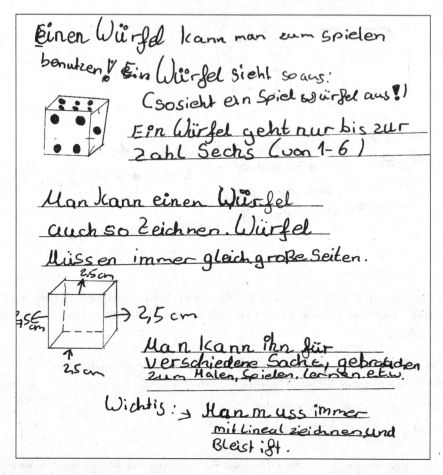

Einen Würfel kann man zum spielen benutzen! Ein Würfel sieht so aus: (so sieht ein Spielwürfel aus!) Ein Würfel geht nur bis zur Zahl Sechs (von 1-6)

Man kann einen Würfel auch so zeichnen. Würfel müssen immer gleich große Seiten.

2,5 cm
2,5 cm
2,5 cm

Man kann ihn für verschiedene Sachen gebrauchen zum Malen, Spielen, lernen etc.

Wichtig: → Man muss immer mit Lineal zeichnen und Bleist ift.

Abb. 9.19 Schülerantwort 2

Das dritte Beispiel (Abb. 9.20) zeigt eine sehr prototypisch geprägte Begriffsvorstellung:

- Begriff: elementargeometrisch („*Einfachste Form der Geometrie*")

- Bezeichner: >>Würfel<<

- Objekte: {Würfel in der Architektur}, {würfelförmige Verpackungen}, {würfelförmige Möbel}

Die Schülerantwort lässt sich so interpretieren, dass aufgrund der prototypischen Vorstellung Begriff und Objekt vollständig ineinander übergehen (wobei sich dieses Verschwimmen von Begriff und Objekt im Folgenden in unterschiedlichen Ausprägungen wiederholt zeigt). Weiterhin ist der elementargeometrische Begriff schon sehr durch lebensweltliche Objekte geprägt, von denen dann abstrahiert wird, wobei allerdings nicht alle Eigenschaften der Objekte berücksichtigt scheinen.[93] So sind Wechselwirkungen mit semiotischen

---

[93] So treten in der Architektur, bei Verpackungen und Möbeln Quaderformen mit quadratischen Grundflächen auf.

Dreiecken, an deren Spitze der mit >>Würfel<< bezeichnete alltägliche Begriff und der mit >>Quader<< bezeichnete mathematische Begriff stehen, zu erwarten.

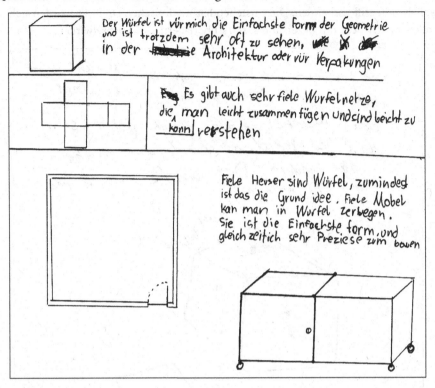

Der Würfel ist vür mich die Einfachste form der Geometrie und ist trotzdem sehr oft zu sehen, wie ~~x~~ ~~x~~ in der ~~h~~ Architektur oder vür Verpakungen

~~x~~ Es gibt auch sehr fiele Würfelnetze, die man leicht zusammen fügen und sind leicht zu ~~konn~~ verstehen

Fiele Hevser sind Würfel, zumindest ist das die Grund idee. Fiele Mobel kan man in Wurfel zerbegen. Sie ist die Einfachste form, und gleich zeitich sehr Preziese zum bauen

Abb. 9.20 Schülerantwort 3

In einer vierten Schülerantwort (Abb. 9.21) wird ein zweiter Bezeichner erst mit Bezug zur Zeichnung verwendet, was dazu beiträgt, dass die jeweils zwei Begriffe und Objekte sich nicht voneinander abgrenzen lassen:

- Begriffe: elementargeometrisch („*hat gleich große Seiten*"), alltäglich („*wird sehr oft bei Mensch arger dich nicht benutzt und bei Knifel*", „*ist bei den Spielen die Kanten abgerundet*")

- Bezeichner: >>Würfel<<, >>Spielwürfel<<

- Objekte: {⬡}, {⬢}

Eine Interpretation kann hier einerseits ergeben, dass der Bezeichner >>Würfel<< hauptsächlich den alltäglichen Begriff und das alltägliche Objekt bedeutet, und dass der Bezeichner >>Spielwürfel<< als zweiter Bezeichner für denselben Begriff und dasselbe Objekt fungiert. Ein solcher zweiter Bezeichner wäre vor allem dann sinnvoll, wenn anschließend der alltägliche Begriff und das alltägliche Objekt zu einem (in der Zeichnung zu sehenden) mathematischen Objekt (und einem mathematischen Begriff?) idealisiert werden. Aus einem semiotischen Dreieck würde sich damit ein zweites, getrenntes entwickeln. Interpretation kann andererseits ergeben, dass der Bezeichner >>Würfel<< sowohl den alltäglichen als auch den elementargeometrischen Begriff bedeutet, die wiederum in unterschiedlichen Objekten konkretisiert sind. >>Spielwürfel<< wäre dann als zweiter Bezeichner für den alltäglichen Begriff vorhanden. Die entstehenden semiotischen Dreiecke würden sich also, vor allem an der Ecke des Bezeichners, stark überlagern und wechselwirken.

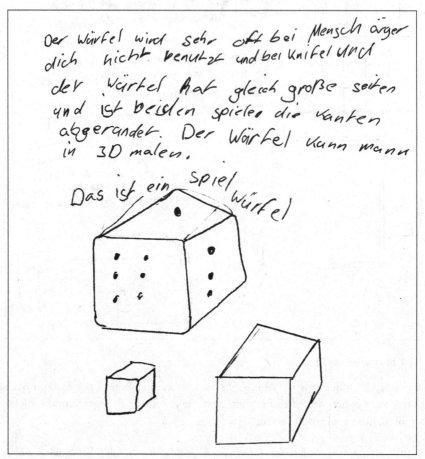

Abb. 9.21 Schülerantwort 4

In dem fünften Beispiel (Abb. 9.22) wird kein Bezeichner genannt, und damit wohl nur von jenem auf dem Fragebogen gegebenen ausgegangen. Es werden aber bisher nicht erwähnte Aspekte des Begriffs bzw. Objekts genannt:

- Begriff: alltäglich („*6 Seiten mit 6 Zahlen, man braucht ihn führ manche Spiele: Monopolie, Mensch ärger dich nicht…*", „*mit 10 mehr oder wehinger Seiten*")

- Bezeichner: >>Würfel<< (implizit)

- Objekt: {Würfel mit sechs Ziffern}, {Würfel mit einer anderen Ziffernanzahl}

Diese Schülerantwort lässt sich einerseits so interpretieren, dass der Bezeichner >>Würfel<< einen alltäglichen Begriff, der verschiedene Ausprägungen haben kann, sowie entsprechende Objekte mit nicht zu trennendem Anwendungskontext bedeutet. Es würde damit nur ein semiotisches Dreieck folgen. Die Schülerantwort lässt sich aber andererseits auch so interpretieren, dass der Bezeichner unterschiedliche alltägliche Begriffe (Würfel mit sechs Seiten, Würfel mit anderer Seitenzahl) bedeutet, was auch durch Auszeichnung des Würfels mit sechs Seiten in der Geometrie bedingt sein kann. Die unterschiedlichen Begriffe wären dann auch in unterschiedlichen Objekten konkretisiert. Es würden zwei semiotische Dreiecke, sie sich vor allem an der Ecke des Bezeichners überlagern, und außerdem an der Ecke des Begriffs mit noch weiteren Dreiecken verknüpft sind, folgen.

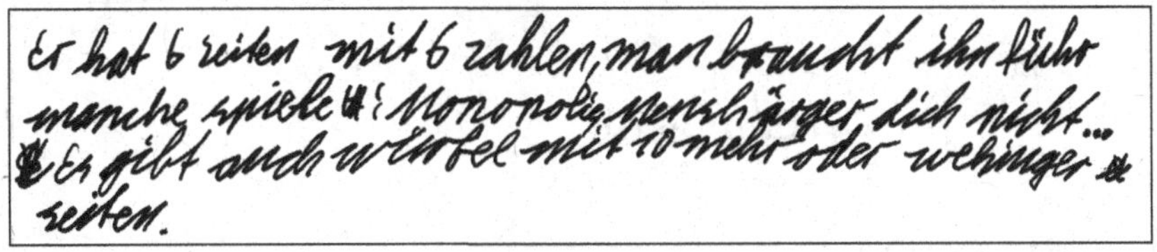

Abb. 9.22 Schülerantwort 5

Eine sechste Schülerantwort (Abb. 9.23) vereint viele Aspekte aus den Antworten drei bis fünf:

- Begriffe: elementargeometrisch („*8 Ecken, 12 Kanten, 6 Flächen*", „*Diamanten Form*", „*gleich lange Seiten die zueinander Parallel sind*", „*Klassenraume oder andere Räume*", „*Lampen oder Schuhkatongs*"), alltäglich („*9 – 12 Würfel*"[94])

- Bezeichner: >>Würfel<<, >>Spielwürfel<<

- Objekte: {⬚}, {⬚}, {Räume}, {Lampen}, {Schuhkartons}, ({Würfel mit 9-12 Ziffern}?)

Mittels obiger Interpretationen folgt, dass die resultierenden semiotischen Dreiecke sich sehr stark überlagern und dabei wechselwirken.

---

[94] Es ist davon auszugehen, dass hier die üblichen Spielwürfel mit den Zahlen von eins bis sechs mitgedacht sind, da es zunächst heißt: „Dadurch sind dann auch mehr Zahlen drauf."

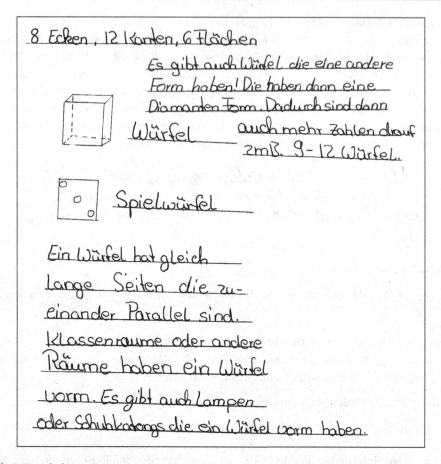

8 Ecken, 12 Kanten, 6 Flächen

Es gibt auch Würfel die eine andere
Form haben! Die haben dann eine
Diamanten Form. Dadurch sind dann
Würfel _____   auch mehr Zahlen drauf
zmB. 9-12 Würfel.

Spielwürfel

Ein Würfel hat gleich
lange Seiten die zu-
einander Parallel sind.
Klassenräume oder andere
Räume haben ein Würfel
vorm. Es gibt auch Lampen
oder Schuhkatongs die ein Würfel vorm haben.

Abb. 9.23 Schülerantwort 6

Aus einer siebten Schülerantwort (Abb. 9.24) wird nicht klar, ob Objekte komplett ausgeblendet bzw. nur implizit mitgemeint sind, oder ob Begriff und Objekt getrennt voneinander gedacht sind:

- Begriffe: elementargeometrisch („*8 ecken, 6 flächen, 12 kanten*", „*der Perfekteste Körper*") (alltäglich („*zum spielen gedacht*")?)

- Bezeichner: >>würfel<<

- Objekt: ({Würfel zum Spielen}?)

Die Interpretation kann hier einerseits ergeben, dass der Bezeichner einen elementargeometrischen Begriff bedeutet, der in einem alltäglichen Objekt konkretisiert gesehen wird. Dies könnte zum einen daran liegen, dass von dem Spielwürfel abstrahiert und damit auf den elementargeometrischen Begriff geschlossen wird, womit nur ein semiotisches Dreieck vorliegen würde. Es könnte zum anderen daran liegen, dass im Mathematikunterricht der elementargeometrische Begriff vor allem in Objekten aus alltäglichem Kontext konkretisiert gesehen wurde, die allerdings auch zu einem alltäglichen Begriff abstrahiert werden, womit zwei semiotische Dreiecke folgen würden, die sich an den Ecken des Bezeichners und des Objektes überlagern. Die Interpretation kann andererseits ergeben, dass der Bezeichner >>würfel<< einen elementargeometrischen und einen alltäglichen Begriff bedeutet. In diesem Fall wären Objekte nicht explizit genannt, und versteckten sich hinter den Begriffen. Es bleibt aber zu vermuten, dass zwei semiotische Dreiecke, die sich an der Ecke des Bezeichners überlagern, folgen.

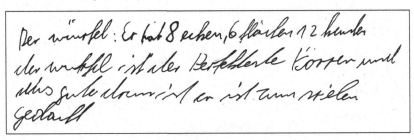

Abb. 9.24 Schülerantwort 7

Die achte Schülerantwort (Abb. 9.25) ist besonders interessant dahingehend, dass Überlappungen semiotischer Dreiecke schon reflektiert werden (auch wenn dies natürlich nicht so genannt wird). Zudem werden in dieser Antwort Missverständnisse bezüglich der Bezeichner offensichtlich, welche die semiotischen Dreiecke beeinflussen:

- Begriffe: elementargeometrisch (*„für Mathematik"*), alltäglich (*„für brettspiele"*)

- Bezeichner: >>Würfel<<, >>Quader<<

- Objekte: {▢▱}

Die Schülerantwort lässt sich so interpretieren, dass der Bezeichner >>Würfel<< sowohl einen alltäglichen Begriff als auch einen elementargeometrischen Begriff[95] bedeutet. Um diese Mehrdeutigkeit zu vermeiden, soll allerdings der Bezeichner >>Quader<< für den elementargeometrischen Begriff, anstatt >>Würfel<<, verwendet werden. In der Zeichnung ist allerdings nur ein durch Idealisierung eines Spielwürfels gewonnener bzw. ein elementargeometrischer Würfel dargestellt. Dies kann einerseits bedeuten, dass zwei semiotische Dreiecke vorliegen, die sich an den Ecken der Bezeichner überlagern, hier allerdings voneinander getrennt werden sollen, und die außerdem an der Ecke des Objekts miteinander verschmelzen. Es kann andererseits bedeuten, dass die beiden semiotischen Dreiecke sich nur an der Ecke der Bezeichner überlagern und dort voneinander getrennt werden sollen. Dabei würde das alltägliche Objekt nicht explizit erwähnt, sondern wäre Teil der prototypischen Begriffsvorstellung, würde aber dennoch vom elementargeometrischen Objekt unterschieden.

Letztlich ist die Verwendung des Bezeichners >>Quader<< und damit verbundenes Missverständnis zu hinterfragen. Zum einen ist es möglich, dass der elementargeometrische Begriff mit dem Bezeichner der Oberklasse bezeichnet werden soll, was nicht an sich

---

[95] Auch wenn hier nur allgemein ein „Würfel für Mathematik" erwähnt wird, so kann doch darauf geschlossen werden, dass der elementargeometrische Würfel gemeint ist, da der Würfel im Mathematikunterricht zuvor nur in elementargeometrischem Kontext thematisiert wurde.

eine Fehlvorstellung bedeuten würde, allerdings vermutlich bei genauerer Betrachtung des mit >>Quader<< bezeichneten Begriffs zu weiteren Missverständnissen führen würde. Zum anderen ist es möglich, dass eine Fehlvorstellung bezüglich des mit >>Quader<< bezeichneten Begriffs, welche diesen mit dem elementargeometrischen Begriff, der mit >>Würfel<< bezeichnet wird, identifiziert, vorliegt. Um dieses Missverständnis zu klären, müsste es erneut angesprochen werden.

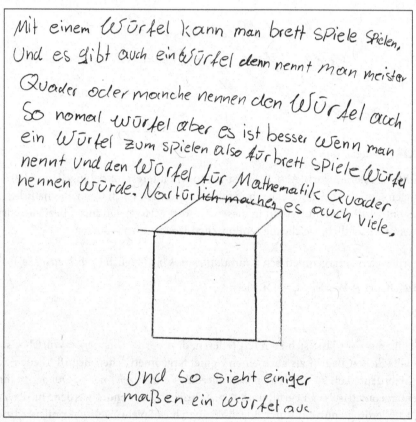

Abb. 9.25 Schülerantwort 8

Insgesamt bleibt darauf hinzuweisen, dass in den Schülerantworten (vor allem) Begriffe und Objekte sehr stark miteinander verwoben sind. Dies ist einerseits darin begründet, dass eine prototypische Begriffsvorstellung schon eine Vorstellung von Objekten mit einschließt. Andererseits wird es dadurch bedingt, dass eine Beschreibung eines Begriffs teilweise auch als Beschreibung eines spezifischen Objekts gelesen werden kann, zumal die Objekte selbst in einer schriftlichen Antwort nicht beinhaltet sein können. Außerdem fällt auf, dass entstehende semiotische Dreiecke sich verstärkt an der Ecke der Bezeichner überlagern und dort wechselwirken, und dass solche Überlagerungen und Wechselwirkungen weniger an den anderen Ecken auftreten. Dies muss nicht zwangsläufig in dem Begriffsfeld begründet sein, sondern kann durch die den Schülern vorgelegte Fragestellung verursacht sein. In der Fragestellung wurde der Bezeichner geliefert, da er in gesprochener oder schriftlicher Sprache handlich zu fassen ist. Wären der Begriff oder das Objekt geliefert worden, wären in genannter Hinsicht andere Ergebnisse möglich.

Dennoch finden sich verschiedene semiotische Dreiecke, die das semiotische Dreiecksprisma konstituieren, in den Schülerantworten wieder, was das Begriffsfeld als sinnvolles Werkzeug zur Untersuchung von Begriffsbildung legitimiert. Es bleibt allerdings zu betonen, dass das Begriffsfeld in der Begriffsvorstellung einzelner Schüler nicht in der statisch geordneten und reflektierten Form vorliegen kann, die das semiotische Dreiecksprisma in Abb. 9.16 impliziert. Stattdessen wird zwischen unterschiedlichen unbewussten semiotischen Dreiecken, die hier den Kontexten der Elementargeometrie und des Alltags zuzuordnen sind, gesprungen. Diese semiotischen Dreiecke können dabei vollständig aktiv sein, es ist aber auch möglich, dass jeweils nur einzelne Teile im Fokus der Schüler liegen.

9.6 Begriffe deskriptiv betrachtet – allgemein

Wenn die Interpretation der Umfrageergebnisse auch erlaubte, das Begriffsfeld als Werkzeug zur Untersuchung der Begriffsbildung zu legitimieren, so bleibt doch aus Sicht der Fachdidaktik die Dynamik individueller Begriffsvorstellungen in Beziehung zu den statisch definierten Begriffen der Fachmathematik zu setzen. Dazu dient zunächst ein Bezug zu TALL und VINNER, die sich in ihrem vielzitierten Beitrag „Concept Image and Concept Definition in Mathematics with particular reference to limits and continuity" [244] mit Begriffsvorstellungen und Fehlvorstellungen beschäftigt haben. Sie stellen in dem Beitrag ihr Concept Image einer Concept Definition gegenüber. >>Concept Image<< bedeutet dabei

> the total cognitive structure that is associated with the concept, which includes all the mental pictures and associated properties and processes. It is built up over the years through experiences of all kinds, changing as the individual meets new stimuli and matures.
>
> (Tall & Vinner 1981, S. 152) [244]

Das Concept Image schließt damit sowohl Eigenschaften als auch Prozesse ein, wird unter anderem durch alltägliche, handlungsgebundene Erfahrungen mit ausgeprägt und verändert sich ständig weiter. Es muss im Entstehungsprozess nicht ständig den Charakter eines in sich stimmigen Ganzen haben, sondern es können Widersprüche zwischen einzelnen seiner Teile auftreten. >>Concept Definition<< bedeutet demgegenüber „a form of words used to specify a concept" (Tall & Vinner 1981, S. 152) [244], und damit eine definitorische Fassung eines Begriffs. Es wird weiterhin zwischen >>Personal Concept Definition<<, die ein ausformuliertes Abbild des Concept Image einer Person bedeutet, und >>Formal Concept Definition<<, die eine in einer mathematischen Kommunität allgemein akzeptierte Definition ist, unterschieden. Auch kognitive Konflikte innerhalb des Concept Image einer Person oder zwischen Concept Image und Concept Definition werden thematisiert.

Da die beiden genannten Begriffe jedoch von TALL und VINNER unterschiedlich gebraucht und weiterentwickelt wurden (wie auch Tall (2003) [245] bzw. (2006) [246] schon bemerkte), und der Beitrag beider Autoren aus dem Jahr 1981 jeweils beide Bedeutungen umfasst, bleiben die Begriffe schwammig. Um Concept Image und auch Concept Definition selbst weiterzuentwickeln, wird auf Vorläufer der Begriffe in Philosophie und Psychologie zurückgegriffen, die sich in der Philosophie unter anderem bei KANT, CASSIRER, FREGE

und WITTGENSTEIN, in der Psychologie bei PIAGET und BRUNER, GOODNOW & AUSTIN
sowie ROSCH finden (wie genauer in REMBOWSKI (2014) [243] nachzulesen ist). Zwischen
den jeweiligen Begriffen liegt jedoch ein nicht zu vernachlässigender Unterschied vor.
KANT, CASSIRER, FREGE und Vertretern der klassischen Theorie der Begriffsbildung in
der Psychologie (PIAGET sowie BRUNER, GOODNOW & AUSTIN) entsprechend ist im Zuge
einer natürlichen Begriffsbildung ein logisch deskriptiver – und damit intersubjektiver, definierbarer – Begriff erreichbar. WITTGENSTEIN und Vertretern der Prototypentheorie der
Begriffsbildung (hier: ROSCH) entsprechend können natürlich gebildete Begriffe hingegen
nicht definiert werden.

Werke von POINCARÉ, HADAMARD, WITTENBERG und FREUDENTHAL (vgl. Freudenthal
1983 [237], Hadamard 1945 [238], Poincaré 1913 [242], Wittenberg 1957 [252]), die alle
aus der Fachmathematik stammen, können, obwohl teilweise zu einer Zeit veröffentlicht,
als die klassische Theorie noch vorherrschend war, zur Unterstützung des Standpunktes
von WITTGENSTEIN und ROSCH herangezogen werden. Mathematisches Denken und Arbeiten ist, laut POINCARÉ, HADAMARD, WITTENBERG und FREUDENTHAL intuitiv, induk-
tiv und von Konstruktionen gekennzeichnet. Der Erwerb eines Bezeichners geht häufig
dem Begriffserwerb voraus, worin das mathematische Denken und Arbeiten alltäglichem
Denken und Arbeiten gleicht, von dem es außerdem stark beeinflusst ist. Weiterhin werden mathematische Begriffe als zunächst unscharf, sich selbst weiterentwickelnd und in
ihren Konkretisierungen subjektiv, Begriffsbildung insgesamt als stark von bewusst oder
unbewusst begegneten Begriffen beeinflusst, gesehen. Erst damit mathematische Begriffe
als Grundlage weiteren Arbeitens dienen können, werden sie, laut genannten Autoren,
bewusst geordnet, mittels Definitionen präzisiert und damit auch in ihren Konkretisierungen intersubjektiv. Solche feststehenden Begriffe haben dann konventionalen Charakter,
werden aber realitätsfern genannt (vgl. Freudenthal 1983, S. 81f [237]).

Die genannten Begriffstypen von TALL und VINNER und jene aus Philosophie und
Psychologie lassen sich schließlich unter den im Folgenden mit >>Begriffsbild<< und
>>Begriffskonvention<< bezeichneten Begriffen zusammenfassen. Der Bezeichner >>Be-
griffsbild<< ist angelehnt an TALLS und VINNERS Concept Image, der Bezeichner >>Be-
griffskonvention<< weist darauf hin, dass eine Definition notwendigerweise eine Konven-
tion ist. Das *Begriffsbild* soll subjektiv und damit auch intuitiv sein, die *Begriffskonvention*
im Gegensatz dazu intersubjektiv, was mit den Arbeiten aus Philosophie und Psychologie
vereinbar ist. Selbst bei KANT, CASSIRER, FREGE und Vertretern der klassischen Theorie
der Begriffsbildung bildet sich erst im Laufe des Begriffsbildungsprozesses ein intersubjektiver, definierbarer Begriff heraus. Außerdem entspricht die Setzung obig genannten
Betrachtungen von POINCARÉ, HADAMARD, WITTENBERG und FREUDENTHAL. Weiterhin
ergänzen sich die Begriffstypen von TALL und VINNER sowie aus Philosophie und Psychologie in für den Mathematikunterricht relevanten Aspekten. Es folgen als Eigenschaften
des Begriffsbildes und der Begriffskonvention:

Tab. 9.1

Begriffsbild	Begriffskonvention
• subjektiv, intuitiv	• intersubjektiv
• synthetisch, induktiv gebildet	• analytisch, deduktiv gebildet
• gebunden an Repräsentanten	• unabhängig von Repräsentanten
• Repräsentanten sind lebensweltlich	• Repräsentanten sind ideal
• unscharf	• eindeutig (in Oberklasse und spezifischen Merkmalen)
• kann Handlungen beinhalten und affektiv geprägt sein	• blendet den Menschen aus
• unbegrenzt, sich ständig in Entwicklung befindend	• klar begrenzt

Sowohl Begriffsbild als auch Begriffskonvention können nun im Begriffsfeld lokalisiert werden (Abb. 9.26). Das (hell angedeutete) Begriffsbild ist hier unabhängig von einzelnen Schülern, und vereint stattdessen die verschiedenen möglichen Begriffsbilder unter sich.[96] Es enthält neben Begriff, Bezeichner und Objekt sowie den Beziehungen zwischen diesen auch das durch eventuelle Mehrdeutigkeiten entstehende Begriffsfeld, wobei die Unschärfe des Begriffsbildes durch Rauschen visualisiert ist. Die (dunkler dargestellte) Begriffskonvention ist eine ausformulierte Zuordnung des Begriffs zu Bezeichner und Objekt, sie lässt sich daher als Schnitt durch das Dreiecksprisma oder spezielles semiotisches Dreieck im Prisma visualisieren.

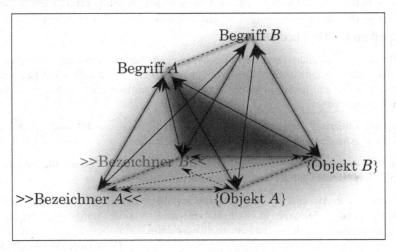

Abb. 9.26 Begriffsbild und Begriffskonvention im Begriffsfeld

---

[96] Das Begriffsbild einzelner Schüler enthält nur einige der möglichen Begriffe, Bezeichner und Objekte, und das dadurch hervorgerufene Begriffsfeld.

9.7   Begriffe normativ betrachtet – allgemein

Für die Planung, Gestaltung und Durchführung von Unterricht genügt eine rein deskriptive Betrachtung des Begriffsbildungsprozesses nicht, zusätzlich ist eine normative Betrachtung notwendig. Diese soll Ansätze dazu aufzeigen, wie zwischen Begriffsbild und Begriffskonvention vermittelt werden kann. Eine vermittelnde Rolle können beispielsweise normative Grundvorstellungen übernehmen.

BENDER spricht mit Bezug auf Grundvorstellungen zunächst vom epistemologischen Kern der Begriffe und schreibt, dieser epistemologische Kern bestehe nicht nur aus einer Definition, sondern

> aus einem ganzen System inner- und außermathematischer Zusammenhänge, das in einem langen und verwickelten didaktischen Forschungs- und Entwicklungsprozeß für das Lernen aufbereitet wird [...].

> Dieser Prozeß hat eigentlich nie ein Ende. Er ist zwar primär stofforientiert, muß aber auch Vermittlungsfragen beachten und hat daher eine ausgeprägt hermeneutische Natur. Insbesondere führt er (schon von seiten des Stoffes her!) nicht zu einem eindeutigen Begriff.
>
> (Bender 1991, S. 49 [234])

Die Aufgabe der Lehrkraft sieht BENDER auch darin, dafür zu sorgen, dass die im Begriffsbildungsprozess entstehenden Schülervorstellungen nicht zu sehr vom epistemologischen Kern der Begriffe abweichen. BENDERs Grundvorstellungen und -verständnisse sollen daher auf dem epistemologischen Kern von Begriffen basieren und eine Struktur schaffen, mit Hilfe derer über Begriffe kommuniziert werden kann.

BENDER nennt mit Bezug auf seine Grundvorstellungen und -verständnisse zudem einige Aspekte, die sich zusammengefasst auch in VOM HOFES normativem Grundvorstellungsbegriff finden. Dort heißt es:

> Die Grundvorstellungsidee beschreibt Beziehungen zwischen mathematischen Inhalten und dem Phänomen der individuellen Begriffsbildung. In ihren unterschiedlichen Ausprägungen charakterisiert sie mit jeweils unterschiedlichen Schwerpunkten insbesondere drei Aspekte dieses Phänomens:
>
> • Sinnkonstituierung eines Begriffs durch Anknüpfung an bekannte Sach- oder Handlungszusammenhänge bzw. Handlungsvorstellungen,
>
> • Aufbau entsprechender (visueller) Repräsentationen bzw. „Verinnerlichungen", die operatives Handeln auf der Vorstellungsebene ermöglichen,
>
> • Fähigkeit zur Anwendung eines Begriffs auf die Wirklichkeit durch Erkennen der entsprechenden Struktur in Sachzusammenhängen oder durch Modellieren des Sachproblems mit Hilfe der mathematischen Struktur.
>
> (Vom Hofe 1995, S. 97f [249])

VOM HOFE hält fest, dass Grundvorstellungen damit Elemente der Vermittlung bzw. Objekte des Übergangs zwischen der Welt der Mathematik und der individuellen Begriffswelt der Lernenden sind. Wenn Grundvorstellungen als normative Leitlinien aufgefasst werden, so folge als didaktische Hauptaufgabe, geeignete reale Sachkonstellationen bzw.

Sachzusammenhänge zu beschreiben, die den jeweiligen mathematischen Begriff auf eine für die Lernenden verständliche Art konkretisieren bzw. repräsentieren.

Ein wesentlicher Unterschied zwischen BENDERS und VOM HOFES Grundvorstellungsbegriffen besteht allerdings darin, dass BENDER Grundvorstellungen und -verständnisse vor allem normativ sieht, VOM HOFE Grundvorstellungen hingegen normativ sieht, aber auch deskriptiv und konstruktiv zu nutzen versucht. Dabei sollen auf der deskriptiven Ebene Schülervorstellungen analysiert werden, und

> [d]ie Betrachtung möglicher Divergenzen zwischen normativer und deskriptiver Ebene, d.h. zwischen *sachadäquaten Grundvorstellungen, die der Lehrer anzielt, und individuellen Vorstellungen bzw. Fehlvorstellungen des Schülers*, dient dann als Ausgangspunkt für Überlegungen zur *konstruktiven* Behebung der entsprechenden Missverständnisse.
>
> (Vom Hofe 1995, S. 112 [249])

Später expliziert VOM HOFE weitere Kernpunkte seines Grundvorstellungsbegriffs (vgl. vom Hofe 2003 [250]). So hält er fest, dass es zu einem mathematischen Begriff mehrere Grundvorstellungen gibt, und dass die Ausbildung der Grundvorstellungen und ihre gegenseitige Vernetzung das Grundverständnis eines Begriffs genannt werden. Damit ergänzt VOM HOFE seinen Grundvorstellungsbegriff durch den schon bei BENDER verwendeten Verständnisbegriff. Weiter vertritt VOM HOFE die Ansicht, dass primäre Grundvorstellungen aus der Vorschulzeit von sekundären Grundvorstellungen aus der Zeit des Mathematikunterrichts zu unterscheiden sind. Während erstere als konkrete Handlungsvorstellungen beschrieben werden, seien letztere mit Hilfe mathematischer Darstellungsmittel repräsentiert.[97] Außerdem heißt es, Grundvorstellungen entwickelten sich gemeinsam zu einem immer tragfähigeren System mathematischer Modelle.[98]

Insgesamt wird der Grundvorstellungsbegriff von den jeweiligen Autoren auch kontextabhängig verwendet, und Arbeiten zu Grundvorstellungen differieren vor allem mit Bezug auf die Frage, inwieweit Grundvorstellungen ein normativer Begriff sind, und inwieweit sie deskriptiv und konstruktiv zu nutzen sind. In meinem Modell übernimmt das Begriffsbild die Rolle deskriptiver Grundvorstellungen, womit sich eine rein normative Prägung des Grundvorstellungsbegriffs ergibt. Dem subjektiv geprägten und deskriptiv zu betrachtenden Begriffsbild stehen dann die intersubjektiv geprägten und normativ zu betrachtenden *Grundvorstellungen* gegenüber. Grundvorstellungen sollen damit ausschließlich auf reflektierenden Betrachtungen von Begriffsbildern seitens Mathematikdidaktikern und Mathematiklehrern begründet sein. Während das Begriffsbild Erfahrungen aus dem Alltag sowie dem Mathematikunterricht vermengt, sollen Grundvorstellungen auf implizit oder explizit im Mathematikunterricht vermittelten Denk- und Handlungsmustern beruhen, und sich möglichst zu einem System mentaler mathematischer Modelle zusammenfügen. Dennoch sollen Grundvorstellungen nicht, wie Begriffskonventionen so häufig, nur eine definitorische Fassung eines Begriffs sein. Stattdessen soll es sich bei ihnen insgesamt um eine vielseitige Darstellung unterschiedlicher Facetten des Begriffsinhalts und gegebenenfalls des Spannungsfelds unterschiedlicher Konkretisierungen handeln. Grundvorstel-

---

[97] Wohingegen eine solche charakterliche Unterscheidung sinnvoll scheint, wirkt die Unterscheidung nach Vorschulzeit und Zeit des Mathematikunterrichts zu eindimensional.

[98] Hier scheinen die anderweitig fokussierten Fehlvorstellungen zunächst ausgeblendet.

lungen sollen damit gewissermaßen zwischen dem Begriffsbild und der Begriffskonvention vermitteln. Für den Unterrichtsprozess müssen unterschiedliche Grundvorstellungen schließlich differenziert betrachtet und so eingesetzt werden, dass sie an Begriffsbilder anknüpfen und die Begriffskonvention mitbedingen.[99]

Diese Begriffspräzisierung liefert auch eine Antwort auf Anmerkungen zum Grundvorstellungsbegriff (u.a. bei Vohns 2005 [247], 2010 [248]). Kritik richtet sich dabei teilweise gegen eine vorwiegend normative Nutzung von Grundvorstellungen. Es wird zu einer auch deskriptiven und konstruktiven Nutzung, die Fehlvorstellungen berücksichtigt, aufgerufen. Wie oben erläutert, erübrigt sich dieser Kritikpunkt allerdings vor dem Hintergrund von Begriffsbild und Begriffskonvention, der neben Grundvorstellungen als normatives Werkzeug das Begriffsbild als deskriptives Werkzeug stellt. Angestrebt wird außerdem eine stärkere Vernetzung der lokalen Ebene, auf der Grundvorstellungen anzusiedeln sind, mit der globaleren Ebene, auf der beispielsweise fundamentale Ideen anzusiedeln sind. Um genauer auf eine solche Vernetzung einzugehen, müsste zunächst die Theorie fundamentaler Ideen weiter aufgearbeitet werden (vgl. von der Bank 2013 [251]), was den Rahmen dieses Beitrags sprengen würde, grundsätzlich scheint eine solche Vernetzung aber natürlich sinnvoll.

Die wohl ausführlichste Liste von Grundvorstellungen ist jene zum Bruchbegriff (vgl. Hefendehl-Hebeker 1996 [239], Hischer 2012 [240]), außerdem wurden Grundvorstellungen bisher beispielsweise für Begriffe wie natürliche Zahlen, Variable, Zahlenfolge, Grenzwert und Funktion (vgl. vom Hofe 2003 [250]) katalogisiert. Grundvorstellungen wurden damit verstärkt für geometrisierbare Begriffe, die allerdings nicht dem Gebiet der Geometrie entstammen, ausgearbeitet. Es fällt allerdings auf, dass Grundvorstellungen rein geometrischer Begriffe bisher kaum erforscht sind. Grundvorstellungen wurden ebenso verstärkt für Relationsbegriffe – Begriffe, die ihre Bedeutung erst durch den Bezug zu einer Referenzmenge erhalten – und kaum für Objektbegriffe ausgearbeitet.[100] Dies lässt sich damit begründen, dass geometrisierbare Relationsbegriffe insbesondere die Anknüpfung an bekannte Sach- und Handlungszusammenhänge sowie den Aufbau visueller Repräsentationen ermöglichen. Insbesondere Grundvorstellungen für geometrische Objektbegriffe, wie den Würfel, bleiben damit weiter zu erforschen.

9.8   Fazit

In dem Beitrag wurde das theoretische Konstrukt des Begriffsfeldes exemplarisch und allgemein ausgearbeitet sowie empirisch plausibel gemacht. Weiterhin wurden Begriffsbild und Begriffskonvention begrifflich geklärt und im Begriffsfeld lokalisiert sowie schließlich zu Grundvorstellungen in Beziehung gesetzt. Die so entwickelte Theorie kann damit die

---

[99] Der Bezeichner >>Grundvorstellungen<< soll hier beibehalten werden, wobei die Betonung auf der ersten Silbe, im Sinne von „Allgemeine Verbindlichkeit, Verankerung in der Lebenswelt, fundamentaler Charakter für das jeweilige Teilgebiet" (Bender 1991, S. 48) [234], im Gegensatz zur subjektiven Prägung der zweiten Silbe, liegen soll.

[100] Mit einem Blick auf Arbeiten zu Grundvorstellungen scheint es sinnvoll, Begriffe als Relations- oder Objektbegriffe zu klassifizieren. Grundsätzlich sind auch andere Klasseneinteilungen möglich und können ebenso sinnvoll sein.

Basis zur weiteren Erforschung von Grundvorstellungen auch für geometrische Objekt-begriffe bieten. Es bleibt auszuloten, inwieweit die Theorie dann auch auf andere Begriffe verallgemeinerbar ist.

Bereitgestelltes Vokabular sowie die darauf aufbauenden Begriffe zur Begriffsbildung eignen sich schließlich als Grundlage einer Diskussion zu „Geometrie zwischen Grundbe-griffen und Grundvorstellungen". Hier betrachteter Begriff des Würfels kann als einer die-ser Grundbegriffe gelten und exemplarisch den Ausgangspunkt einer solchen Diskussion bilden. Er bleibt neben weitere Begriffe in eine Liste von Grundbegriffen zu stellen, und die Grundvorstellungen dieser bleiben zu systematisieren.

9.9 Literatur

[234] Bender, P. (1991) Ausbildung von Grundvorstellungen und Grundverständnissen – ein tra-gendes didaktisches Konzept für den Mathematikunterricht – erläutert an Beispielen aus den Sekundarstufen. In: H. Postel (Hrsg.): *Mathematik lehren und lernen: Festschrift für Heinz Griesel* (S. 48-60). Hannover: Schroedel.

[235] Bromme, R. & Steinbring, H. (1990) Die epistemologische Struktur mathematischen Wissens im Unterrichtsprozeß. In: R. Bromme, F. Seeger & H. Steinbring (Hrsg.): *Aufgaben als An-forderungen an Lehrer und Schüler* (S. 151-229). Köln: Aulis.

[236] Eco, U. (1977) *Zeichen. Einführung in einen Begriff und seine Geschichte.* Frankfurt: Suhrkamp.

[237] Freudenthal, H. (1983) *Didactical Phenomenology of Mathematical Structures.* Dordrecht: Reidel.

[238] Hadamard, J. (1945) *The Psychology of Invention in the Mathematical Field.* New York: Dover Publications.

[239] Hefendehl-Hebeker, L. (1996) Brüche haben viele Gesichter. *Mathematik Lehren, 78,* 20-48.

[240] Hischer, H. (2012) *Grundlegende Begriffe der Mathematik: Entstehung und Entwicklung. Stuk-tur – Funktion – Zahl.* Wiesbaden: Spektrum.

[241] Lambert, A. (2012). Was soll das bedeuten?: Enaktiv – ikonisch – symbolisch. Aneignungs-formen beim Geometrielernen. In: A. Filler & M. Ludwig (Hrsg.): *Vernetzungen und Anwend-ungen im Geometrieunterricht. Ziele und Visionen 2020. Vorträge auf der 28. Herbsttagung des Arbeitskreises Geometrie in der Gesellschaft für Didaktik der Mathematik vom 09. bis 11. Sep-tember 2011 in Marktbreit* (S. 5-32). Hildesheim: Franzbecker.

[242] Poincaré, H. (1913) *The Foundations of Science. Science and Hypothesis. The Value of Science. Science and Method.* Lancaster: The Science Press.

[243] Rembowski, V. (2014) Concept Image und Concept Definition der Mathematikdidaktik von „Concept Image and Concept Definition in Mathematics". In U. Kortenkamp & A. Lambert (Hrsg.): *Verfügbare digitale Werkzeuge im Mathematikunterricht richtig nutzen. Bericht über die 29. Arbeitstagung des Arbeitskreises „Mathematikunterricht und Informatik" in der Gesellschaft für Didaktik der Mathematik e.V. vom 23.- 25.09.2011 in Soest* (im Druck). Hildesheim: Franz-becker.

[244] Tall, D. & Vinner, S. (1981) Concept Image and Concept Definition in mathematics with par-ticular reference to limits and continuity. *Educational Studies in Mathematics, 12,* 151-169.

[245] Tall, D. (2003) Concept Image and Concept Definition. http://homepages.warwick.ac.uk/staff/David.Tall/themes/concept-image. (abgerufen: 10.06.2013)

[246] Tall, D. (2006) A Theory of Mathematical Growth Through Embodiment, Symbolism and Proof. *Annales de Didactique et de Sciences Cognitives, IREM de Strasbourg, 11,* 195–215.

[247] Vohns, A. (2005) Fundamentale Ideen und Grundvorstellungen: Versuch einer konstruktiven Zusammenführung am Beispiel der Addition von Brüchen. *Journal für Mathematikdidaktik*, 26, 52-79.

[248] Vohns, A. (2010) Fünf Thesen zur Bedeutung von Kohärenz- und Differenzerfahrungen im Umfeld einer Orientierung an mathematischen Ideen. *Journal für Mathematikdidaktik*, 31, 227-255.

[249] Vom Hofe, R. (1995) *Grundvorstellungen mathematischer Inhalte*. Heidelberg: Spektrum.

[250] Vom Hofe, R. (2003) Grundbildung durch Grundvorstellungen. *Mathematik Lehren*, 118, 4-8.

[251] Von der Bank, M.-C. (2013) Fundamentale Ideen, insbesondere Optimierung. http://www.math.uni-sb.de/service/preprints/preprint334.pdf. (abgerufen: 02.09.2013)

[252] Wittenberg, A. (1957) *Vom Denken in Begriffen*. Basel: Birkhäuser.

Das Haus der Vierecke aus der Sicht des Heidelberger Winkelkreuzes

Michael Gieding, Pädagogische Hochschule Heidelberg

Zusammenfassung

Das Heidelberger Winkelkreuz ist ein Werkzeug zur enaktiven Untersuchung geometrischer Figuren. Es besteht aus zwei Holzleisten, die mittig drehbar miteinander verbunden sind. Auf den Holzleisten befinden sich in äquidistanten Abständen Stifte. Mittels eines Gummis lassen sich auf dem Heidelberger Winkelkreuz Repräsentanten geometrischer Figuren spannen. Im Artikel wird aufgezeigt, in welcher Art und Weise die Betrachtung konvexer Vierecke mittels des Heidelberger Winkelkreuzes systematisiert wird und warum und wie derartige Untersuchungen in den Mathematikunterricht allgemeinbildender Schulen integriert werden können.

10.1 Die Entwicklung des Heidelberger Winkelkreuzes

10.1.1 Modelle von Vierecken mit dem Heidelberger Winkelkreuz spannen

Das *Heidelberger Winkelkreuz*, im Folgenden kurz *HWK* genannt, besteht aus zwei gleichlangen Holzleisten l_1 und l_2, die mittels einer Schraube M mittig miteinander verbunden sind (s. Abb. 10.1). Diese Befestigung lässt es zu, die Leisten gegeneinander zu drehen. Auf den Leisten befinden sich in äquidistanten Abständen Holzstifte, die farbig gekennzeichnet sind. Stifte, die zu M ein und denselben Abstand haben, sind dabei gleichfarbig gekennzeichnet. Durch die Schraube M wird jede Leiste in zwei Teile geteilt, die wir die Schenkel des *HWK* nennen wollen.

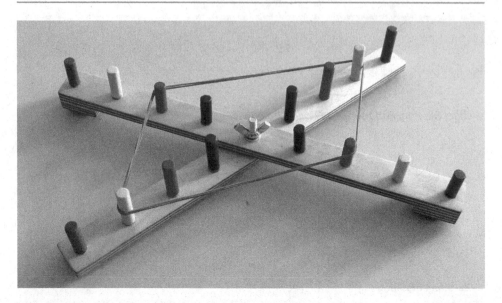

Abb. 10.1 Heidelberger Winkelkreuz , Quelle: Autor

Mit Hilfe eines Gummis lassen sich Modelle verschiedenster Polygone auf dem *HWK* spannen. Wir werden uns im Folgenden diesbezüglich auf Vierecke konzentrieren, deren Generierung zusätzlich noch dahingehend eingeschränkt sein soll, dass auf jedem Schenkel des *HWK* genau ein Stift als Eckpunkt des zu spannenden Vierecks verwendet wird. Ferner mögen überschlagene Vierecke hier nicht betrachtet werden.

10.1.2   Die Entstehung des HWK

10.1.2.1 Der Urvater: Das Geobrett

Die Idee zum Heidelberger Winkelkreuz entstand während der Suche nach geeigneten Aufgaben für eine Klausur zum Ende der Lehrveranstaltung *„Einführung in die Geometrie"* im Sommersemester 2012 an der Pädagogischen Hochschule Heidelberg. Die Inhalte der genannten Lehrveranstaltung orientieren sich eng am Lehrstoff des Geometrieunterrichts der Klassenstufen 6, 7 und 8 und zielen insbesondere darauf ab, schülergemäße Enaktivität im Rahmen des Geometrieunterrichts im Kontext einer wissenschaftlichen Fundierung dieses Unterrichts zu thematisieren. Klassischerweise wird dem Haus der Vierecke eine besondere Bedeutung im Rahmen der Vorlesungen und Übungen sowie der entsprechenden Abschlussklausur beigemessen.

Für die Klausur im Sommersemester 2012 bot sich entsprechend vorangegangener Übungen eine Betrachtung des Hauses der Vierecke aus dem Blickwinkel der Diagonaleneigenschaften verschiedenster Viereckarten an. Bei der Suche nach einer Einbindung der Klausuraufgaben in die Realität des Geometrieunterrichts stand das sogenannte Geobrett Pate.

10.1.2.2 Die zentrale Idee: Erkenntnisgewinn durch Reduktion der Mittel

Abb. 10.2 selbstgefertigtes
Geobrett , Quelle Wikipedia:
Geobrett

Bildrechte: cc user udjat Wikipedia

Das Geobrett (Abb. 10.2) selbst ist eine Einschränkung der Menge der Punkte der Ebene auf eine gewisse diskrete Menge von Punkten, die nunmehr als Eckpunkte von Polygonen zur Verfügung stehen. Das Geobrett ist vergleichbar mit einem Karoraster, bei dem nur die Schnitte von horizontalen mit vertikalen Geraden als Eckpunkte verwendet werden. Aus dieser Einschränkung der Möglichkeiten ergeben sich u. a. zwei didaktische Aspekte der Einbeziehung des Geobretts in den Mathematikunterricht:

1. Sprachliche Vereinfachungen
   Zu den Zielen des Mathematikunterrichts gehört eine gewisse sprachlich logische Schulung. Mathematik kann nur mittels hinreichend genauer sprachlicher Darstellung betrieben werden. Insbesondere bei der Beschreibung geometrischer Sachverhalte kann es dazu kommen, dass die anzustrebende Exaktheit und Eindeutigkeit derartiger Beschreibungen die Lernenden überfordert. Der Kontext gewisser Möglichkeitsreduzierungen hilft dann auch sprachliche Schwierigkeiten zu reduzieren.

2. Umstrukturierung und damit Vertiefung vorhandenen Wissens und Könnens

3. Eine Reduzierung von Möglichkeiten bzw. Werkzeugen zur Lösung bestimmter Probleme stellt die Frage, ob und wie die Probleme jetzt noch lösbar sind. Zur Beantwortung dieser Frage muss das zur Verfügung stehende Wissen umstrukturiert und damit vertieft werden.

Zur Illustration dieser Aspekte betrachten wir exemplarisch die folgende Aufgabe:

Fragen

Beschreibe, wie auf dem Geobrett ein Quadrat gespannt werden kann, dessen Seiten nicht parallel zu den horizontalen und vertikalen Nagelreihen sind.

Ein Beispiel für ein solches Quadrat liefert die folgende Beschreibung (für ein unendlich großes Geobrett):

Beispiel

Ich spanne auf dem Geobrett ein Quadrat:

1. Wähle einen Nagel.

2. Gehe zwei Nägel nach rechts und einen Nagel nach oben.

3. Gehe einen Nagel nach links und zwei Nägel nach oben.

4. Gehe zwei Nägel nach links und einen Nagel nach unten.

Eine Verallgemeinerung dieses Beispiels liefert:

Beispiel

Ich spanne auf dem Geobrett ein Quadrat:

1. Wähle einen Nagel.

2. Gehe h Nägel nach rechts und v Nägel nach oben.

3. Gehe v Nägel nach links und h Nägel nach oben.

4. Gehe h Nägel nach links und v Nägel nach unten.

Wegen der starken Reduktion der zur Verfügung stehenden Punkte, mag man geneigt sein, den Einsatz des Geobretts vorwiegend in der Grundschule und in den unteren Klassenstufen der SI zu sehen. Eine genauere Betrachtung des Beispiels zeigt das Gegenteil. Letztlich erfährt derjenige, der sich auf dieses Beispiel einlässt, den folgenden symbolischen Zusammenhang zumindest auf enaktiver Ebene:

Es seien g_1 und g_2 zwei Geraden, die durch die Gleichungen $y = m_1 \cdot x + b_1$ und $y = m_2 \cdot x + b_2$ beschrieben werden. $g_1 \perp g_2 \Leftrightarrow m_2 = -\dfrac{1}{m_1}$.

Eine Untersuchung von Gesetzmäßigkeiten und Zusammenhängen unter Einschränkung der verwendbaren Mittel ist nicht neu. Letztlich können mit Zirkel und Lineal gewisse Probleme der Geometrie nicht gelöst werden, die z.B. mit Falttechniken des Origami lösbar sind. Die Programmiererszene kennt Programmierwettbewerbe, in denen bewusst etwa der verwendbare Speicherplatz eingeschränkt wird. Die Auseinandersetzung mit den beschränkten Möglichkeiten erfordert häufig radikales Umdenken bzgl. der Problemlösung und damit eine Vertiefung des Wissens zum betrachteten Gegenstand.

10.1.2.3 Der Übergang vom Geobrett zum HWK

Übliche Geobretter verfügen etwa über 5 × 5 bis 7 × 7 Nägel und damit über eine extrem eingeschränkte Anzahl von möglichen Viereckseckpunkten gegenüber einer geometrischen Ebene. Sollte man da die Anzahl der verwendbaren Eckpunkte noch mal verringern? Wir haben es einfach getan und zunächst eine vertikale und eine horizontale Nagelreihe des üblichen Geobretts ausgezeichnet. Nur die Nägel dieser Nagelreihen wurden zum Spannen von Vierecken erlaubt (s. Abb. 10.3).

Abb. 10.3 Einschränkung des Geobretts

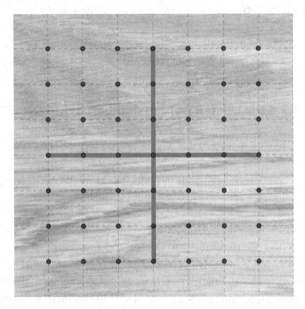

Es lag nahe, die nicht verwendbaren Nägel des ursprünglichen Geobretts auszublenden und das Geobrett auf zwei senkrecht zueinander stehende Leisten zu reduzieren, auf welchen die verwendbaren Nägel bzw. Stifte angeordnet sind. Unter Verwendung des 3D-Grafikprogramms Cinema 4D der Firma Maxon wurde das erste virtuelle Winkelkreuz generiert (Abb. 10.4).

Abb. 10.4 Das erste virtuelle Winkelkreuz

Hinsichtlich des Spannens von Vierecken befinden sich die zur Verfügung stehenden Nagelreihen jetzt auf Geraden, die durch die Diagonalen des gespannten Vierecks eindeutig bestimmt sind. Da die (virtuellen) Leisten zunächst fest miteinander verbunden waren und sie senkrecht aufeinander standen, konnten nicht alle Viereckstypen gespannt werden. Gerade das machte aber wiederum einen besonderen Erkenntnisgewinn hinsichtlich der Eigenschaften von Vierecken aus. Die Erkenntnis etwa, dass mit dem starren Winkelkreuz keine Rechtecke und keine Parallelogramme gespannt werden können, die keine Rauten sind, war den Studierenden zunächst nicht unmittelbar klar. Entsprechende Versuche führten etwa zu Sätzen wie dem Folgenden:

▶   Satz 1: Ein Parallelogramm ist genau dann eine Raute, wenn seine Diagonalen senkrecht aufeinander stehen.

10.1.2.4 Die Leisten werden drehbar: Geburt des HWK

Satz 1 lässt sich auch in der folgenden Art formulieren:

▶   Satz 1*: Ein Parallelogramm ist dann und nur dann eine Raute, wenn seine Diagonalen senkrecht aufeinander stehen.

Natürlich sind die Formulierungen „genau dann wenn" und „dann und nur dann" synonym. Die Verwendung von „dann und nur dann" in Satz 1* wirkt etwas altertümlich, legt aber noch unmittelbarer als das „genau dann wenn" in Satz 1 nahe, die Leisten des Winkelkreuzes zueinander drehbar zu montieren: Schnell macht man die Erfahrung, dass es offenbar nicht möglich ist, eine Raute zu spannen, wenn die Leisten (Diagonalen) nicht senkrecht aufeinander stehen.

Die Drehbarkeit der Leisten zueinander offeriert zusätzlich einen gewissen dynamischen Aspekt der mit dem HWK anzustellenden Betrachtungen, wie man ihn von der Nutzung dynamischer Geometriesoftware her kennt. So spannt man etwa mit dem HWK bei nicht senkrecht stehenden Leisten ein Parallelogramm, verändert nun den Winkel φ zwischen den Leisten in Richtung eines rechten Winkels und beobachtet, wie das allgemeine Parallelogramm in den Spezialfall Raute übergeht (s. Abb. 10.5). Ein weitere Veränderung von φ überführt den Spezialfall wieder in einen allgemeinen Fall.[101]

---

[101] siehe auch: http://tinyurl.com/nvd2bzo

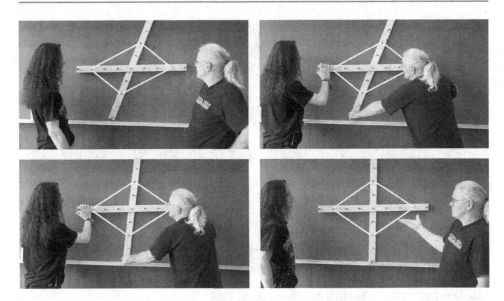

Abb. 10.5 dynamische Betrachtungen mit dem HWK

Rings um das virtuelle HWK, das ggf. als reale Skizze auf dem Papier verwendet wurde, entstand eine Reihe von Übungsaufgaben, wie etwa die Frage nach der Anzahl von Parallelogrammen, die bei gegebenem Schnittwinkel bis auf Kongruenz auf dem Winkelkreuz spannbar sind. Es wurde immer mehr klar, dass es der Ausbildung an einer Pädogogischen Hochschule gut zu Gesicht stehen würde, wenn das bisher mehr oder weniger virtuell existierende Winkelkreuz auch real produziert werden würde und seine Eignung für den Mathematikunterricht allgemeinbildender Schulen etwa im Rahmen der Didaktikausbildung getestet werden würde.

Die entsprechende Produktion eines Klassensatzes wurde von Schülern einer 7. Klasse unter Leitung von Frau Anja Solberg an der Schule „Freie Lernzeiträume" in Dossenheim[102] in der Nähe von Heidelberg übernommen. Gleichzeitig wurde eine größere Version für die Verwendung an der Tafel produziert (Abb. 10.6).

---

[102] Mehr zu der Jenaplanschule „Freie Lernzeiträume" findet man unter: http://www.lernzeitraeume. de/

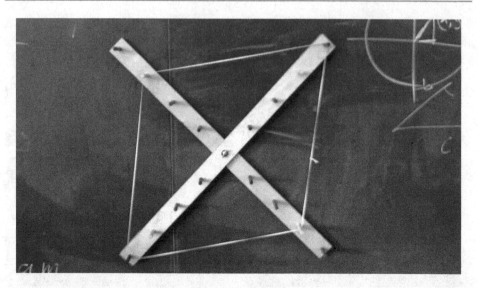

Abb. 10.6 Das HWK für die Hand des Lehrers an der Tafel

Der Einsatz des HWK wurde bisher mit verschiedenen 6. und 7. Klassen von Realschulen bzw. Werkrealschulen aus dem Heidelberger Raum getestet. Zu diesen Tests berichten wir an späterer Stelle. Zunächst soll das HWK aus mathematischer Sicht analysiert werden. Diese Analyse wird dann zu verschiedenen Aufgabenstellungen führen, die hinsichtlich einer Auseinandersetzung mit Vierecksarten mit dem HWK bearbeitbar sind.

10.2 Das Heidelberger Winkelkreuz aus mathematischer Sicht

10.2.1 Halbdiskrete Polarkoordinaten

Während sich das Geobrett an einem kartesischen Koordinatensystem orientiert, liegt dem HWK ein Polarkoordinatensystem zugrunde. Die Position eines jeden der 16 verfügbaren Punkte (Stifte) ist bezüglich einer ausgezeichneten Leiste durch den Winkel φ zwischen den beiden Leisten l_1 und l_2 und dem Abstand zur Schraube M eindeutig beschrieben. Der Winkel $\varphi = \angle l_1, l_2$ nimmt alle Werte zwischen 0 und π an, wobei man ihn natürlich auch so betrachten kann, dass er bis 2π läuft. Er ist damit vergleichbar mit der Winkelkoordinate eines Polarkoordinatensystems. Demgegenüber steht nur eine diskrete Menge an Punkten (Stiften) auf den Schenkeln des HWK zur Verfügung. Der Abstand dieser Punkte ist dabei durch gewisse Farben kodiert. Stifte mit demselben Abstand zu M haben dieselbe Farbe (s. Abb. 10.7).

Dem HWK liegt damit ein Polarkoordinatensystem zugrunde, das im Bereich der Winkel stetig und im Bereich der Punkte diskret ist. Wir wollen die Koordinaten der Stifte deshalb halbdiskrete Polarkoordinaten nennen. Der Vorteil des diskreten Teils ist dabei ein einfacher sprachlicher Umgang mit dem HWK. Der stetige Teil des Koordinatensystems liefert eine gewisse Dynamik der mit dem HWK möglichen Untersuchungen.

Bemerkung: Weil zur Illustration der vorliegenden Ausführungen nicht auf Abbildungen in Farbe verwiesen werden kann, wurde in Abb. 10.7 den Stiften zusätzlich eine Nummer beigefügt:

$$1 \leftrightarrow blau, 2 \leftrightarrow rot, 3 \leftrightarrow gelb, 4 \leftrightarrow grün.$$

Die Nummern der Stifte geben gleichzeitig ihren Abstand zu M an. Bei der Arbeit mit dem HWK sollen die Lernenden u.a. gewisse Diagonaleneigenschaften von Vierecken entdecken. Die Angabe der Abstände der Stifte zu M wäre aus unserer Sicht diesbezüglich eine zu starke Lenkung der Lernenden. Aus diesem Grunde wird auch in den vorliegenden Ausführungen mit den Farben gearbeitet. Der Leser kann sich entsprechend der obigen Zuordnung die entsprechenden Abbildungen dieses Artikels interpretieren. Zur Hilfe sind die Nummern in die entsprechenden Abbildungen integriert.

Abb. 10.7 halbdiskrete Polarkoordinaten

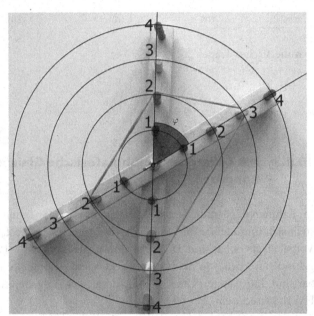

10.2.2 Beschreibung von Vierecken mit dem HWK

Es sei $0 \leq \varphi \leq \pi$.[103] Ferner sei $F := \{grün, gelb, rot, blau\}$ (bzw. F:={4, 3, 2, 1}). Jeder Punkt (Stift) des HWK lässt sich relativ zu einer der Leisten l_1, l_2 eindeutig mittels eines geordneten Paares (f, φ) mit $f \in F$ beschreiben. Zum Spannen von Vierecken auf dem HWK sei zunächst vereinbart, dass auf jedem Schenkel des HWK genau ein Eckpunkt zu wählen ist. Ferner seien ein Schenkel und der Umlaufsinn ausgewählt. Ein gespanntes Viereck ist dann durch die Angabe des Winkels φ und die Reihenfolge der Farbwerte der zum Spannen ausgewählten Punkte eindeutig beschrieben.

---

[103] Hier wird natürlich davon abstrahiert, dass φ die Werte in der Nähe von 0 und π real aus Konstruktionsgründen des HWK nicht annehmen kann.

Unter diesen Bedingungen lässt sich ein auf dem HWK gespanntes Viereck als geordnetes 5-Tupel ($\varphi, f_1, f_2, f_3, f_4$) mit $f_1, f_2, f_3, f_4 \in F$ interpretieren. Ist der Winkel φ von vornherein fest gewählt, reicht es aus, das Viereck durch ein geordnetes 4-Tupel der Farbwerte zu beschreiben.

In der Schülervariante dieser Art der Viereckbeschreibung zeigt sich die didaktische Kraft des HWK. So sei etwa vereinbart, dass der Winkel zwischen den Schenkeln fest eingestellt ist (Flügelmutter fest drehen). Die Schüler sollen jetzt etwa versuchen, symmetrische Trapeze zu spannen. Sie können ihre Ergebnisse in der folgenden tabellarischen Form dokumentieren:

Symmetrisches Trapez 1:

Punkt	A	B	C	D
Farbe	rot	rot	grün	grün

Symmetrisches Trapez 2:

Punkt	A	B	C	D
Farbe	gelb	gelb	rot	rot

10.2.3 HWK-Vierecke, kombinatorische Gleichwertigkeit und Kongruenz

Im Rahmen der gerade dargestellten Aufgabe zum Spannen von symmetrischen Trapezen stellt sich unmittelbar die Frage, wie viele verschiedene solche Trapeze unter bestimmten Vorgaben spannbar sind. Damit ist ein Aufgabentyp zum HWK aufgezeigt: Es soll herausgefunden werden, wie viele verschiedene Vierecke unter bestimmten Bedingungen spannbar sind. Zur näheren Untersuchung derartiger Aufgaben führen wir hier den Begriff des HWK-Vierecks ein.

Es sei ein Schenkel des HWK als Startschenkel festgelegt. Ferner mögen der Umlaufsinn für das Spannen von Vierecken als mathematisch positiv festgelegt und ein beliebiger aber fester Winkel φ zwischen den Leisten des HWK jeweils ausgezeichnet sein. Unter einem HWK-Viereck wollen wir ein geordnetes 4-Tupel der auf dem HWK verwendeten Farbwerte verstehen.

▶ **Definition** Ein HWK-Viereck ist ein geordnetes 4-Tupel (f_1, f_2, f_3, f_4) mit $f_1, f_2, f_3, f_4 \in F$.

Zwei HWK Vierecke wollen wir kongruent nennen, wenn sie wie in der Geometrie üblich kongruent zueinander sind (s. Abb. 10.8).

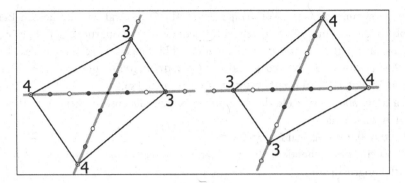

Abb. 10.8 kongruente HWK-Vierecke

Die beiden Trapeze in Abb. 10.8 haben eine weitere Besonderheit. Zu ihrer Generierung wurden dieselben Farbwerte verwendet, lediglich deren Reihenfolge wurde geändert: $(grün, grün, rot, rot)$, $(rot, rot, grün, grün)$. Wir wollen derartige HWK-Vierecke als kombinatorisch gleichwertig bezeichnen.

▶ **Definition** Zwei HWK-Vierecke (f_1, f_2, f_3, f_4) und (c_1, c_2, c_3, c_4) heißen kombinatorisch gleichwertig, wenn es eine natürliche Zahl v mit $0 \leq v < 4$ derart gibt, dass $\forall i, 1 \leq i \leq 4: f_i = c_{(i+v) \bmod 4}$ gilt. Die natürliche Zahl v möge Verschiebung der kombinatorischen Gleichwertigkeit von (f_1, f_2, f_3, f_4) und (c_1, c_2, c_3, c_4) heißen.

Anders formuliert sind zwei HWK-Vierecke also dann kombinatorisch gleichwertig, wenn es eine zyklische Permutation π von HWK-Viereck 1 auf HWK-Viereck 2 gibt, die gleiche Farbwerte auf gleiche Farbwerte abbildet. Die Verschiebung v einer kombinatorischen Gleichwertigkeit wollen wir im Folgenden auch als Verschiebung der zugehörigen zyklischen Permutation π bezeichnen. Für die beiden symmetrischen Trapeze aus Abb. 10.8 gilt $v = 2$. Die beiden symmetrischen HWK-Trapeze $(grün, grün, rot, rot)$ und $(rot, rot, grün, grün)$ sind also sowohl kombinatorisch gleichwertig als auch kongruent zueinander. Vorschnell mag man vermuten, dass aus der kombinatorischen Gleichwertigkeit zweier HWK-Vierecke deren Kongruenz gefolgert werden kann. Dem ist jedoch nicht so, wie das in Abb. 10.9 illustrierte Beispiel zeigt:

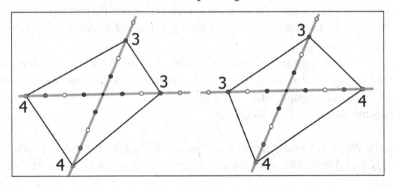

Abb. 10.9 kombinatorisch gleichwertig und nicht kongruent

Die beiden symmetrischen HWK-Trapeze aus Abb. 10.9 sind wie die beiden Beispiele aus Abb. 10.8 kombinatorisch gleichwertig, jedoch nicht kongruent. Die kombinatorischen Gleichwertigkeiten haben in den beiden Abbildungen verschiedene Verschiebungen v: Für $(grün, grün, rot, rot)$ und $(rot, rot, grün, grün)$ gilt $v = 2$, während für $(grün, grün, rot, rot)$ und $(rot, grün, grün, rot)$ $v = 1$ gilt.

Es sind offenbar zwei Fälle der kombinatorischen Gleichwertigkeit von HWK-Vierecken zu unterscheiden:

Fall 1: $v = 0 \lor v = 2$, Fall 2: $v = 1 \lor v = 3$

Fall 1 ist eine hinreichende Bedingung dafür, dass die beiden betrachteten HWK-Vierecke auch kongruent sind.

▶   Satz 2: Wenn zwei HWK-Vierecke kombinatorisch gleichwertig mit der Verschiebung $v = 0$ oder $v = 2$ sind, dann sind sie auch kongruent zueinander.

Der Beweis von Satz 2 ist schnell geführt, wenn man den Sachverhalt mehr geometrisch betrachtet. Es seien (f_1, f_2, f_3, f_4) und (c_1, c_2, c_3, c_4) zwei zueinander kombinatorisch gleichwertige HWK-Vierecke. Sollte für diese kombinatorische Gleichwertigkeit $v = 0$ gelten, so wären die beiden HWK-Vierecke identisch und damit auch kongruent. Für $v = 2$ gilt, dass ein Stift A genau auf den Stift C abgebildet wird, wobei C auf derselben Leiste wie A liegt und denselben Farbwert (Abstand zu M wie A hat. Ferner liegen A und C auf verschiedenen Schenkeln derselben Leiste bezüglich der Schraube M. Geometrisch gesehen bewirkt $v = 2$ also eine Punktspiegelung an der Schraube M. Damit ist klar, dass (f_1, f_2, f_3, f_4) und (c_1, c_2, c_3, c_4) zueinander kongruent sind.

Auch im Fall 2 können zwei kombinatorisch gleichwertige HWK-Vierecke zueinander kongruent sein:

▶   Satz 3: Es seien (f_1, f_2, f_3, f_4) und (c_1, c_2, c_3, c_4) zwei kombinatorisch gleichwertige HWK-Vierecke mit der Verschiebung 1 oder 3.
      Wenn der Winkel φ zwischen den Leisten des HWK ein Rechter ist, dann sind die beiden HWK-Vierecke (f_1, f_2, f_3, f_4) und (c_1, c_2, c_3, c_4) kongruent zueinander.

Zum Beweis von Satz 3 betrachtet man die beiden zyklischen Permutationen, die die beiden HWK-Vierecke kombinatorisch gleichwertig aufeinander abbilden als Viertel- bzw. Dreivierteldrehung um M.

Vorschnell könnte man geneigt sein, senkrechte Leisten des HWK als notwendig und hinreichend bezüglich der Kongruenz von kombinatorisch gleichwertigen HWK-Vierecken mit der Verschiebung 1 oder 2 anzusehen.

Der folgende Satz besagt das Gegenteil:

▶   Satz 4: Wenn ein HWK-Viereck vom Typ (f_1, f_2, f_1, f_2) ist, dann sind alle zu (f_1, f_2, f_1, f_2) kombinatorisch gleichwertigen HWK-Vierecke kongruent zueinander.

Man kann Satz 4 auch mehr geometrisch formulieren: Die Kongruenz von kombinatorisch gleichwertigen HWK-Parallelogrammen ist invariant gegenüber dem Winkel zwischen den Leisten des HWK.

Wir illustrieren Satz 4 mittels des HWK-Parallelogramms $(grün, rot, grün, rot)$. Außer $(grün, rot, grün, rot)$ selbst ist nur $(rot, grün, rot, grün)$ zu $(grün, rot, grün, rot)$ kombinatorisch gleichwertig (s. Abb. 10.10).

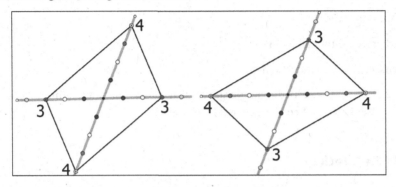

Abb. 10.10 kombinatorisch gleichwertige Parallelogramme sind immer kongruent zueinander

Satz 4 lässt sich schnell wie folgt beweisen: Das Schema (f_1, f_2, f_1, f_2) bedeutet, dass gegenüberliegende Stifte dieselbe Farbe und damit denselben Abstand zu M haben. Geometrisch gesehen vertauscht die zyklische Permutation, die (f_1, f_2, f_1, f_2) in (f_2, f_1, f_2, f_1) überführt, die Rolle der beiden Leisten l_1 und l_2 bezüglich der Diagonalen der beiden HWK-Parallelogramme. Einmal liegt die längere der Diagonalen auf l_1 im anderen Fall auf l_2. Im Fall des HWK-Rechtecks (f, f, f, f) ist dann alles noch einfacher.

10.3 Das Haus der Vierecke aus der Sicht des HWK

Im Folgenden systematisieren und ordnen wir alle konvexen Viereckstarten, wie sie in der Schule behandelt werden, entsprechend der Systematik des HWK. Aus dieser Systematik werden sich dann Aufgaben für Schüler ergeben, die zum Teil bereits in der Grundschule gestellt werden können.

10.3.1 Quadrate

Ein HWK-Quadrat wird genau dann gespannt, wenn die folgenden beiden Bedingungen erfüllt sind:

1. Es wird der Typ (f, f, f, f) gespannt. (Alle verwendeten Stifte haben dieselbe Farbe.)

2. Der Winkel φ zwischen den Leisten ist ein Rechter.

Jedes nach dem Typ (f, f, f, f) HWK-Viereck ist trivialerweise bezüglich jeder zyklischen Permutation, egal zu welcher Verschiebung, kombinatorisch gleichwertig. Ferner ist die Menge der HWK-Vierecke vom Typ (f, f, f, f) eine Teilmenge der Menge der HWK-

Vierecke vom Typ (f_1, f_2, f_1, f_2). Unter Berücksichtigung von Satz 4 ergibt sich, dass mit dem HWK genau vier HWK-Quadrate gespannt werden können, die nicht zueinander kongruent sind.

Aus mehr geometrischer Sicht ergibt sich die folgende Definition des Begriffs Quadrat:

▶ **Definition**　Ein Quadrat ist ein Viereck, dessen Diagonalen

1. gleichlang sind,

2. sich gegenseitig halbieren,

3. senkrecht aufeinander stehen.

Die erste und die zweite Bedingung ergeben sich daraus, dass alle Stifte dieselbe Farbe haben. Das Senkrechtstehen war generell vereinbart.

10.3.2　Rechtecke

Wir verringern die vorgegebenen Bedingungen zum Quadrat wie folgt:

Es wird der Typ (f, f, f, f) gespannt. (Alle verwendeten Stifte haben dieselbe Farbe.)

Analoge Überlegungen wie zu den Quadraten führen zur Erkenntnis, dass bei gegebenem φ genau 4 HWK-Rechtecke gespannt werden können, die nicht kongruent zueinander sind.

Aus geometrischer Sicht ergibt sich die folgende Definition des Begriffs Rechteck:

▶ **Definition**　Ein Rechteck ist ein Viereck, dessen Diagonalen

1. gleichlang sind,

2. sich gegenseitig halbieren,

10.3.3　Parallelogramme

Während beim Rechteck alle Stifte ein und dieselbe Farbe haben müssen, lassen wir jetzt zwei Farben zu. Jetzt haben wir zwei Möglichkeiten, die Farben anzuordnen. Entweder die Stifte werden bezüglich der Farbe alternierend ausgewählt oder wir bilden zwei Paare gleichfarbiger Stifte die aufeinanderfolgen. Parallelogramme entstehen, wenn die alternierende Reihenfolge gewählt wird.

Es wird der Typ (f_1, f_2, f_1, f_2) gespannt. (Zwei Farben folgen wechselnd aufeinander.)

Unter Berücksichtigung von Satz 4 folgt, dass bei gegebenem Winkel φ genau 10 verschiedene HWK-Parallelogramme gespannt werden können.

Eine geometrische Interpretation der Farbfolge der Stifte führt zu folgender Definition des Begriffs Parallelogramm:

▶ **Definition**　Ein Parallelogramm ist ein Viereck, dessen Diagonalen einander halbieren.

10.3.4 Symmetrische Trapeze

Bei der Verallgemeinerung vom Rechteck zum Parallelogramm hatten wir die Farbauswahl für die zum Spannen verwendeten Stifte von gleichfarbig auf zwei Farben erhöht. Für die Reihenfolge der Farben haben wir, wie beim Parallelogramm bereits bemerkt, bis auf kombinatorische Gleichwertigkeit genau zwei Möglichkeiten. Symmetrische Trapeze entstehen, wenn der folgende Typ gespannt wird: (f_1, f_1, f_2, f_2).

Im Unterschied zu den Parallelogrammen, für die ja auch nur jeweils zwei Farben verwendet werden, ergeben sich jetzt mehr als nur 10 Möglichkeiten, prinzipiell verschiedene HWK-Trapeze zu spannen, die symmetrisch sind. Während nach Satz 4 alle kombinatorisch gleichwertigen HWK-Parallelogramme auch kongruent zueinander sind, ist das bei HWK-Vierecken vom Typ (f_1, f_1, f_2, f_2) nur der Fall, wenn die Leisten senkrecht aufeinander stehen.

Wenn also die Leisten senkrecht aufeinander stehen, gibt es genauso viele verschiedene symmetrische HWK-Vierecke, wie es verschiedene HWK-Parallellogramme in dem Fall gibt, dass φ kein rechter Winkel ist.

Wählt man beim Spannen des Typs (f_1, f_1, f_2, f_2) die Leisten so, dass sie nicht senkrecht aufeinander stehen verdoppelt sich pro forma die Anzahl der nun spannbaren verschiedenen symmetrischen HWK-Trapeze. Die neuen Möglichkeiten sind aber nicht alle neu, weil sie wiederum die vier bereits generierten Rechtecke enthalten. Dementsprechend können insgesamt 16 verschiedene symmetrische HWK-Vierecke gespannt werden.

Bei der geometrischen Interpretation des Typs (f_1, f_1, f_2, f_2) muss man schon etwas genauer hinsehen:

▶ **Definition**   Ein symmetrisches Trapez ist ein Viereck für dessen Diagonalen gilt:

1. sie sind gleich lang,

2. sie teilen einander jeweils in gleichen Verhältnissen.

10.3.5 Trapeze

Rein kombinatorisch ist klar, wie es jetzt mit unserer Verallgemeinerung weiter gehen muss: Es werden für die Stifte drei verschiedene Farben zugelassen. Anders ausgedrückt: Genau zwei Stifte haben dieselbe Farbe. Für die Anordnung dieser beiden gleichfarbigen Stifte gibt es genau zwei Möglichkeiten:

1. Die Stifte befinden sich auf verschiedenen Leisten. (Typ: (f_1, f_1, f_2, f_3), kombinatorische Gleichwertigkeit eingeschlossen)

2. Die Stifte befinden sich auf ein und derselben Leiste. (Typ: (f_1, f_2, f_1, f_3), kombinatorische Gleichwertigkeit eingeschlossen)

Der erste Fall ist notwendig jedoch nicht hinreichend dafür, dass ein HWK-Trapez gespannt wird. Der zweite Fall generiert mit Sicherheit einen Drachen (Schiefdrachen). Demgegenüber ist der Typ (f_1, f_1, f_2, f_3) dann und nur dann ein Trapez, wenn (bis auf kombinatorische Gleichwertigkeit) wie folgt gespannt wird: $(gelb, gelb, blau, grün)$. Zur Verdeutlichung ist es sinnvoll, die Farben derart durch die natürlichen Zahlen zu ersetzen, dass der Abstand der Stifte zu M verdeutlicht wird. In dem hier zugrunde gelegten HWK gelten die folgenden Beziehungen:

- $blau \equiv 1, gelb \equiv 2, rot \equiv 3, grün \equiv 4$.

In Zahlenschreibweise schreibt sich : $(gelb, gelb, blau, grün)$ als $(2,2,1,4)$. Geometrisch interpretiert bedeutet das, dass sich die Diagonalen des entsprechenden Vierecks jeweils im selben Verhältnis teilen und in Bezug auf das symmetrische Trapez von der Eigenschaft der gleichlangen Diagonalen abstrahiert wurde. Vom Parallelogramm her kommend wurde das gegenseitigen Halbieren der Diagonalen durch ein allgemeineres im gleichen Verhältnis teilend ersetzt.

Entsprechend der Konstellation des HWK kann für ein HWK-Trapez nur der Typ $(gelb, gelb, blau, grün)$ verwendet werden. Im Fall senkrechter Leisten ist dieser Typ zu $(grün, gelb, gelb, blau)$ kongruent. Sollte φ also kein rechter Winkel sein, gibt es genau zwei verschiedene HWK-Trapeze, die keine Parallelogramme oder symmetrische Trapeze sind.

Wir ergänzen noch die entsprechende Definition:

▶ **Definition**   Ein Trapez ist ein Viereck, dessen Diagonalen sich jeweils im selben Verhältnis teilen.

10.3.6 Allgemeines (konvexes) Viereck

Die nächste Abstraktion ist klar, die Stifte werden so gewählt, dass keine Farbe zweimal auftritt bzw. jeder Stift bezüglich eines anderen ausgewählten Stiftes andersfarbig ist.

Vorschnell könnte man geneigt sein, mit dem Typ (f_1, f_2, f_3, f_4) alle HWK-Vierecke beschreiben zu wollen, die keine der Spezialfälle Trapez oder Drachen (inklusive Schiefdrachen) sind. Nun ist es so, dass eine notwendige Bedingung für das Spannen von HWK-Drachen die Verwendung von vier Stiften ist, die nicht alle unterschiedlich Farben haben. Hinreichend wird diese Bedingung aber erst dadurch, dass der Typ (f_1, f_2, f_1, f_3) verwendet wird.

Demgegenüber führt der andere mögliche Typ mit genau drei Farben (f_1, f_1, f_2, f_3), wie wir bei den Trapezen ausgeführt haben, nicht zwangsläufig zu einem Trapez. An dieser Stelle überlassen wir es dem Leser herauszufinden, wie viele verschiedene HWK-Vierecke es gibt, die keine Trapeze oder Drachen sind.

10.3.7 Drachen

Wir gehen jetzt den Weg von den allgemeinen konvexen Vierecken zurück zu den speziellsten Vierecken, den Quadraten.

Wie bereits erwähnt, werden Drachen durch den Typ (f_1, f_2, f_1, f_3) generiert. Sollten die Leisten nicht senkrecht aufeinander stehen, handelt es sich um einen HWK-Schiefdrachen. Im anderen Fall ist der Drachen ein üblicher symmetrischer Drachen. Geometrische Interpretationen des HWK führen zu folgender Definition:

▶ **Definition** Wenn eine Diagonale eines Vierecks durch die andere halbiert wird, dann heißt das Viereck im Falle dass seine Diagonalen senkrecht aufeinander stehen (symmetrischer) Drachen ansonsten Schiefdrachen.

Nach Satz 3 sind alle kombinatorisch gleichwertigen symmetrischen Drachen kongruent zueinander. Wir überlassen es wieder dem Leser herauszufinden, wie viele verschieden HWK-Drachen es gibt.

10.3.8 Noch einmal: Rauten

Rauten sind spezielle symmetrische Drachen. Wir gehen also davon aus, dass φ ein rechter Winkel ist, bzw. die Leisten des HWK senkrecht aufeinander stehen. Bis auf kombinatorische Gleichheit sind Drachen vom Typ (f_1, f_2, f_1, f_3). Die Einschränkung $f_3 = f_2$ macht aus einem HWK-Drachen den Spezialfall HWK-Raute.

10.3.9 Noch einmal: Quadrate

Quadrate sind spezielle Rauten. Die Einschränkung $f_1 = f_2$ macht aus einer HWK-Raute ein HWK-Quadrat.

10.3.10 Zusammenfassung

HWK-Vierecke werden durch geordnete 5-Tupel der Form $(\varphi, f_1, f_2, f_3, f_4)$ beschrieben. Ist der Winkel φ kein Rechter, so ist es aus qualitativer Sicht egal, wie groß der Winkel zwischen den Leisten eingestellt wurde. Sowohl $(30°, gelb, rot, gelb, rot)$ als auch $(40°, gelb, rot, gelb, rot)$ beschreiben HWK-Parallelogramme, die keine Rauten sind. Werden die Leisten senkrecht zueinander eingestellt, werden echte Spezialfälle generiert: $(90°, gelb, rot, gelb, rot)$ ist eine Raute. Für eine Systematisierung liegt es nahe, HWK-Vierecke zunächst nach der Wahl der Eckpunktsfarben zu systematisieren und den jeweiligen Spezialfall für senkrecht stehende Leisten dann (Raute als Parallelogramm, Quadrat als Rechteck, …) mit in die Systematik zu integrieren.

Alle Spezialfälle haben etwas gemeinsam: ihre Diagonalen stehen senkrecht aufeinander. Wir führen für Vierecke deren Diagonalen senkrecht aufeinander stehen den Begriff gemeines Wagenheberviereck ein.

10.3.11 Gemeine Wagenhebervierecke

Für den Begriff des gemeinen Wagenhebervierecks stehen sogenannte Scherenwagenheber Pate. Geometrisch gesehen beruhen Scherenwagenheber auf der geometrischen Form von Rauten (s. Abb. 10.11).

Abb. 10.11 Scherenwagenheber im Einsatz

Abstrahiert man von den physikalischen Gegebenheiten, so ist die entscheidende Grundlage für das Funktionieren von Scherenwagenhebern die Tatsache, dass die Diagonalen von Rauten immer senkrecht aufeinander stehen. Wäre dem nicht so, könnten Rauten nicht als geometrische Grundfigur von Scherenwagenhebern dienen, der Wagenheber würde beim Anheben des Autos schlicht und ergreifend zur Seite abkippen.

Zueinander senkrecht stehende Diagonalen sind kein Alleinstellungsmerkmal für Rauten. Von den physikalischen Gegebenheiten abstrahierend sind alle Vierecke, deren Diagonalen senkrecht aufeinander stehen als Scherenwagenheber geeignet.

▶ **Definition**   Vierecke, deren Diagonalen senkrecht aufeinander stehen heißen gemeine Wagenhebervierecke.

10.4   Das Haus der HWK-Vierecke

Im Folgenden systematisieren wir die HWK-Vierecke vom Allgemeinen zum Speziellen anhand der Farbwahlmöglichkeiten. Der Spezialfall Wagenheberviereck wird dabei jeweils besonders integriert. Alle Spezialfälle haben nach Satz 3 die Besonderheit, dass alle kombinatorisch gleichwertigen HWK-Vierecke zueinander kongruent sind. Die angegeben Typen schließen die kombinatorisch gleichwertigen Fälle ein.

10.4.1 Alle verwendeten Stifte haben verschiedene Farbwerte

Typ: (f_1, f_2, f_3, f_4)
Bezeichnung: allgemeines konvexes Viereck.
Spezialfall Wagenheber: $(90°, f_1, f_2, f_3, f_4)$: allgemeinstes gemeines Wagenheberviereck

10.4.2 Genau zwei der verwendeten Stifte sind gleichfarbig

Fall 1: Die gleichfarbigen Stifte gehören zur selben Leiste
Typ: (f_1, f_2, f_1, f_3)
Bezeichnung: Schiefdrachen
Spezialfall Wagenheber: $(90°, f_1, f_2, f_1, f_3)$, symmetrischer Drachen.

Fall 2: Die gleichfarbigen Stifte liegen auf verschiedenen Leisten
Typ: (f_1, f_1, f_2, f_3) ohne $(gelb, gelb, blau, grün)$
Bezeichnung: allgemeines konvexes Viereck
Spezialfall Wagenheber: $(90°, f_1, f_1, f_2, f_3)$ ohne $(90°, gelb, gelb, blau, grün)$, gemeines Wagenheberviereck
Unterfall dieses Typs: $(gelb, gelb, blau, grün)$
Bezeichnung dieses Unterfalls: allgemeines Trapez
Spezialfall Wagenheber: $(90°, gelb, gelb, blau, grün)$: (Wagenheber-)Trapez

10.4.3 Zwei Paare gleichfarbiger Stifte

Fall 1: Die gleichfarbigen Stifte gehören zur selben Leiste
Typ: (f_1, f_2, f_1, f_2)
Bezeichnung: Parallelogramm
Spezialfall Wagenheber: $(90°, f_1, f_2, f_1, f_2)$: Raute

Fall 2: Die gleichfarbigen Stifte liegen auf verschiedenen Leisten
Typ: (f_1, f_1, f_2, f_2)
Bezeichnung: symmetrisches oder auch gleichschenkliges Trapez
Spezialfall Wagenheber: $(90°, f_1, f_1, f_2, f_2)$, symmetrisches Wagenhebertrapez

Vergleich der beiden Fälle
Eine zu starke Konzentration auf den rein kombinatorischen Aspekt des HWK kann zu unüberlegten Schnellschüssen führen. Die Gemeinsamkeit „zwei Paare gleichfarbiger Stifte" kann dazu verleiten, die Anzahl der entsprechenden HWK-Vierecke als gleich anzusehen. Dem ist jedoch nicht so. Der Leser überzeuge sich davon.

10.4.4   Genau drei der verwendeten Stifte sind gleichfarbig

Typ: (f_1, f_1, f_1, f_2)
Bezeichnung: Schiefdrachen
Spezialfall Wagenheber: $(90°, f_1, f_1, f_1, f_2)$, symmetrischer Drachen

Dieser Fall sieht nach einem Analogon zu dem Fall aus, dass genau zwei gleichfarbige Stifte, die zu ein und derselben Leiste gehören, zum Spannen verwendet werden. Durch die drei gleichfarbigen Stifte, die im vorliegenden Fall verwendet werden, ergibt sich aber eine Besonderheit der HWK-Drachen des Typs (f_1, f_1, f_1, f_2) gegenüber dem HWK-Drachentyp (f_1, f_2, f_1, f_3). Mit einem Hinweis auf den Satz des Thales überlassen wir es dem geneigten Leser, diese Besonderheit zu entdecken.

Bemerkung: In gewisser Weise kann der Wagenheberspezialfall nicht als solcher durchgehen, obwohl er natürlich unserer Definition entspricht. Der Leser sei diesbezüglich auf die entsprechenden Ausführungen zu den Quadraten hingewiesen.

10.4.5   Alle vier der verwendeten Stifte sind gleichfarbig

Typ: (f, f, f, f)
Bezeichnung: Rechteck
Spezialfall Wagenheber: $(90°, f, f, f, f)$, Quadrat

Der Spezialfall bedarf natürlich einer genaueren Untersuchung. Unserer Definition entsprechend wäre ein Quadrat ein Wagenheberviereck, weil es zueinander senkrechte Diagonalen hat. Der Idee des Wagenheberviereckes wohnt aber eine gewisse Dynamik inne, die in unserer Definition nicht aufgefangen wurde: Bei Beibehaltung der Seitenlängen des Vierecks bleibt der Typ des Vierecks invariant gegenüber möglichen Änderungen der Diagonalenlängen des Vierecks. Beim eigentlichen Einsatz des Wagenhebers bleibt die geometrische Eigenschaft Raute zu sein, invariant gegenüber gerade dieser Eigenschaft. Gleiches würde für Drachenwagenheber etc. gelten. Demgegenüber ist die Eigenschaft, ein Quadrat zu sein, nicht invariant gegenüber einem Wagenhebereinsatz. Aus dem Quadrat wird zwangsläufig eine Raute oder aber der Wagen wird nicht angehoben. Letztlich demonstriert diese Betrachtung jedoch den Zusammenhang zwischen Rauten und Quadraten: Das Quadrat als Momentaufnahme der Raute.

10.5   Einsatz des HWK in der Schule

10.5.1   Klassensätze und Lehrerexemplar

Das HWK wird von der Firma Dusyma aus Schondorf gebaut werden und ab 2015 über den Katalog der Firma käuflich zu erwerben sein. Eigentlich produziert Dusyma für Kindergärten, baut momentan aber auch eine Linie für die Grundschule auf. Wir haben uns für Dusyma entschieden, weil wir möchten, dass die Schülerinnen und Schüler mit einem möglichst hochwertig produzierten HWK arbeiten. Als Produzent für Kindergartenbedarf ist Dusyma ein Spezialist für hochwertige Holzprodukte. Materialien zum enaktiven Wissenserwerb haben neben den mathematischen Aspekten auch gewisse Funktionen hinsichtlich der Umwelterschließung, die über eben diese mathematischen Aspekte hinausführen.

10.5.2 Einsatzbeispiel für das HWK: Umstrukturierung und Vertiefung des Wissen zu Parallelogrammen

10.5.2.1 Das grundlegende Einsatzszenario des HWK bzgl. Vierecksuntersuchungen

Wie in den mathematischen Vorbetrachtungen gezeigt wurde, liegt dem HWK eine Systematisierung des Hauses der Vierecke nach den Diagonaleneigenschaften der Vierecksarten zugrunde. Hinsichtlich einer Ersteinführung gewisser Vierecksarten sehen wir demzufolge das HWK nicht als das Mittel der Wahl an. Ein konstruktiver Begriffserwerb z. B. des Begriffs Parallelogramm wird sicherlich sinnvollerweise Tätigkeiten beinhalten, die mehr der Semantik der Begriffsbezeichnung entsprechen. Zu nennen wäre hier etwa die Verwendung paralleler Streifen. Allgemein ist es sicherlich evidenter bei der Erstbehandlung von bestimmten Vierecken deren Seiteneigenschaften in den Focus des Unterrichts zu stellen. Schließlich ist ein Viereck ja die Vereinigungsmenge seiner vier Seiten.

Bekannterweise nehmen die Schülerinnen und Schüler geometrische Figuren zunächst ganzheitlich wahr: Die Raute im Emblem des Hamburger Sportvereins ist für viele Schülerinnen und Schüler der Grundschule und auch der unteren Klassen der S I definitiv eine Raute und auf keinen Fall ein Quadrat, was diese spezielle Raute allerdings doch ist. Kurz und gut, ein echtes Verständnis für geometrische Figuren setzt eine längere Auseinandersetzung mit eben diesen Figuren voraus. An dieser Stelle sei auf das entsprechende van-Hiele-Modell verwiesen (vgl. [253], S. 93ff). Das HWK sieht sich als Werkzeug zur Erlangung eines tieferen Verständnisses für geometrische Objekte durch die Anregung von Analysetätigkeiten zu diesen Objekten.

Der Einsatz des HWK bzgl. des Spannens von Vierecken setzt zumindest ein gefestigtes intuitives Verständnis für die Vierecksarten voraus, die man mit dem HWK betrachten möchte. Für das hier zu thematisierende Beispiel des Spannens von Parallelogrammen auf dem HWK sollten die Schülerinnen und Schüler zumindest Parallelogramme innerhalb einer hinreichenden Menge von Vierecksrepräsentanten identifizieren können. Ferner sollten sie bei den Gegenrepräsentanten in der Lage sein zu begründen, warum diese keine Parallelogramme sind.

10.5.2.2 Vorbereitende Übungen für den Einsatz des HWK

Entsprechend der vorangegangenen Überlegungen zum Einsatzszenario des HWK sollte zunächst das Vorwissen der Schüler im speziellen Fall zum Begriff des Parallelogramms aufgefrischt werden. Eine entsprechende Übung könnte auf das Identifizieren von Parallelogrammen hinauslaufen. Den Schülerinnen und Schülern werden Beispiele und Ge-

genbeispiele zum Begriff des Parallelogramms vorgegeben. Sie entscheiden nun ob und warum die Beispiele Parallelogramme sind bzw. warum nicht.

10.5.2.3 Enaktivität: Spannen von Parallelogrammen

Zur Dokumentation der durch die Schülerinnen und Schüler gespannten Parallelogramme ist es sinnvoll, diesen ein gewisses Schema etwa in Form einer Tabelle vorzugeben:

Nr.	erster Stift	zweiter Stift	dritter Stift	vierter Stift
1	gelb	gelb	rot	rot
...	...	...	...	...
10				
11				

Sieht diese Tabelle die Dokumentation von mehr gespannten Parallelogrammen vor, als wirklich wirklich spannbar sind, stellt sich die Frage nach der Anzahl der verschiedenen HWK-Parallelogramme von selbst.

10.5.2.4 Ikonische Darstellung der gespannten Ergebnisse

Eine durch das Spannen initiierte Diskussion um die Anzahl der spannbaren Parallelogramme ist vorwiegend eine kombinatorische Problematik, die nicht unbedingt einer ikonischen Darstellung bedarf. Die mehr geometrische Frage nach den Diagonaleneigenschaften der Parallelogramme wird nur aus dem Spannen der Parallelogramme für viele Schüler nicht unmittelbar beantwortbar sein. Hierfür ist es sinnvoll, den Übergang zur ikonischen Darstellung der gespannten Parallelogramme zu vollziehen. Hierzu werden schematische Zeichnungen des HWK vorgegeben, in die die Schülerinnen und Schüler ihre gespannten Ergebnisse einzeichnen (s. Abb. 10.12).

Abb. 10.12 ikonische Darstellung des HWK

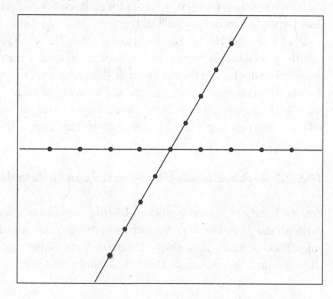

10.5.2.5 Symbolische Darstellung der Untersuchungsergebnisse bzw. Abstraktion der gewonnenen Erkenntnisse

Je nach dem, wie weit man bei der Untersuchung der Parallelogramm gehen will, können die gewonnen Erkenntnisse abschließend sprachlich formalisiert werden:

- Parallelogramme sind Vierecke, deren Diagonalen einander halbieren.

- Für ein Parallelogramm $\overline{ABCD}$ mit dem Diagonalenschnittpunkt M gilt: $|AM| = |MC|$ und $|BM| = |MD|$.

- ...

10.5.2.6 Erste Erfahrungen mit dem Einsatz des HWK an der Schule

Das HWK wurde bereits mehrfach im Rahmen des Schulpraktikums von Studierenden der Pädagogischen Hochschule Heidelberg in 6. und 7. Klassen an Real- bzw. Werkrealschulen in der Nähe von Heidelberg eingesetzt. In diesen Einsätzen konnten wir feststellen, dass die Arbeit mit dem HWK eine motivierende Wirkung auf die Schülerinnen und Schüler hat. Die kombinatorischen Fragen nach der Anzahl der zu spannenden speziellen Vierecke mussten jeweils nicht explizit aufgeworfen werden. Die Schülerinnen und Schüler eröffneten recht bald von selbst Diskussionsrunden zu der Frage, wieviel verschiedene spezielle Vierecke man denn spannen könne. Dabei war ihnen unmittelbar klar, dass diese Frage nur gestellt werden kann, wenn man einen festen Winkel zwischen den Leisten voraussetzt. Ebenso erkannten die meisten Schüler unmittelbar, dass etwa $(rot, rot, grün, grün)$, $(grün, grün, rot, rot)$ und $(grün, rot, rot, grün)$ letztlich dasselbe Viereck beschreiben und die Frage nach der Anzahl sinnvollerweise die Frage nach der Anzahl bis auf Kongruenz (Deckungsgleichheit) bedeutet. Die Abstraktion hinsichtlich der Diagonaleneigenschaften bedurfte gewisser Hilfestellungen durch die Lehrperson. Den dynamischen Übergang etwa vom allgemeinen Parallelogramm zum Spezialfall Rechteck konnten die Schülerinnen und Schüler in der Mehrzahl gut beschreiben.

10.6 Literatur

[253] Franke, M. (2007). Didaktik der Geometrie in der Grundschule. Heidelberg: Spektrum.

[254] Holland,G. (1996). Geometrie in der Sekundarstufe. Heidelberg: Spektrum.

[255] Weigand et al. (2009). Didaktik der Geometrie für die Sekundarstufe I. Heidelberg: Spektrum.

Achsensymmetrie: Vom Spielen zum Formalisieren

Eine Vorstellung von Dienes' Ansatz

Emese Vargyas, Johannes Gutenberg-Universität Mainz

Zusammenfassung

Mathematischer Inhalt entsteht im Allgemeinen durch aktive Auseinandersetzung mit einem bestimmten Stoff. Bevor ein Kind z. B. ein Prinzip formulieren kann, muss es sich dessen zuerst bewusst werden und dann darüber reflektieren. Nach dieser „Inkubationszeit" soll das Prinzip sprachlich formuliert und danach auf einer höheren Stufe formal zusammengefasst werden. Im Sinne dieser Idee werden in dem folgenden Beitrag die sechs Stufen im mathematischen Lernprozess nach Z. P. Dienes kurz beschrieben und am Beispiel der Achsensymmetrie veranschaulicht. Dabei wird auf Erfahrungen mit Schülern eingegangen.

11.1 Einleitung

Wie entsteht Mathematik? Schaut man in mathematische Fachbücher, so fällt auf, dass viele davon nach folgendem Schema aufgebaut sind: Am Anfang stehen Definitionen, gefolgt von Sätzen, Lemmata, Regeln etc. In den Büchern wird meistens eine fertige Mathematik präsentiert, hierbei scheint alles ausgewogen und aufeinander abgestimmt zu sein. Eventuelle Um- und Irrwege, Sackgassen oder Geistesblitze bleiben dabei verborgen, deswegen drängt sich manchmal die Frage auf, wie das Ganze zustande gekommen sei.

Beobachtet man dagegen Personen, die Mathematik „betreiben", so erhält man ein ganz anderes Bild. Sie machen sich Gedanken über Fragestellungen, die sie besser verstehen möchten. Bei tiefergehendem Nachdenken stoßen sie dann auf weitere Fragen, die anschließend zu der mathematischen Theorie führen. Sie fangen also normalerweise mit einer Analyse an, diese bleibt aber oftmals unsichtbar. Die endgültige Definition oder der reine Beweis entstehen aus der Umkehrung dieser Analyse. Dabei werden mehrere Ansätze ausprobiert, einige Teile dieser Versuche erweisen sich am Ende als falsch, manche aber stellen sich als nützlich heraus. Warum gerade *das* und nicht jenes am Ende übrig bleibt, ist nicht immer einfach zu sagen. Die Entscheidung für die eine oder andere Idee hängt stark von den Vorerfahrungen der einzelnen Personen ab. Ein gewisses „Gespür", womit man sich für den einen oder anderen Zusammenhang, die eine oder andere Darstellungsform, etc. entscheidet, ist nicht zu leugnen. Man erhält teilweise *das* Ergebnis, weil man sich am Anfang für *die* Bedingung, *die* Darstellungsform, *die* Vorgehensweise, etc. entschieden hat. Somit ist fertige Mathematik das Ergebnis einer (manchmal mühsamen) Vorarbeit. Alfred Schreiber beschreibt in [263] (S. 178) diese Tätigkeit folgendermaßen: „Mathematischer Inhalt entsteht nicht im bloßen Anschauen statischer Ideen, sondern durch unermüdliche Begriffsarbeit im Felde der Anschauung und Erfahrung – ein Substrat, das immer wieder zu disambiguieren, purifizieren, idealisieren, formalisieren und systematisieren ist."

In der Schule stoßen die Schüler[104] manchmal auf dasselbe Problem: Sie werden z. B. mit einer Definition konfrontiert, oder es wird ihnen ein Beweis gezeigt, wonach sie sich fragen, warum gerade *so* und nicht anders?! Ziel der vorliegenden Arbeit ist es, aufbauend auf der sechsstufigen Theorie von Z. P. Dienes, einen Weg aufzuzeigen, wie man solchen Fragen begegnen kann. Dienes geht bei seiner Theorie davon aus (vgl. [258]), dass das Kind sein Wissen aufgrund mannigfaltiger Auseinandersetzung mit seiner Umgebung aufbauen kann.[105] Umfangreiche Experimente erlaubten ihm den mathematischen Lernprozess näher zu untersuchen und führten ihn bei der Betrachtung des Abstraktionsprozesses zur Unterscheidung folgender Stufen:

- Freies Spiel mit einer logisch strukturierten Umgebung
- Spiel nach Regeln, wobei es um Erlernen der dem(n) Spiel(en) innewohnenden Struktur geht
- Vergleich der Spiele, wodurch die Abstraktion realisiert werden sollte
- Darstellung der Abstraktion
- Symbolisierung oder Versprachlichung der Abstraktion für Axiome
- Formalisieren

Im Folgenden werden die sechs Stufen im mathematischen Lernprozess nach Dienes kurz beschrieben und am Beispiel der Achsensymmetrie veranschaulicht. Der hier vorgeschlagene Prozess kann nicht einer einzigen Klassenstufe zugeordnet werden, vielmehr sollten die darin vorkommenden Spiele und Problemstellungen im Sinne des Brunerschen Spiralprinzips auf verschiedenen Klassenstufen behandelt werden: Z. B. Stufen 1, 2 in der Primarstufe; Stufen 3, 4 in der Sekundarstufe I; Stufen 5, 6 in der Sekundarstufe II bzw. an der Hochschule.

---

[104] Aus Gründen der besseren Lesbarkeit wird im Folgenden zur Bezeichnung von Personen die maskuline Form gewählt.

[105] An dieser Stelle sei auch auf das Stufenmodell zum Verständnis geometrischer Begriffe von van Hiele (vgl. [259]) und auf einen Teil der umfangreichen Literatur zum Begriffslernen im Mathematikunterricht (vgl. [261], [262], [264], [265]) hingewiesen.

Einige der vorgestellten Spiele wurden im Rahmen des Projektes „DenkSport"[106] ausprobiert, die entstandenen Lösungsvorschläge werden im Unterkapitel 11.2.3 vorgestellt.

11.2 Stufen im Lernprozess

11.2.1 Stufe 1: Freies Spiel

Das freie Spiel ist bei Dienes' Lernprozess die niedrigste Stufe. Lernen wird dabei als Anpassung an eine Umgebung definiert. Ausgehend von konkreten Fragestellungen werden die Kinder deshalb in eine spezielle Umgebung eingeführt, damit sie diese erforschen und daraus bestimmte (mathematische) Strukturen abstrahieren können. Wir beschreiben dieses freie Spiel anhand der Achsensymmetrie.

Da Achsensymmetrie anfangs eng mit den Eigenschaften von Figuren verbunden ist, welche später in der Mittelstufe durch Abbildungen (vor allem Kongruenzabbildungen) ergänzt werden, geht es auf dieser niedrigsten Stufe vorwiegend um die Analyse (Abb. 11.1) und Erstellung (Abb. 11.2, Abb. 11.3 und Abb. 11.4) achsensymmetrischer Figuren.

Abb. 11.1

Welche der folgenden Figuren weisen eine gewisse "Regelmäßigkeit" auf?

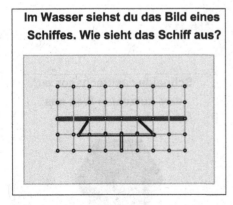

Im Wasser siehst du das Bild eines Schiffes. Wie sieht das Schiff aus?

Im Wasser siehst du das Bild eines Schiffes. Wie sieht das Schiff aus?

Abb. 11.2   **Abb. 11.3**

---

[106] Ferienangebot für Kinder der 5. und 6. Klassen aller Schularten. Es wurde im Jahr 2011 als Kooperationsprojekt zwischen der Johannes Gutenberg-Universität Mainz und der Stadt Mainz entwickelt. Seitdem findet es zweimal pro Jahr statt. Ziel des Projektes ist es, logisches Denken und Bewegung miteinander zu verknüpfen, um kognitive Fähigkeiten und Lernmotivationen auf spielerische Weise zu fördern.

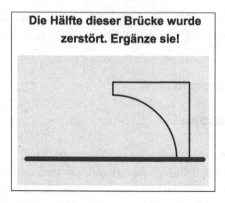

Abb. 11.4

Während bei diesen ersten Arbeitsaufträgen die Achsensymmetrie Gegenstand der Untersuchung ist, soll sie weiterhin (siehe Abb. 11.5 – Abb. 11.8) als Werkzeug eingesetzt werden. Dafür seien folgende A4-Blätter jeweils mit einer Figur gegeben:

Abb. 11.5

Abb. 11.6

Abb. 11.7

Abb. 11.8

Auf den ersten Blick haben diese Aufgaben wenig mit Mathematik zu tun, trotzdem eignen sie sich gut für die Einführung der Begriffe *achsensymmetrische Figur, Spiegelachse* bzw. *Symmetrieachse, Punkt-Bildpunkt*.

Die nächsten Spiele sind dem Buch [257] entnommen. Sie dienen dazu, aus dem scheinbar nicht-mathematischen Stoff die mathematische Struktur herauszufiltern, welche uns eine einfachere Beschreibung und (später) eine Formalisierung dieser Sachverhalte erlauben wird.

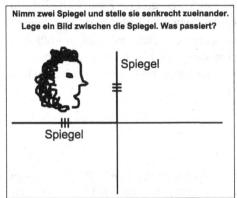

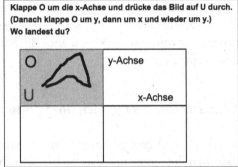

Abb. 11.9   **Abb. 11.10**

11.2.2 Stufe 2: Spiel nach Regeln

Ziel dieser Stufe ist es, die den vorherigen Spielen wesenhaften Regelmäßigkeiten (soge-nannte „Spielregeln") herauszufinden und sich bewusst zu machen.

Wie könnte diese Regelfindung in unserem Fall aussehen? Schaut man sich den Ar-beitsauftrag von Abb. 11.1 an, so fällt auf, dass dieser relativ offen formuliert ist. Es wird von einer gewissen „Regelmäßigkeit" gesprochen, diese sollte aber von den Kindern her-ausgefunden werden. Das verfolgte Ziel dabei ist die Beschreibung achsensymmetrischer Figuren. Untersuchungen (z. B. [256]) zeigen, dass schon junge Kinder imstande sind, ach-sensymmetrische Figuren zu erkennen, jedoch nur, wenn die Spiegelachse senkrecht zum unteren Blattrand steht. Um eventuellen Fehlvorstellungen vorzubeugen, sollten neben prototypischen auch solche Beispiele gegeben werden, bei denen die Achse nicht-orthogo-nal zum unteren Blattrand ist oder sogar mehrere Spiegelachsen existieren. Auch Beispiele nicht-achsensymmetrischer Figuren sollten angegeben werden. Dadurch werden einige kognitive Konflikte erzeugt, die dann ein besseres Verständnis und eine Unterscheidung von achsensymmetrischen vs. nicht-achsensymmetrischen Figuren ermöglichen. Mögli-che Beschreibungen für Regelmäßigkeiten bei Abb. 11.1 wären z. B.: „links wie rechts", „unten wie oben", „links wie rechts und unten wie oben", etc. Eine allmähliche Präzisie-rung dieser Beschreibung könnte zur folgenden Charakterisierung führen: Eine Figur ist achsensymmetrisch, wenn bei der Faltung entlang einer Achse die entstehenden Teile de-ckungsgleich sind.

Bei den Abb. 11.2 bis Abb. 11.4 geht es um die Erzeugung symmetrischer Figuren. Durch den unterschiedlichen Aufbau dieser Spielkarten (Raster, eckige vs. runde Linien) sollten die Schüler zu verschiedenen Lösungsvorschlägen angeregt werden, z. B. Abzählen von Rasterpunkten, Abmessen mit dem Lineal, Falten, etc. Dabei ist die zentrale Frage, wie man zu einem gegebenen Punkt (einer gegebenen Figur) den sogenannten Bildpunkt (bzw. die Bildfigur) konstruiert.

Im Falle der Abb. 11.5 bis Abb. 11.8 wird die Achsensymmetrie als Problemlösemethode eingesetzt. Für eine bessere Handhabung wird empfohlen, größere Figuren zu zeichnen, und, falls möglich, die Blätter identisch auf beiden Seiten zu bedrucken. Nachdem bei Abb. 11.1 festgestellt wurde, was eine achsensymmetrische Figur auszeichnet, sollten an dieser Stelle die Figuren geschickt gefaltet werden, damit die Länge des Ausschnittes tunlichst klein wird. Dadurch wird auch die Suche nach allen möglichen Symmetrieachsen einer Figur angeregt.

11.2.3 Stufe 3: Vergleich der Spiele

Auf dieser Stufe geht es darum, den scheinbar nicht-mathematischen Stoff so zu ordnen, dass man ihn später mathematisch beschreiben kann. Hierbei wird das, was vorher gelöst bzw. geübt wurde, Gegenstand einer Reflexion. Aus den verschiedenen Spielen muss die gemeinsame Struktur extrahiert sowie sprachlich formuliert werden, und gleichzeitig sollten für die weitere Untersuchung die irrelevanten Aspekte beseitigt oder außer Acht gelassen werden. So sollte z. B. klar gestellt werden, dass bei der Spiegelung an einer Spiegelachse die Lage dieser Achse keine Rolle spielt (Abb. 11.2, Abb. 11.3 und Abb. 11.4) oder die Form der zu spiegelnden Figur unwesentlich ist (Abb. 11.5, Abb. 11.6). Den Prozess des Herausfindens der gemeinsamen Struktur nennt Dienes *Abstraktion*.

Erfahrungen mit Schülerinnen und Schülern

Die Spiele von Abb. 11.1 bis Abb. 11.8 wurden mit 48 Fünft- und Sechstklässlern im Rahmen des Projektes „DenkSport" ausprobiert. Im Folgenden werden die dabei entstandenen Ideen und Lösungen kurz vorgestellt.

Beim Spiel der Abb. 11.1 haben die Schüler die achsensymmetrischen Figuren schnell von den nicht-symmetrischen getrennt. Obwohl sie die Frage „Warum symmetrisch?" oft mit Falten und Überlappen (d. h. Deckungsgleichheit) beantwortet haben, kamen anfangs nur wenige Schüler auf die Idee, diese Eigenschaft als Werkzeug bei den Spielen von Abb. 11.5 bis Abb. 11.8 einzusetzen. In der untersuchten Gruppe waren zwei Verhaltensweisen zu beobachten: Anfangs wurde ein Spiel meistens nach unbewussten Regeln gespielt. Nachdem der Übergang von einem unbewussten Regelsystem zu einem bewussten eingetreten war, haben sich die leistungsstärkeren Schüler geweigert, das alte Spiel zu spielen. Bei den anderen war eine gewisse Erwartungshaltung zu sehen: Hat die „Regel" zweimal funktioniert, so waren sie enttäuscht, falls sie beim dritten Mal nicht mehr gewirkt hat. So haben drei Schüler, nachdem das Ausschneiden mittels zweier Schnitte bei Abb. 11.5 und Abb. 11.6 funktioniert hat, bei Abb. 11.7 die Meinung geäußert, dass „das gar kein Dreieck sei". Ähnlich war es beim Sechseck: Obwohl die Aufgabe umformuliert ist, haben die leistungsschwächeren Schüler das vorher eingeübte Schema des einmaligen Faltens/

Ausschneidens angewandt. Leistungsstärkere Schüler haben den leichten Unterschied in der Aufgabenstellung erkannt und konnten die Aufgabe alleine lösen. Nachdem auch von den anderen eingesehen wurde, dass der Schnitt bei mehrfachem Falten noch kürzer wird, haben die Schüler großes Interesse an solchen Aufgaben entwickelt. Sie haben sich selbst die Frage gestellt, ob es auch beim Drachen beziehungsweise bei den Dreiecken möglich ist, die Länge des Schnittes weiter zu verkürzen. So sind folgende Lösungen entstanden (wobei die Winkelhalbierende unbewusst benutzt wurde):

Abb. 11.11

Abb. 11.12

Abb. 11.13

Anhand der entstandenen Lösungen konnten in einer darauf folgenden Diskussion die Begriffe *Symmetrieachse* (einer Figur, eines Winkels), *Figur-Bildfigur* sowie die *Anzahl* der Symmetrieachsen (z.B. für das Sechseck) präzisiert werden.

Das Ergänzen symmetrischer Bilder verlief problemlos, solange ein Raster vorhanden war (Abb. 11.2). Bei fehlendem Raster (Abb. 11.3) stieß dieselbe Frage aber auf Unverständnis. Die Schüler haben nicht verstanden, warum die zwei Hälften der Bilder (oben-unten bei Abb. 11.3 bzw. links-rechts bei Abb. 11.4) „gleich" sein sollten. Nach kurzer Überzeugungsarbeit waren sie aber in der Lage, mittels Abmessen sowie Falten und Nachzeichnen (teilweise am Fenster) das Bild zu ergänzen. Da Zirkel als Hilfsmittel nicht erlaubt waren, hat ein Schüler für die Vervollständigung der Brücke die in Abb. 11.14 dargestellte Konstruktion vorgeschlagen.

Abb. 11.14

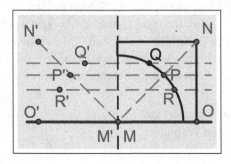

11.2.4 Stufe 4: Darstellung der Abstraktion

Liegt der Schwerpunkt bei Stufe 3 auf der Abstraktion, so spielt nun die Darstellung der gewonnenen Struktur die Hauptrolle. Während die Beschreibung auf der vorherigen Stufe meistens in demonstrativer Sprache (z. B. *hier ein Punkt, da ein Punkt*) erfolgt ist, werden die Zusammenhänge hier eher in relativer Sprache (z. B. *Punkt* und *Bildpunkt*) beschrieben. Die Kinder sollten hierbei geeignete Darstellungen (z. B. Graph, Tabelle, Diagramm, etc.) finden, welche ihnen dann erlauben, über die vollzogene Abstraktion zu sprechen und diese weiteren Untersuchungen zu unterziehen. Auch die Aufstellung vorläufiger Definitionen und Regeln ist dabei ein wesentlicher Vorgang. Es geht darum, den Schülern nicht die fertige Mathematik zu präsentieren, sondern sie auf dem Weg dahin zu begleiten. Hans Freudenthal spricht in diesem Zusammenhang von „Mathematik in statu nascendi". Über diese „Ordnung von Erfahrungsfeldern" schreibt er: „Man analysiert die geometrischen Begriffe und Beziehungen bis zu einer recht willkürlichen Grenze, ..., bis zu dem Punkte, wo man von den Begriffen mit dem bloßen Auge sieht, was sie bedeuten...". Dadurch wird das Feld „auf kleine oder größere Strecken, aber nicht als Ganzes geordnet". ([260] S. 142)

Bei unseren Beispielen könnten wir uns z. B. fragen, ob es möglich wäre, eine geeignete „Sprache" zu entwickeln, mit deren Hilfe man verschiedene Fragen beantworten kann, z. B.: Wie kommt man vom Schiff zum Bildschiff: Schiff $\overset{?}{\rightarrow}$ Bildschiff (siehe Abb. 11.2 und Abb. 11.3)? Oder: Was muss man mit dem Drachen tun (siehe Abb. 11.5), damit es möglichst einfach wird, ihn auszuschneiden?

Die Entwicklung einer „Sprache" wird oft durch eine geeignete Skizze der im Spiel liegenden Zusammenhänge unterstützt. Bei dem Spiel mit dem transparenten Blatt (Abb. 11.10) könnten wir uns zum Beispiel folgende Fragen stellen: Wie kommt man aus einem Feld ins andere? Sind direkte Übergänge immer möglich? Falls ja, welche? Kann man, ausgehend von einer Position, alle anderen erreichen? Welches ist der kürzeste Weg dabei? Gibt es hierbei Überschneidungen (d. h. muss man dabei ein Feld mehrmals betreten)?

Nach einer entsprechenden Nummerierung der einzelnen Felder (siehe Abb. 11.15) könnte das Spiel wie in Abb. 11.16 und Abb. 11.17 dargestellt werden.

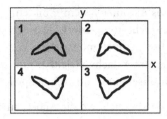

Abb. 11.15

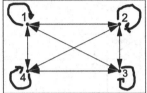

nach von	1	2	3	4
1	0	+	−	+
2	+	0	+	−
3	−	+	0	+
4	+	−	+	0

Abb. 11.16

Abb. 11.17

Die Pfeile bezeichnen im Pfeildiagramm die möglichen Übergänge zwischen den einzelnen Feldern. Im Kreuzdiagramm bezeichnen +, - die Tatsache, ob ein direkter Übergang vom Feld i nach j möglich ist oder nicht, und 0 beschreibt, was bei einem „Übergang" vom Feld i nach i passiert. Beim Vergleich dieser Darstellungen kann man sich u. a. folgende Frage stellen: Wofür eignet sich das Pfeildiagramm besser als das Kreuzdiagramm? (z.B. Veranschaulichung vs. formale Beschreibung, Zusammensetzung der Bewegungen, Gruppe der Bewegungen.)

11.2.5 Stufe 5: Symbolisierung

Nachdem bei Stufe 4 verschiedene Darstellungen gefunden wurden, ist der nächste Schritt, diese zu untersuchen und miteinander zu vergleichen. Da die Qualität der gefundenen Darstellungsformen von der Erfahrung und Gewandtheit der Kinder abhängt, ist es Aufgabe der Lehrperson, die brauchbarsten davon auszuwählen und diese Wahl dann auch zu begründen.[107] Die Schüler sollen nicht nur das erfahren, was besser ist, sondern auch, warum eine andere Darstellung, Argumentation, Erklärung etc. versagt hat.

Parallel zu dieser Untersuchung wird dann eine Sprache entwickelt, welche ein besseres Verständnis und erfolgreicheres Diskutieren ermöglichen soll. Diese Sprache sollte nach

---

[107] Für die Darstellung der Zusammenhänge des Spiels von Abb. 11.10 wurde ein Versuch in einer 8. Klasse des Frauenlob-Gymnasiums in Mainz unternommen. Die meisten Schüler haben von sich aus die vier Felder mit Buchstaben oder Zahlen bezeichnet und umgangssprachlich beschrieben, was zwischen den einzelnen Feldern passiert, z. B.: „Man kann von 1 nach 2 mittels Spiegelung an der y-Achse gehen." Einige Schüler haben auch Pfeile in die entsprechenden Richtungen zwischen den Feldern eingezeichnet. Nach Einführung und kurzer Erläuterung von neuen Notationen (z. B. $v = Volldrehung$, $h = Halbdrehung$), konnten die Schüler die Tabelle in Abb. 11.23 problemlos ausfüllen. Einige Schülerlösungen sind am Ende dieses Abschnitts zu sehen.

Dienes die Basis für ein späteres Axiomensystem[108] bilden. Die Erschaffung einer solchen Sprache ist in manchen Fällen recht kompliziert, deswegen sollte dabei der Lernprozess Phasen der gelenkten Entdeckung beinhalten. Auf diese Weise gewonnene Kenntnisse und erworbene Fähigkeiten werden besser nachvollziehbar und stabiler eingeprägt.

Anbei einige Vorschläge für unsere ursprünglichen Spiele:

a) $F \xrightarrow{d} F'$ oder $S_d(F) = F'$ (dabei bezeichne d die Achse, an der die Figur gespiegelt wird)

b) siehe Abb. 11.18 und Abb. 11.19

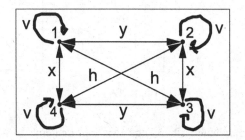

nach von	1	2	3	4
1	?	y	?	x
2	y	?	x	?
3	?	x	?	y
4	x	?	y	?

Abb. 11.18   **Abb. 11.19**

Bemerkungen:

1. F bezeichnet jeweils die Figur, F' die dazugehörende Bildfigur und S_d die Spiegelung an der Achse d.

2. Die eingeführte Sprache kann auch zur weiteren Begriffsentwicklung verwendet werden, z. B. ist die Gerade d Mittelsenkrechte der Strecke AB genau dann, wenn $B = S_d(A)$.[109]

3. Die Fragezeichen in Abb. 11.19 stehen für die (bisher) fehlenden „Bewegungen". Der dadurch entstandene kognitive Konflikt sollte zur weiteren Präzisierung und Verfeinerung der Theorie beitragen (z. B. Einführung neuer „Bewegungen").

4. Im Pfeildiagramm bezeichnen x und y die entsprechenden Spiegelungen an den jeweiligen Achsen, v und h stehen für die inzwischen eingeführten Voll- und Halbdrehungen.

In Abb. 11.20, Abb. 11.21 und Abb. 11.22 sind Schülerlösungen für die Darstellung der Zusammenhänge des Spiels von Abb. 11.10 dargestellt:

---

[108] Ein solches System aufzustellen, ist in der Schule meistens nicht möglich. Auch eignen sich nicht alle Inhalte dazu.

[109] Beim Vergleich dieser Darstellungen kann man sich u. a. folgende Fragen stellen: Welche der folgenden Schreibweisen ist günstiger, um die Relation „P' ist der Bildpunkt von P bei Spiegelung an der Achse d" auszudrücken? ($P' = S_d(P)$) oder ($PP' \perp d$ und $|PO| = |OP'|$ wobei $\{O\} = PP' \cap d$)?

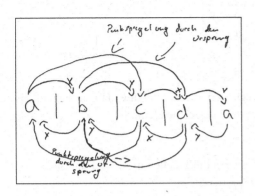

Abb. 11.20

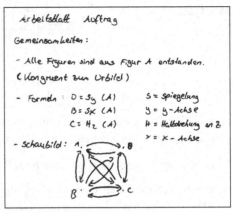

Abb. 11.21

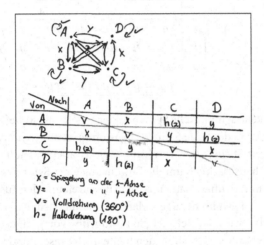

Abb. 11.22

11.2.6 Stufe 6: Formalisieren

Ziel der letzten Stufe in Dienes' Lernprozess ist es, zu der auf den vorherigen Stufen durchgeführten Analyse eine formalisierte Synthese zu verfassen. Da eine globale Zusammenfassung, welche alle untersuchten Aspekte berücksichtigen würde, meistens unmöglich ist, muss man diejenigen Eigenschaften, Prinzipien, etc. herausfiltern, aus denen die anderen Eigenschaften, Prinzipien,... sich ableiten lassen. Diese Stufe ist recht anspruchsvoll, daher in der Schule nur bedingt durchführbar.

Ohne Anspruch auf Vollständigkeit seien im Folgenden Beispiele möglicher Aufgabestellungen für unsere Spiele gegeben:

1. Gib die minimale Anzahl an Bedingungen für $S_d(F) = F'$ an.

2. Gib die Konstruktion für $S_d(F) = F'$ an.

3. Vervollständige das Kreuzdiagramm (siehe Abb. 11.23).

Abb. 11.23

nach von	1	2	3	4
1	v	y	h	x
2	y	v	x	h
3	h	x	v	y
4	x	h	y	v

4. Wie groß ist die minimale Anzahl an Bewegungen, mit deren Hilfe man, ausgehend von einer Position, alle anderen Positionen direkt erreichen kann?

5. Formuliere Operationsregeln. (siehe z. B. Abb. 11.24)[110]

6. Welche Eigenschaften/Gesetzmäßigkeiten weisen die Tabellen in Abb. 11.23 und Abb. 11.24 auf? Wie könntest du diese interpretieren?[111]

Abb. 11.24

	v	h	x	y
v	$vv = v$	$hv = h$	$xv = x$	$yv = y$
h	$vh = h$	$hh = v$	$xh = y$	$yh = x$
x	$vx = x$	$hx = y$	$xx = v$	$yx = h$
y	$vy = y$	$hy = x$	$xy = h$	$yy = v$

Die in Stufe 5 entwickelte symbolische Sprache spielt eine große Rolle bei der Stufe 6. Manche Elemente können von der Stufe 5 direkt übernommen, andere müssen noch konkretisiert werden, deswegen ist eine scharfe Trennung dieser zwei Stufen nicht immer möglich. In der Stufe 5 geht es hauptsächlich um die Einführung einer Symbolik, in Stufe 6 dagegen um die Präzisierung und richtige mathematische Beschreibung der Zusammenhänge. Diese letzten zwei Stufen spielen im heutigen Mathematikunterricht keine große Rolle. Einige Komponenten jedoch – wie zum Beispiel die Einführung von geeigneten Notationen und die Aufstellung einfacher Regeln – sind auch heute noch präsent und auch in anderen Bereichen und Fächern hilfreich.

---

[110] In dieser Tabelle sind die Hintereinanderausführungen zweier Bewegungen dargestellt. Sie wurde durch die Lehrperson den Schülern gezeigt und erläutert. Die Einführung von kleinen Notationen bzw. Operationen (z.B. $x, y, v, h, vv, xv, hy, ...$) ist, wie das Beispiel der untersuchten 8. Klasse zeigte, möglich. Nach einer kurzen Erläuterung waren leistungsstarke Schüler imstande, diese Bezeichnungen zu verwenden, und sie konnten auch Aussagen der Form $xy = yx = h$ wörtlich interpretieren. Leider liegen zurzeit noch keine Ergebnisse vor, ob die Schüler in der Lage sind, die Vorgehensweise auf andere Aufgabestellungen anzuwenden.

[111] Folgende Eigenschaften der Tabellen in Abb. 11.23 und Abb. 11.24 konnten durch die Achtklässler festgestellt werden: Beide Tabellen sind symmetrisch bezüglich der Diagonalen (siehe Abb. 11.22); die Tabelle von Abb. 11.24 ist „abgeschlossen", d. h. durch die Verkettung zweier Bewegungen kommen keine neuen Bewegungen dazu.

Dienes' Theorie wird heutzutage besonders wegen der letzten zwei Stufen kritisiert. Die vorliegende wegen der Gegebenheiten leider nur im kleinen Kreis durchgeführte Untersuchung zeigt aber, dass das spielerische Erkunden der Achsensymmetrie den Schülern Spaß gemacht hat und einige (ca. ein Drittel) auch bei der darauffolgenden mathematischen Beschreibung Freude hatten. Das Heranführen der Schüler an das Arbeiten mit mathematischen Symbolen ist zeitintensiv und nicht immer einfach, trotzdem sollten die Schüler die Möglichkeit erhalten, Mathematik auf verschiedene Arten und auf unterschiedlichem Niveau zu erleben.

An dieser Stelle möchte ich mich bei Herrn Marcel Barth, Betreuer des Projektes „DenkSport", und bei Herrn OStR Martin Mattheis, Mathematiklehrer am Frauenlob Gymnasium in Mainz, bedanken. Sie haben es mir freundlicherweise ermöglicht, Spiele mit den Schülern auszuprobieren.

11.3 Literatur

[256] Bornstein, M. H.; Stiles-Davis, J. (1984): Discrimination and Memory for Symmetry in Young Childern. In: Developmental Psychology, Heft 4, S. 637-649

[257] Dienes, Z. P.; Golding, E. W. (1969): Euklidische Geometrie. Verlag Herder KG, Freiburg im Breisgau

[258] Dienes, Z. P. (1971): Die sechs Stufen im mathematischen Lernprozess. Verlag Herder KG, Freiburg im Breisgau

[259] Franke, M. (2006): Didaktik der Geometrie in der Grundschule. Spektrum, Heidelberg

[260] Freudenthal, H. (1973): Mathematik als pädagogische Aufgabe, Bd. I. Ernst Klett Verlag, Stuttgart

[261] Kratz, J. (1978): Wie kann der Geometrieunterricht der Mittelstufe zu konstruktivem und deduktivem Denken erziehen? In: DdM 6, S. 87-107

[262] Leppig, M. (1985): Vorüberlegungen zum Begriffslernen. In: MU, Heft 1, S. 63-74

[263] Schreiber, A. (2013): Die enttäuschte Erkenntnis. Edition am Gutenbergplatz, Leipzig

[264] Vollrath, H. J. (1984): Methodik des Begriffslehrens im Mathematikunterricht. Ernst Klett Verlag, Stuttgart

[265] Weigand, H. G. et al. (2009): Didaktik der Geometrie für die Sekundarstufe I. Springer Spektrum, Heidelberg

Maßstab 1:1 – Geometrie für Geomatiker

12

Hans Walser, Universität Basel

Zusammenfassung

Es werden exemplarisch geometrische Beispiele aus der Ausbildung Studierender in Geomatik, Kartografie, Vermessungswesen und Geografie vorgestellt. Viele Beispiele mit räumlichen und sphärischen Überlegungen sind für Schulunterricht und Begabtenförderung geeignet.

12.1 Längen oder Winkel?

12.1.1 Die Mutter aller Karten

Werden geografische Länge und Breite als geometrische Längen in einem kartesischen Koordinatensystem abgetragen, ergibt sich die so genannte Plattkarte. Abb. 12.1 zeigt die heute bekannte Welt in der Plattkarte.

Abb. 12.1 Plattkarte

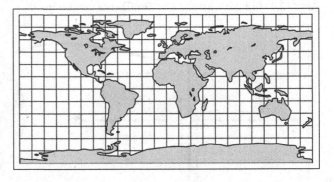

12.1.2 Parameterdarstellung der Kugel

Abb. 12.2 illustriert die einfachste Parameterdarstellung der Einheitskugel. Hier erscheinen geografische Länge und Breite als Winkel.

Abb. 12.2 Parameterdarstellung der Kugel

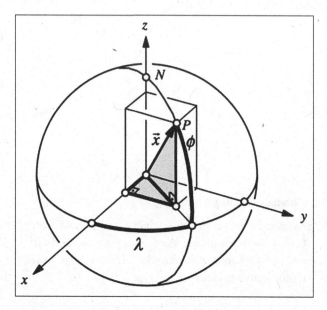

Wir erhalten:

$$\vec{x}(\phi,\lambda) = \begin{bmatrix} \cos(\phi)\cos(\lambda) \\ \cos(\phi)\sin(\lambda) \\ \sin(\phi) \end{bmatrix} \quad \phi \in \left[-\frac{\pi}{2},\frac{\pi}{2}\right], \lambda \in \left[-\pi,\pi\right]$$

Der Parameterbereich $\phi \in \left[-\frac{\pi}{2},\frac{\pi}{2}\right], \lambda \in \left[-\pi,\pi\right]$ entspricht der Plattkarte (Abb. 12.3). In Abb. 12.4 sind die Umrisse der Kontinente eingetragen.

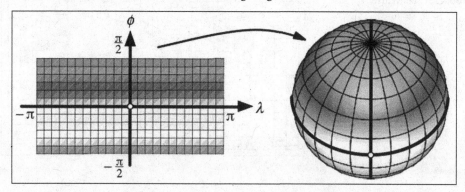

Abb. 12.3 Plattkarte als Parameterbereich

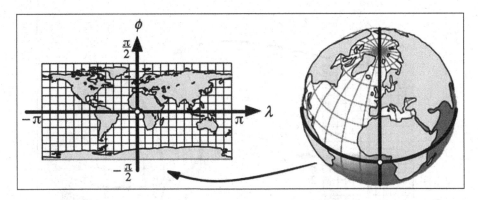

Abb. 12.4 Plattkarte

Für die Kartografen geht die Überlegung natürlich nicht von links nach rechts, sondern umgekehrt von rechts nach links, von der Realität zur Karte.

Jede Parametrisierung der Kugel, und es gibt deren viele, liefert eine Karte, wenn der Parameterbereich mit den geografischen Daten gefüllt wird.

12.1.3 Plattkarte im Hochformat

Frage eines Studierenden: Können wir in der Parameterdarstellung die Ausmaße des Parameterrechteckes vertauschen? Wir arbeiten dann mit der Parameterdarstellung:

$$\bar{x}(\phi,\lambda) = \begin{bmatrix} \cos(\phi)\cos(\lambda) \\ \cos(\phi)\sin(\lambda) \\ \sin(\phi) \end{bmatrix} \quad \phi \in \left[-\pi,\pi\right], \lambda \in \left[-\frac{\pi}{2},\frac{\pi}{2}\right]$$

Das Parameterrechteck ist jetzt im Hochformat statt im Querformat. Nun, zunächst ändert sich gar nichts; ein Computer zeichnet von der Graustufenanordnung abgesehen genau dieselbe Kugel wie vorhin (Abb. 12.5). Es stellt sich aber die Frage: Wie sind die äußeren Teile der üblichen Plattkarte abzuschneiden und neu anzusetzen, damit sich die dem Hochformat entsprechende Karte ergibt (Abb. 12.6)?

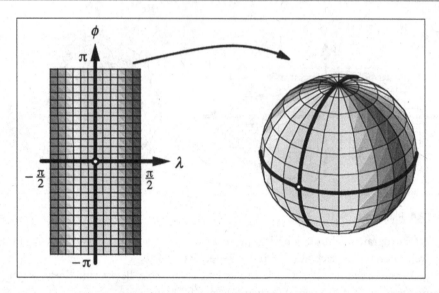

Abb. 12.5 Parameterrechteck Hochformat

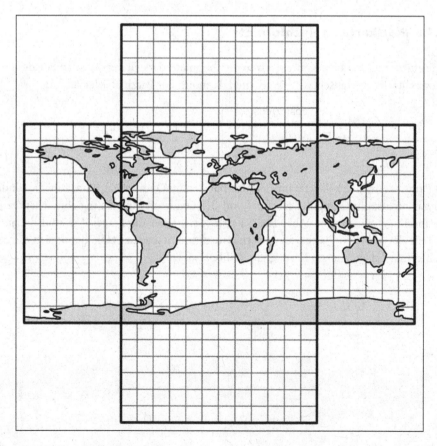

Abb. 12.6 Abschneiden und Ansetzen?

Antwort: Die vier Teile müssen *spiegelbildlich* angesetzt werden (Abb. 12.7). Um das einzusehen, überlege man sich, wie sich die Meridiane auf der „Vorderseite" (eurozentrisch gedacht) über die Pole hinaus auf die „Rückseite" fortsetzen. Aus dem Meridian für 30°E wird der Meridian für 150°W. Die Meridiane überkreuzen sich in den Polen. Wenn wir die Karte auf den Kopf stellen und den Pazifik studieren, stellen wir fest, dass sich beispielsweise Japan und Kalifornien je auf der „falschen" Seite befinden. Spiegelbildliche Karten sind für uns ungewohnt; falsch sind sie aber nicht. Das Beispiel illustriert vielmehr, wie sehr wir uns an bestimmte Standards in der Kartendisposition gewöhnt haben.

Abb. 12.7 Die Welt im Hochformat

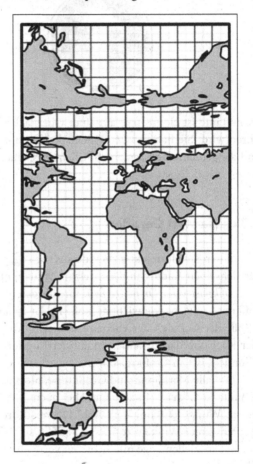

12.2   Immer gerade aus

12.2.1 Geodätische Linien

... so geh hübsch sittsam und lauf nicht vom Wege ab!

Abb. 12.8 Immer der Nase
nach

Eine geodätische Linie ist eine Kurve auf einer Oberfläche, bei der subjektiv immer geradeaus gefahren wird. Sie hat also keine Seitenkrümmung nach links oder rechts. Auf der Ebene sind die geodätischen Linien natürlich die Geraden. Auf der Kugel sind es die Großkreise.

12.2.2 Großkreise statt Geraden

Wenn wir uns auf der Kugel subjektiv „gerade aus" bewegen, bewegen wir uns auf einem Kreis, welcher denselben Radius und denselben Mittelpunkt hat wie die Kugel. Solche Kreise heißen *Großkreise* oder *Orthodromen*. Ihre Trägerebene geht durch den Kugelmittelpunkt. Großkreise spielen eine wichtige Rolle in der sphärischen Geometrie; sie übernehmen die Rolle der Geraden der ebenen Geometrie. Die kürzeste Verbindung zweier Punkte auf der Kugeloberfläche, gemessen auf der Kugeloberfläche (also nicht in einem geradlinigen Tunnel), ist ein Großkreisbogen.

Der Äquator und alle Meridiane sind Großkreise, nicht aber die übrigen Breitenkreise, welche so genannte *Kleinkreise* sind. Es gibt aber auch „schräge" Großkreise, welche den Äquator in einem Winkel α schneiden. Abb. 12.9 zeigt drei solche schräge Großkreise, welche den Äquator unter Winkeln $\alpha = 15°, 45°, 75°$ schneiden, in einer allgemeinen Ansicht sowie in einer speziellen Lage mit Sicht von vorne. In dieser speziellen Lage erscheinen die Großkreise als Strecken.

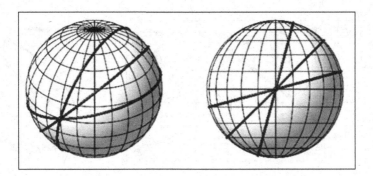

Abb. 12.9 Großkreise

12.2.3 Großkreis auf der Plattkarte

Wie sieht der kürzeste Bogen mit den Endpunkten $P(30°S, 60°W)$, $Q(60°N, 60°E)$ in der Plattkarte aus (Abb. 12.10)? Zunächst ist man versucht, in der Plattkarte eine Strecke von P nach Q einzuzeichnen (Abb. 12.11). Das ist aber eine falsche Idee, wie wir durch Abzählen der Netzvierecke einsehen können. Tatsächlich sieht der Großkreisbogen auf der Plattkarte gemäß Abb. 12.12 aus.

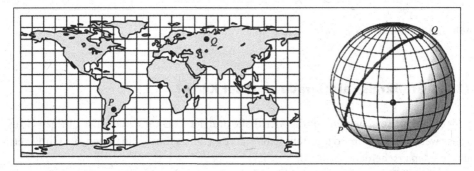

Abb. 12.10 Kürzeste Verbindung?

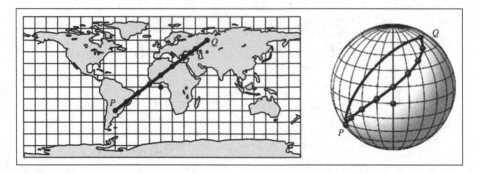

Abb. 12.11 Ist die Idee richtig?

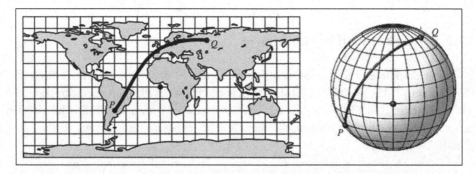

Abb. 12.12 Großkreisbogen auf Plattkarte

12.2.4 Großkreise als Geraden auf der Karte?

In der Plattkarte erscheinen nur die Meridiane und der Äquator gerade. Die übrigen Großkreise werden gekrümmt dargestellt (Abb. 12.12). Gibt es Karten, in denen alle Großkreise
als Geraden erscheinen?

Anekdote: Bei der Planung der Eisenbahn St. Petersburg - Moskau (Nikolaibahn, gebaut 1842 – 1851) wurde lange um die Linienführung gestritten. Zar Nikolaus I. (1825
– 1855) beendete den Streit, indem er auf einer Karte eine gerade Linie zwischen St. Petersburg und Moskau einzeichnete. Ist diese Linienführung optimal?

12.2.5 Gnomonische Projektion

Die so genannte *gnomonische*[112] *Projektion* ist eine Zentralprojektion vom Kugelmittelpunkt aus auf eine Tangentialebene. Da Großkreise in einer Ebene durch den Kugelmittelpunkt liegen, ist ihre Projektion die Schnittgerade dieser Kreisebene mit der Projektionsebene.

---

[112] Das griechische Wort *Gnomon* heißt *Schattenzeiger*. Gemeint ist ein senkrechter Schattenstab auf
einer Horizontalsonnenuhr.

12.2.5.1 Gnomonische Projektion auf Tangentialebene im Nordpol

In Abb. 12.13 wird auf die Tangentialebene im Nordpol projiziert. Es kann nur die nördliche Halbkugel abgebildet werden, das Bild des Äquators ist im Unendlichen. Praktisch brauchbar ist die Abbildung nur für eine Polkappe.

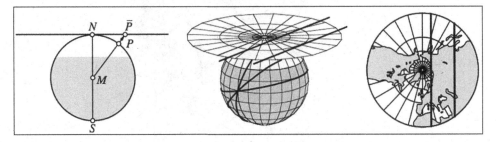

Abb. 12.13 Tangentialebene im Nordpol

12.2.5.2 Gnomonische Projektion auf Tangentialebene im Äquator

Die Projektionsebene berührt in einem Äquatorpunkt (Abb. 12.14). Die Breitenkreise erscheinen in dieser Karte als Hyperbeln, da die Projektionsstrahlen durch Punkte auf einem Breitenkreis einen Kegel bilden, dessen Achse parallel zur Projektionsebene ist.

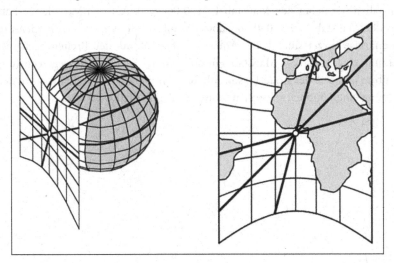

Abb. 12.14 Tangentialebene im Äquator

12.2.5.3 Würfelwelt

Durch Zentralprojektion vom Kugelmittelpunkt aus auf den Umwürfel der Kugel erhalten wir sechs gnomonische Karten. Auf der Website *Würfelwelt* ist eine Bastelvorlage mit drei Streifen angegeben, aus denen eine Würfelkarte (Abb. 12.15) geflochten werden kann.

Abb. 12.15 Flechtwürfel

12.3   Maßstab eins zu eins

Gibt es eine Karte im Maßstab 1:1 ? – Die Antwort ist ein salomonisches Jein.

Wir arbeiten exemplarisch mit einer Plattkarte von 40 cm Breite und 20 cm Höhe (Abb. 12.16). Für die Erde nehmen wir eine Kugel mit dem Umfang 40 000 km an. Am Äquator haben wir daher den Maßstab 1 : 100 000 000. Auf den Meridianen haben wir ebenfalls den Maßstab 1 : 100 000 000, aber das gilt nur in der Süd-Nord-Richtung. Weil die Breitenkreise kürzer sind als der Äquator, haben wir auf den Breitenkreisen in West-Ost-Richtung einen größeren Maßstab. Für 60°N ist der Breitenkreis wegen cos(60°) = 0.5 genau halb so lang wie der Äquator, somit haben wir auf diesem Breitenkreis in der West-Ost-Richtung einen doppelt so großen Maßstab, also 1 : 50 000 000.

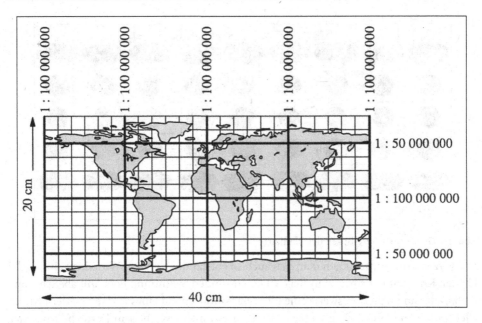

Abb. 12.16 Maßstäbe

Gegen die Pole zu wird der Maßstab in West-Ost-Richtung immer größer und geht gegen Unendlich. Somit haben wir zwischen dem Äquator und den Polen je eine geografische Breite, auf welcher der Maßstab in West-Ost-Richtung genau 1 : 1 ist. Das ist allerdings sehr nahe an den Polen. Da die Bilder der Breitenkreise in unserer Karte die Länge 40 cm haben, suchen wir also diejenigen Breitenkreise, die auch in Wirklichkeit den Umfang 40 cm und somit den Radius 6.37 cm haben. Da an den Polen die Kugel praktisch eben ist, haben wir es mit einem Kreis um die Pole mit dem Radius 6.37 cm zu tun. Zwischen diesen beiden Breitenkreisen und den Polen wächst der Maßstab in West-Ost-Richtung von 1 : 1 auf 1 : 0, also Unendlich. In Süd-Nord-Richtung haben wir nach wie vor den Maßstab 1 : 100 000 000.

Auf der Plattkarte sind die Maßstäbe also richtungsabhängig. Zwischen den Extremen mit dem Maximum in West-Ost-Richtung und dem Minimum in Süd-Nord-Richtung variieren die Maßstäbe stetig. Das kann durch eine Ellipse, die sogenannte Verzerrungsellipse (Tissotsche Indikatrix), dargestellt werden. Abb. 12.17 zeigt die Verzerrungsellipsen für die Plattkarte.

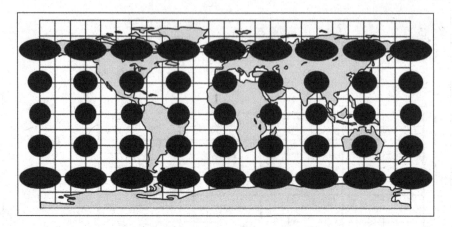

Abb. 12.17 Verzerrungsellipsen der Plattkarte

Die Verzerrungsellipsen kann man sich auch so entstanden denken: Wir bilden einen sehr kleinen Kreis auf der Erde, zum Beispiel einen runden Swimming Pool, mit ab. Sein Kartenbild ist dann näherungsweise eine Ellipse. Das Kartenbild eines Kreises auf der Erde ist allerdings keine Ellipse. Je größer der Kreis, umso mehr weicht sein Kartenbild von der Ellipse ab.

Die Verzerrungsellipsen sind alle gleich hoch, weil wir in der Süd-Nord-Richtung immer denselben Maßstab haben. In Punkten auf dem Äquator sind die Verzerrungsellipsen der Plattkarte Kreise, weil wir dort und nur dort in allen Richtungen denselben Maßstab haben. Leider gibt es keine Karten, welche in allen Punkten und in allen Richtungen immer denselben Maßstab haben.

12.4 Das Theorema egregium

Die Tatsache, dass es keine verzerrungsfreie Karte gibt, war empirisch den Kartografen schon immer bekannt. Gauß gab mit seinem Theoerema egregium den Beweis dazu.

Abb. 12.18 Carl Friedrich
Gauß, 1777 – 1855

Das Theorema egregium von Gauß besagt, dass zwei Flächen, welche eine isometrische, also verzerrungsfreie, Abbildung aufeinander zulassen, dieselbe Flächenkrümmung haben.

Zur Gaußschen Flächenkrümmung kommen wir so: Wir denken uns in einem Flächenpunkt eine zur Fläche senkrechte Stange (Normale) und schneiden die Fläche mit einer Ebene durch diese Normale. Zur Schnittkurve zeichnen wir durch den Ausgangspunkt den Kreis der sich am besten an die Schnittkurve anschmiegt. Das ist der so genannte Krümmungskreis. Der Kehrwert des Krümmungskreisradius' ist die Normalschnittkrümmung. Sie variiert, wenn wir die Ebene um die Stange drehen (außer etwa auf einer Kugeloberfläche). Dann nehmen wir das Produkt der maximalen und der minimalen Normalschnittkrümmung. Das ist die Flächenkrümmung. Drei Beispiele:

Fläche	Flächenkrümmung
Kugel	$\frac{1}{r} \times \frac{1}{r} = \frac{1}{r^2}$
Zylinder	$\frac{1}{r} \times 0 = 0$
Ebene	$0 \times 0 = 0$

Da Kugel (Erdkugel) und Ebene (Kartenblatt) unterschiedliche Flächenkrümmungen haben, gibt es keine verzerrungsfreie Karte. Die Zylinderfläche, welche zwar als „krumm" gesehen wird, hat die Flächenkrümmung null. Sie kann in die Ebene abgewickelt werden. Bei allen so genannten Zylinderkarten, wozu auch die Plattkarte gehört, wird davon Gebrauch gemacht.

12.5 Flächentreu und winkeltreu

Es gibt also keine verzerrungsfreie Karte. Hingegen gibt es flächentreue Karten (equivalent) ohne Verzerrung der Flächenverhältnisse, und winkeltreue Karten (conformal) ohne Winkelverzerrungen. Die Plattkarte ist weder flächen- noch winkeltreu.

12.5.1 Flächentreue Karten

12.5.1.1 Die flächentreue Karte von Archimedes – Lambert

Abb. 12.19 zeigt die Karte zusammen mit den Verzerrungsellipsen. Das Auseinanderziehen in West-Ost-Richtung in Polnähe wird kompensiert durch ein Zusammenpressen in Süd-Nord-Richtung. Die Verzerrungsellipsen werden gegen die Pole hin immer länger, aber entsprechend immer weniger hoch. Die Fläche bleibt konstant. Der Abstand zwischen den Breitenkreisen wird gegen die Pole hin verkürzt dargestellt.

Das konstruktive Vorgehen ist in Abb. 12.20 dargestellt. Der Kartenträger ist ein Zylinder um den Äquator. Ein Kugelpunkt P wird von der Erdachse aus horizontal auf den Zylinder projiziert. Abwickeln des Zylinders ergibt die Karte. Im Unterschied zur Plattkarte wird jetzt in Süd-Nord-Richtung nicht mehr die geografische Breite ϕ abgetragen, sondern nur noch $\sin(\phi)$.

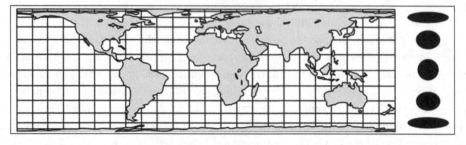

Abb. 12.19 Flächentreue Karte von Archimedes – Lambert

Abb. 12.20 Konstruktion der flächentreuen Karte

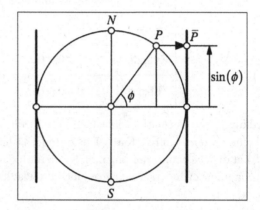

12.5.1.2 Die flächentreue Karte von Mercator – Sanson

Die Idee ist, von der Plattkarte ausgehend die zu großen Maßstäbe in der West-Ost-Richtung durch Einbrutzeln zu kompensieren (Abb. 12.21). An den Polen wird sogar auf einen Punkt eingebrutzelt. Die Meridiane werden zu Cosinuskurven verbogen, die im Vergleich zur üblichen Darstellung um 90° gekippt sind. Die äußersten Cosinuskurven haben die Amplitude π und damit an den Polen eine Steigung π zur Vertikalen.

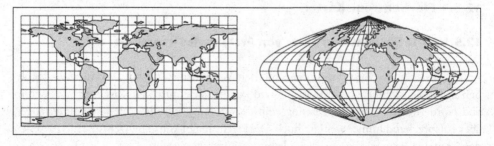

Abb. 12.21 Einbrutzeln an den Polen. Karte von Mercator – Sanson

12.5.1.3 Erinnerung an die Schule

Im Unterricht wird der Flächeninhalt eines Kreises bei bekanntem Kreisumfang $2r\pi$ gemäß Abb. 12.22 hergeleitet. Wir denken uns einen Kreis aus 2d-Zwiebelschalen und schneiden von oben her bis in die Mitte ein. Dann fallen die Schalen auseinander und bilden näherungsweise ein flächengleiches gleichschenkliges Dreieck mit der Grundlinie $2r\pi$ und der Höhe r. Daraus ergibt sich zunächst näherungsweise der Flächeninhalt $r^2\pi$. Denken wir uns die Zwiebelschalen immer dünner und zahlreicher, so wird der Rand des Dreieckes immer glatter und die Näherung immer besser. Die Schenkel des Dreiecks haben gegenüber der Vertikalen eine Steigung π. Wir können also die Mercator – Sanson-Karte (Abb. 12.21) bündig einpassen (Abb. 12.23).

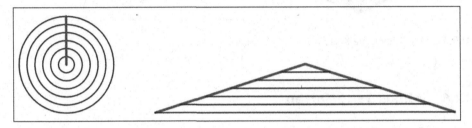

Abb. 12.22 Kreis und Kreisfläche

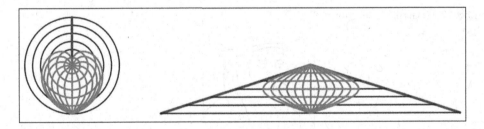

Abb. 12.23 Einpassen der Mercator – Sanson-Karte

Nun machen wir den Prozess wieder rückwärts und erhalten in der Kreisscheibe eine neue Karte. Diese ist herzförmig und ebenfalls flächentreu (Abb. 12.24).

12.5.1.4 Die flächentreue Herzkarte von Stab – Werner

Abb. 12.24 zeigt die flächentreue Karte von Stab – Werner (1514). Links sind die Bilder dreier „schräger" Großkreise eingezeichnet.

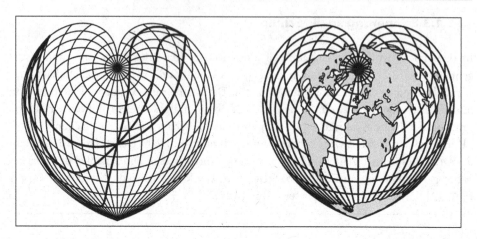

Abb. 12.24 Flächentreue Karte von Stab – Werner

12.6 Winkeltreue Karten

12.6.1 Gerhard Mercator

Abb. 12.25 Gerhard Mercator,
1512 – 1594

Das Ziel von Mercator war, eine winkeltreue Seekarte für die aufkommende Hochsee-schifffahrt herzustellen. Noch heute werden in der Hochseeschifffahrt fast ausschließlich Mercator-Karten (Abb. 12.26) verwendet. Die Mercator-Karte ist auch Grundlage fast aller offiziellen Karten.

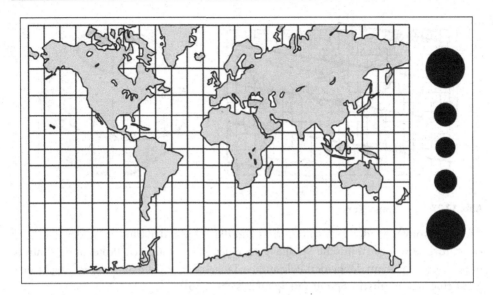

Abb. 12.26 Winkeltreue Mercator-Karte

Im Unterschied zur flächentreuen Karte (Abb. 12.19) sind die Abstände zwischen den Bildern der Breitenkreise gegen die Pole zu nicht verdichtet sondern gespreizt und zwar so sehr dass sich die Pole im Unendlichen befinden. Die reale Karte ist also oben und unten abgeschnitten, was bei der Darstellung von Grönland sofort auffällt.

Es wird so stark gespreizt, dass die Maßstäbe in Süd-Nord-Richtung jeweils gleich groß werden wie in West-Ost-Richtung. Wir haben also lokal isometrische Abbildungen, daher die Winkeltreue. Die Verzerrungsellipsen sind Kreise, die aber gegen die Pole zu immer größer werden. Wir haben global keinen gemeinsamen Maßstab.

12.6.2 Loxodromen

Wie fahren wir, wenn wir in einem Schiff mit konstantem Kurs fahren (Autopilot mit Kreiselkompass)? Der Winkel zu den Meridianen ist also immer derselbe. In einer Mercator-Karte erscheint diese Kurve daher als Gerade. Solche Kurven heißen *Loxodromen* („Schräglaufende"). Abb. 12.27 zeigt eine Loxodrome für einen Kurs von 80°.

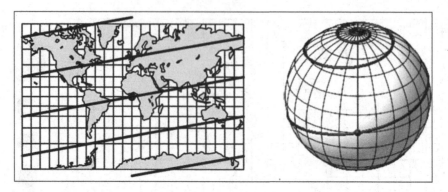

Abb. 12.27 Loxodrome. Kurs 80°

Die Loxodromen winden sich spiralförmig um die Pole. In der Umgebung der Pole sind es approximativ logarithmische Spiralen. Bei einer stereografischen Projektion (Zentralprojektion) von einem der beiden Pole auf die Tangentialebene im anderen Pol ergibt sich exakt eine logarithmische Spirale (zu Spiralen siehe [266]).

Loxodromen sind keine Großkreise und daher auch nicht kürzeste Verbindungen. Für Kurse in der Nähe von ±90° weichen sie aber nicht stark von den Großkreisbögen ab. Aus praktischen Gründen werden daher in See- und Luftfahrt Loxodromen verwendet bzw. Kurse berechnet, bei denen Orthodromen in kurze Loxodromenabschnitte unterteilt sind.

12.6.3 Die schöne Kugel

Wir überlagern nun die Mercator-Karte mit einem Quadratraster, der oben und unten ins Unendliche reicht (Abb. 12.28) und rücküberträgen das Raster auf die Kugel.

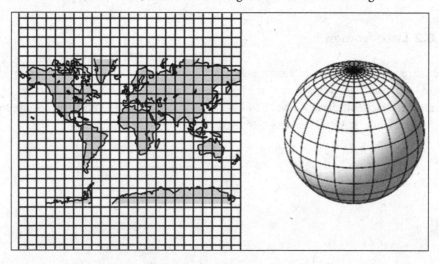

Abb. 12.28 Quadratraster auf Kugel

Damit erhalten wir ein „Quadratraster" auf der Kugel. In einer Umgebung von Nord- oder Südpol sind unendlich viele Kreise. Eine Loxodrome mit dem Kurs von 45° fährt nun den Diagonalen der Quadrate nach (Abb. 12.29).

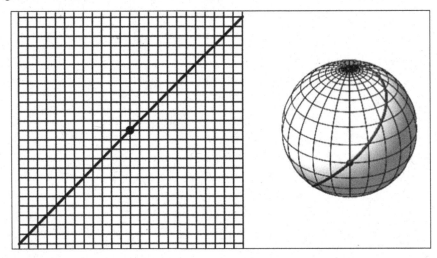

Abb. 12.29 Diagonalen

12.7 Literatur

[266] Heitzer, J. (1998) Spiralen, ein Kapitel phänomenaler Mathematik. Klett, Leipzig

12.7.1 Websites

[267] Würfelwelt (abgerufen 10.12.2013):
http://www.walser-h-m.ch/hans/Miniaturen/W/Wuerfelwelten/Wuerfelwelten.htm
http://www.walser-h-m.ch/hans/Miniaturen/W/Wuerfelwelten/Wuerfelwelten.pdf

Printed in the United States
By Bookmasters